普通高等院校电子电气类"十二五"规划系列教材

单片机原理及实用技术

蓝　天　陈　永
　　　　　　　　编著
王　婷　贺　清

U0343067

西南交通大学出版社
·成　都·

内容简介

本书以使用最广泛的 MCS-51 系列单片机为对象，以单片机应用系统设计为主线，首先详细介绍了单片机系统结构与性能，内容涉及内部结构、I/O、CPU 时序、定时器与中断系统等。然后，对汇编指令系统和 C51 编程进行了详解，旨在使读者能够理解编程思路。接着，以仿真软件 Protel、Keil C51、Proteus 为核心，从实验、实践、实用的角度，通过丰富的实例详细介绍了上述软件在理论教学和应用产品开发过程中的应用。最后，以 STC89C52 最小系统板为例，讲解典型项目案例和应用实训，使读者可以在该系统下学习和开发单片机软硬件系统。本书在编写时力求通俗、易懂，内容安排以"紧密结合实践"为特色，通过大量的实训案例，配以相应的实现过程，使读者能够快速掌握单片机设计理论和实现方法。

图书在版编目（C I P）数据

单片机原理及实用技术 / 蓝天等编著. —成都：
西南交通大学出版社，2014.1
普通高等院校电子电气类"十二五"规划系列教材
ISBN 978-7-5643-2732-3

Ⅰ. ①单… Ⅱ. ①蓝… Ⅲ. ①单片微型计算机－高等
学校－教材 Ⅳ. ①TP368.1

中国版本图书馆 CIP 数据核字（2013）第 251765 号

普通高等院校电子电气类"十二五"规划系列教材
单片机原理及实用技术

蓝天　陈永
　　　　　　编著
王婷　贺清

责 任 编 辑	李芳芳
助 理 编 辑	宋彦博
封 面 设 计	何东琳设计工作室
出 版 发 行	西南交通大学出版社
	（四川省成都市金牛区交大路 146 号）
发行部电话	028-87600564　028-87600533
邮 政 编 码	610031
网　　　址	http://press.swjtu.edu.cn
印　　　刷	成都中铁二局永经堂印务有限责任公司
成 品 尺 寸	185 mm × 260 mm
印　　　张	25.75
字　　　数	676 千字
版　　　次	2014 年 1 月第 1 版
印　　　次	2014 年 1 月第 1 次
书　　　号	ISBN 978-7-5643-2732-3
定　　　价	46.00 元

前　言

　　单片微型计算机简称单片机，是典型的嵌入式微控制器（Microcontroller Unit，MCU）。它是一种集成电路芯片，是采用超大规模集成电路技术把具有数据处理能力的中央处理器（CPU）、随机存储器（RAM）、只读存储器（ROM）、多种 I/O 口和中断系统、定时器/计时器等功能（可能还包括显示驱动电路、脉宽调制电路、模拟多路转换器、A/D 转换器等电路）集成到一块硅片上构成的一个小而完善的微型计算机系统，在工业控制领域的应用十分广泛。

　　MCS-51 系列单片机应用广泛，是学习单片机技术较好的平台，同时也是单片微型计算机应用系统开发的一个重要系统。本书参考了国内外关于单片机、电子科学、计算机仿真等的最新文献资料，以作者数年来为本科生、研究生授课的讲稿为基础，并结合作者带队参加全国电子设计大赛、全国电脑鼠走迷宫竞赛、全国嵌入式设计大赛、"博创·恩智浦"杯全国大学生嵌入式物联网设计大赛获奖比赛项目为案例，经过多次修订后形成。

　　本书以目前国内使用最广泛的 MCS-51 系列单片机为对象，以单片机应用系统设计为主，首先详细介绍了单片机系统与性能结构，内容涉及单片机内部结构、组织形式、输入/输出接口、CPU 时序、定时器与中断系统等。然后，对 MCS-51 单片机汇编指令系统和 C51 编程进行了讲解，旨在使读者能够理解编程思路，掌握两种语言的编程方法，为学习其他型号的单片机打下良好基础。接着，以目前流行的软、硬件仿真软件 Protel、Keil C51、Proteus 为核心，从实验、实践、实用的角度，通过丰富的实例详细介绍了上述软件在 51 单片机课程教学和单片机应用产品开发过程中的应用。这部分主要介绍 51 单片机系统的设计及相关软件的使用，总结了系统设计的流程和步骤及常用软硬件设计技术等。最后，本书以 STC89C52 最小系统板为例，讲解具有很强实用性的典型单片机设计实例和应用系统设计案例，使读者可以在最小系统板上学习和开发单片机软硬件系统。

　　本书的内容涵盖单片机设计的各个方面，选材新颖，点面结合，不仅能体现单片机开发的理论知识性，还能体现实践性、趣味性。本书通过"理论介绍→软件设计→硬件设计"的主线，做到理论和实践相结合。同时，本书注重各专业、学科间知识的相关性，还选取了自动控制、交通工程、自动化等领域的应用实例。全书共 10 章，第 1 章概述了单片机的基础知识。第 2 章主要讲解了 MCS-51 单片机系统结构和编程接口。第 3 章讲解了 MCS-51 单片机的汇编指令系统，主要包括寻址方式、操作指令、控制指令等。第 4 章介绍了单片机 C51 程序设计，包括基本语法、程序基本结构、函数、C51 构造数据类型，以及 Keil C51 单片机 C 程序开发流程等内容。第 5 章介绍如何使用 Protel 99SE 软件进行电路设计，主要内容包括：电路板基础知识、电路板设计基本步骤、电路设计案例。第 6 章通过典型应用案例介绍如何利用 Proteus 电子仿真软件进行单片机仿真联调实验。第 7 章讲解了 MCS-51 单片机内部资源编程，包括：并行输入/输出接口编程、定时器/计数器编程、外部中断编程、串行接口编程。第 8 章介绍了 MCS-51 单片机常用接口。第 9 章主要介绍了 MCS-51 单片机扩展，包括：SPI 接口扩展、I^2C 总线扩展、A/D 及 D/A 转换、8255A 并行接口编程。第 10 章详细介绍了 MCS-51 单片机应用系统设计。

该书可用作高等学校计算机、通信、电子信息、电子技术、自动化等专业本科生及研究生的教材，也可作为相关领域工程技术人员的参考用书。

本书第 1～3 章由王婷编写，第 4～6 章由陈永编写，第 7～8 章、9.1 节、9.2 节由蓝天编写，9.3 节、9.4 节及第 10 章由贺清编写。全书由蓝天、陈永统稿及定稿。

本书在编写过程中得到了西南交通大学、兰州交通大学有关部门的帮助和支持，在此一并表示感谢。

同时，本书的编写得到了国家自然科学基金（61163009）、西南交通大学出版社图书出版基金、兰州交通大学青年科学基金项目（2011001）的支持。

由于作者的水平有限，书中不妥之处在所难免，欢迎读者批评指正。

作 者

2013 年 7 月

目　录

第 1 章　单片机基础知识

本章讲解单片机的基本概念，以及单片机在不同领域的运用，并对单片机的发展趋势进行介绍。

1.1　单片机简介

单片机也被称为微控制器（microcontroller unit），常用英文缩写 MCU 表示。它最早被用在工业控制领域。单片机由芯片内仅有 CPU 的专用处理器发展而来。其最早的设计理念是通过将大量外围设备和 CPU 集成在一个芯片中，使计算机系统更小，更容易集成到复杂的而对体积要求严格的控制设备当中。Intel 的 Z80 是最早按照这种思想设计出的处理器。从此以后，单片机和专用处理器的发展便分道扬镳。

早期的单片机都是 8 位或 4 位的。其中最成功的是 Intel 的 8031，因为其简单可靠且性能良好而获得了极大的好评。此后，在 8031 上发展出了 MCS-51 系列单片机系统。基于这一系统的单片机系统直到现在还在广泛使用。随着工业控制领域要求的提高，出现了 16 位单片机，但因为其性价比不理想并未得到很广泛的应用。20 世纪 90 年代后期，随着消费电子产品大发展，单片机技术得到了巨大提高。随着 Intel i960 系列，特别是后来的 ARM 系列的广泛应用，32 位单片机迅速取代 16 位单片机的高端地位，并且进入主流市场。而传统的 8 位单片机的性能也得到了飞速提高，处理能力比起 20 世纪 80 年代的产品提高了数百倍。目前，高端的 32 位单片机主频已经超过 300 MHz，性能直追 90 年代中期的专用处理器。当代单片机系统已经不再只在裸机环境下开发和使用，大量专用的嵌入式操作系统被广泛应用在全系列的单片机上。而作为掌上电脑和手机核心处理的高端单片机甚至可以直接使用专用的 Windows 和 Linux 操作系统。

单片机比专用处理器更适合应用于嵌入式系统，因此它得到了最多的应用。事实上单片机是世界上数量最多的计算机。现代人类生活中所用的几乎每件电子和机械产品中都集成有单片机。手机、电话、计算器、家用电器、电子玩具、掌上电脑以及鼠标等电脑配件中都配有 1～2 台单片机。而个人计算机中也有为数不少的单片机在工作。汽车上一般配备四十多台单片机，复杂的工业控制系统上甚至可能有数百台单片机在同时工作。单片机的数量不仅远远超过 PC 机和其他计算的总和，甚至比人类的数量还要多。

由于单片机的结构及功能均按工业控制要求设计，所以又称它为单片微控制器（single chip microcontroller）。它将组成微型计算机所必需的部件[中央处理器（CPU）、程序存储器（ROM）、数据存储器（RAM）、输入/输出（I/O）接口、定时/计数器、串行口、系统总线等]集成在一个超大规模集成电路芯片上，只要外加少许电子元件便可以构成一套简易的计算机控制系统，故又称为单片微型计算机。它的体积小、质量轻、价格便宜，为学习、应用和开发提供了便利条件。

1.2　单片机的发展状况

1971 年，Intel 公司的霍夫研制成功世界上第一块 4 位微处理器芯片 Intel 4004，标志着第一代微处理器问世，微处理器和微机时代从此开始。因为发明了微处理器，霍夫被英国《经济学家》杂志列为"二战以来最有影响力的 7 位科学家"之一。

1971 年 11 月，Intel 推出 MCS-4 微型计算机系统，包括 4001 ROM 芯片、4002 RAM 芯片、4003 移位寄存器芯片和 4004 微处理器。其中 4004 微处理器包含 2 300 个晶体管，尺寸规格为 3 mm × 4 mm，计算性能远远超过当年的 ENIAC，最初售价为 200 美元。

1972 年 4 月，霍夫等人开发出第一个 8 位微处理器 Intel 8008。由于 8008 采用的是 P 沟道 MOS 管，因此仍属第一代微处理器。

1973 年 8 月，霍夫等人研制出 8 位微处理器 Intel 8080，以 N 沟道 MOS 管取代了 P 沟道 MOS 管，第二代微处理器就此诞生。主频 2 MHz 的 8080 芯片运算速度比 8008 快 10 倍，可存取 64 KB 存储器，使用了基于 6 μm 技术的 6 000 个晶体管，处理速度为 0.64 MIPS（Million Instructions Per Second）。

1975 年 4 月，MITS 发布第一个通用型 Altair 8800，售价为 375 美元，带有 1 KB 存储器。这是世界上第一台微型计算机。

1976 年，Intel 公司研制出 MCS-48 系列 8 位单片机，标志着单片机的问世。Zilog 公司于 1976 年开发的 Z80 微处理器，广泛用于微型计算机和工业自动控制设备。当时，Zilog、Motorola 和 Intel 在微处理器领域三足鼎立。

20 世纪 80 年代初，Intel 公司在 MCS-48 系列单片机的基础上，推出了 MCS-51 系列 8 位高档单片机。MCS-51 系列单片机无论是片内 RAM 容量、I/O 口功能，还是系统扩展方面都有了很大的提高。

根据单片机发展过程中不同时期的特点，其发展历史大致可划分为以下四个阶段：

第一阶段（1974—1976）：单片机的初级阶段。因工艺限制，本阶段的单片机采用双片的形式，而且功能简单。

第二阶段（1976—1978）：低性能单片机阶段。本阶段的以 Intel 公司制造的 MCS-48 系列单片机为代表。

第三阶段（1978—1982）：高性能单片机阶段。这个阶段推出的单片机普遍带有串行 I/O 口、多级中断处理系统、16 位定时器/计数器，片内 ROM、RAM 容量加大，且寻址范围可达 64 KB，有的还内置有 A/D 转换器。这类单片机的代表是 Intel 公司的 MCS-51 系列，Motorola 公司的 6810 和 Zilog 公司的 Z8 等。

第四阶段（1982 至今）：8 位单片机的巩固发展以及 16 位、32 位单片机推出阶段。此阶段的主要特征是：一方面发展 16 位、32 位单片机及专用型单片机，另一方面不断完善高档 8 位单片机，改善其结构，以满足不同用户的需要。16 位单片机的典型产品有 Intel 公司生产的 MCS-96 系列单片机。而 32 位单片机除了具有更高的集成度外，其振荡频率已达 20 MHz 或更高，这使 32 位单片机的数据处理速度比 16 位单片机快许多，性能同 8 位、16 位单片机相比，具有更高的优越性。

目前，计算机厂家已投放市场的单片机产品就有 70 多个系列，500 多个品种。单片机的产品已占整个微机（包括一般的微处理器）产品的 80%以上，其中 8 位单片机的产量又占整个单片机产量的 60%以上，因此可以看出，8 位单片机在最近若干年里，在工业检测、控制领域将继续占有一定的市场份额。

1.3　单片机的特点及应用领域

1. 单片机的特点

（1）小巧灵活，成本低，易于产品化，能组装成各种智能式测控设备及智能仪器仪表。

（2）可靠性好，应用范围广。单片机芯片本身是按工业测控环境要求设计的，抗干扰性强，能适应各种恶劣的环境，这是其他机种无法比拟的。

（3）易扩展，很容易构成各种规模的应用系统，控制功能强。单片机的逻辑控制功能很强，指令系统有各种控制功能指令，可以对逻辑功能比较复杂的系统进行控制。

（4）具有通信功能，可以很方便地实现多机和分布式控制，形成控制网络和远程控制。

2. 单片机的应用

（1）工业方面：各种测控系统、数据采集系统、工业机器人、智能化仪器、机电一体化产品。

（2）智能仪器仪表方面。

（3）通信方面：调制解调器、程控交换技术等。

（4）消费产品方面：电动玩具、录像机、激光唱机。

（5）导弹与控制方面：导弹控制、鱼雷制导控制、智能武器装备、飞机导航系统。

（6）计算机外部设备及电器方面：打印机、硬盘驱动器、彩色与黑白复印机、磁带机等。

（7）多机分布式系统：可用单片机构成分布式测控系统，它使单片机应用进入了一个全新的阶段。

1.4　单片机的发展趋势

1. 低功耗 CMOS 化

MCS-51 系列的 8031 推出时，功耗达 630 mW，而现在的单片机功耗普遍都在 100 mW 左右。随着对单片机功耗要求越来越严格，现在的各个单片机制造商基本都采用了 CMOS（互补金属氧化物半导体工艺）。像 80C51 就采用了 HMOS（高密度金属氧化物半导体工艺）和 CHMOS（互补高密度金属氧化物半导体工艺）。CMOS 虽然功耗较低，但由于其物理特征决定其工作速度不够高，而 CHMOS 则具备了高速和低功耗的特点，更适合在要求低功耗（如电池供电）的应用场合。所以这种工艺将是今后一段时期单片机发展的主要方向。

2. 微型单片化

现在常规的单片机普遍都将中央处理器（CPU）、随机存取数据存储器（RAM）、只读程序存储器（ROM）、并行和串行通信接口、中断系统、定时电路、时钟电路集成在一块单一的芯片上，增强型的单片机集成了 A/D 转换器、PMW（脉宽调制电路）、WDT（看门狗）等，有些单片机将 LCD（液晶）驱动电路都集成在单一的芯片上，这样单片机包含的单元电路就更多，功能就越强大。甚至单片机厂商还可以根据用户的要求量身定做，制造出具有自己特色的单片机芯片。现在的产品普遍要求体积小、质量轻，这就要求单片机除了功能强和功耗低外，还要体积小。现在的许多单片机都具有多种封装形式，其中 SMD（表面封装）越来越受欢迎，使得由单片机构成的系统正朝微型化方向发展。

3. 主流与多品种共存

目前，虽然单片机的品种繁多，各具特色，但以 80C51 为核心的单片机仍占主流。兼容其结构和指令系统的有 PHILIPS 公司的产品、Atmel 公司的产品和我国台湾的 Winbond 系列单片机。所以，以 80C51 为核心的单片机占据了半壁江山。而 Microchip 公司的 PIC 精简指令集（RISC）也有着强劲的发展势头。我国台湾的 HOLTEK 公司近年的单片机产量与日俱增，以其低价质优的优势，占据一定的市场分额。此外还有 Motorola 公司的产品，日本几大公司的专用单片机。在一定的时期内，这种情形将得以延续，将不存在某个单片机一统天下的垄断局面，走的是依存互补、相辅相成、共同发展的道路。

练 习 与 思 考

1. 什么是单片机？单片机与计算机相比有何特点？
2. 单片机主要应用于哪些领域？
3. 单片机的特点是什么？
4. 单片机的发展趋势如何？
5. 微型单片机与传统单片机有什么区别？

第 2 章　MCS-51 单片机系统结构和性能

本章介绍 51 单片机的内部结构，讲解各个模块之间的关系，阐述单片机的组成。

2.1　MCS-51 单片机的性能参数

MCS-51 系列单片机是美国 Intel 公司于 1980 年推出的具有哈佛结构的 8 位单片微控制器系列。很多制造商都可提供 MCS-51 系列单片机，如 Intel、Atmel、NXP、ST、TI 等。这些制造商给 MCS-51 系列单片机加入了大量的性能和外部功能，如 I^2C 总线接口、A/D 转换、看门狗、PWM 输出等，不少芯片的工作频率可达到 40 MHz，工作电压也下降到了 1.5 V。基于一个内核的这些功能使得 MCS-51 系列单片机很适合作为厂家产品的基本构架，它能够运行各种程序，而且开发者只需要学习这一个平台。

MCS-51 系列单片机的基本参数如下：

（1）具有一个 8 位算术逻辑单元（ALU），具有 8 位的累加器及寄存器。

（2）具有 8 位数据总线，一次操作可访问 8 位数据。

（3）具有 16 位地址总线，可寻址数据和程序区可达 64 KB。

（4）具有 128/256 B 内置 RAM，此为数据存储器。

（5）具有 4 KB/8 KB 的片上 ROM/EPROM，此为程序存储器。

（6）具有 32 个 I/O 口（4 组 8 位端口），可单独寻址。

（7）具有全双工的串行通信接口 UART。

（8）具有 2 个 16 位定时计数器。

（9）具有 5 个中断源，2 个中断优先级。

其基本结构如图 2.1 所示。

2.2　MCS-51 单片机内部结构

MCS-51 单片机内部结构如图 2.2 所示。

MCS-51 单片机内部包含作为微型计算机所需的基本功能部件，包括运算器、控制器、存储器（ROM 及 RAM）、I/O 接口、定时计数器和中断系统等。各功能部件相互独立而融为一体，集成在同一块芯片上。

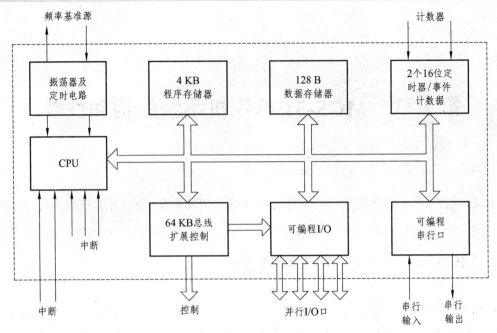

图 2.1　MCS-51 单片机系统结构框图

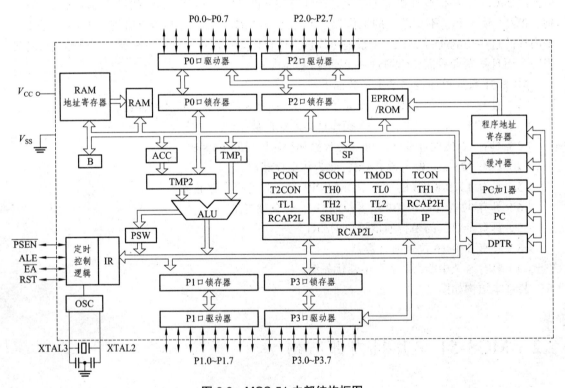

图 2.2　MCS-51 内部结构框图

　　CPU 是单片机的核心，是计算机的控制和指挥中心。MCS-51 内部的 CPU 是一个字长为 8 位二进制的中央处理单元，也就是说它对数据的处理是以字节为单位进行的。CPU 由运算器（ALU）和控制器（定时控制逻辑等）两部分电路组成。

2.2.1　运算器

运算器由一个加法器、两个 8 位暂存器、一个 8 位累加器 ACC、一个寄存器 B、一个程序状态字（Program Status Word，PSW）寄存器和一个布尔处理器组成。运算器的功能是进行算术运算和逻辑运算。可以对半字节（4 位）、单字节等数据进行操作，例如，能完成加、减、乘、除、加 1、减 1、BCD 码十进制调整、比较等算术运算，以及与、或、异或、求补、循环等逻辑操作，操作结果的状态信息送至状态字寄存器。

1. 累加器 ACC

累加器 ACC，简称累加器 A，它是一个 8 位寄存器，通过暂存器与 ALU 相连。在 CPU 中，累加器 A 是工作最频繁的寄存器。在进行算术和逻辑运算时，通常用累加器 A 存放一个操作数，而 ALU 的运算结果又存放在累加器 A 中。

2. 寄存器 B

寄存器 B 也是一个 8 位寄存器，一般用于乘、除法指令，它与累加器配合使用。运算前，寄存器 B 中存放乘数或除数，在乘法或除法完成后，用于存放乘积的高 8 位或除法的余数。

3. 程序状态字寄存器

程序状态字寄存器是一个 8 位寄存器，用于寄存指令执行的状态信息。其中有些位状态是根据指令执行结果由硬件自动设置的，而有些位状态则是使用软件方法设定的。程序状态字的位状态可以用专门指令进行测试，也可以用指令读出。各位定义如表 2.1 所示。

表 2.1　程序状态字

位　序	PSW.7	PSW.6	PSW.5	PSW.4	PSW.3	PSW.2	PSW.1	PSW.0
位标志	CY	AC	F0	RS1	RS0	OV	—	P

除 PSW.1 位保留未用外，其余各位的定义及作用如下：

（1）CY 或 C（PWS.7）——进位/借位标志位。

在进行加法（或减法）运算时，如果运算结果的最高位 D7 有进位（或借位）时，CY = 1；否则 CY = 0。在进行位操作时，CY 作为位累加器 C。此外，进行移位操作和执行比较转移指令也会影响 CY 标志位。

（2）AC（PSW.6）——辅助进位标志位。

在加减运算中，当有低 4 位向高 4 位进位或借位时，AC 由硬件置位，否则 AC 位被清零。在进行十进制数运算时，需要十进制调整，此时要用 AC 位状态进行判断。

（3）F0（PSW.5）——用户标志位。

用户标志位的状态由用户根据自己的需要通过软件进行置位和复位。它可作为用户程序的流向标志。

（4）RS1 和 RS0（PSW.4 和 PSW.3）——寄存器组选择位。

8051 CPU 有 4 组各 8 个 8 位工作寄存器，每一组分别命名为 R0～R7。这两位的值可决定选择哪一组工作寄存器作为当前工作寄存器组。使用时由用户通过软件改变 RS1 和 RS0 的值来进行选择。工作寄存器 R0 ~ R7 的物理地址和 RS1、RS0 之间的关系如表 2.2 所示。

表 2.2   R0 ~ R7 的物理地址设置

RS1	RS0	寄存器组	R0 ~ R7 地址
0	0	组 0	00 ~ 07H
0	1	组 1	08 ~ 0FH
1	0	组 2	10 ~ 17H
1	1	组 3	18 ~ 1FH

8051 上电复位后，CPU 自动选择第 0 组作为当前工作寄存器组。R0 ~ R7 的物理地址变为 0H ~ 07H。

（5）OV（PSW.2）——溢出标志位。

在带符号数的加减运算中，OV=1 表示加减运算结果超出了累加器 A 所能表示的符号数有效范围（ – 128 ~ +127），即产生了溢出，因此运算结果是错误的；反之，OV=0 表示运算正确，即无溢出产生。在乘法运算中，OV=1 表示乘积超过 255，即乘积分别在 B 与 A 中；反之，OV=0，表示乘积只在 A 中。在除法运算中，OV=1 表示除数为 0，除法不能进行；反之，OV=0，表示除数不为 0，除法可正常进行。

（6）P（PSW.0）——奇偶标志位。

奇偶标志位表明累加器 A 中 1 的个数的奇偶性，在每个指令周期由硬件根据 A 的内容对 P 位进行置位或复位。若 1 的个数为偶数，P=0；若 1 的个数为奇数，P=1。

4. 布尔处理器

布尔处理器主要用来处理位操作。它是以进位标志位 C 为累加器的，可执行置位、复位、取反、等于 1 转移、等于 0 转移、等于 1 转移且清 0 以及进位标志位与其他可寻址的位之间进行数据传送等位操作，也能使进位标志位与其他可位寻址的位之间进行逻辑与、或操作。

2.2.2 控制器

控制器是用来控制单片机工作的部件，它包括程序计数器 PC、指令寄存器 IR、指令译码器 ID、堆栈指示器 SP、数据指针 DPTR、时钟发生器和定时控制逻辑等。

1. 程序计数器 PC

程序计数器 PC 是一个 16 位的专用计数器，其内容是将要执行的下一条指令的地址，寻址范围达 64 KB。改变 PC 的内容就可以改变程序的流向。PC 具有自动加 1 功能，以实现程序的顺序执行。当 CPU 顺序地执行指令时，首先根据 PC 所指地址取出指令，然后 PC 的内容自动加 1，指向下一条指令的地址。如果跳转执行程序，在跳转之前必须将转向指令的地址装入 PC，然后从该处开始执行，即完成了程序的跳转。

在 MCS-51 系列单片机中，当系统复位后，PC = 0000H，CPU 从这一固定入口地址开始执行程序。PC 没有地址，是不可寻址的，因此用户无法对它进行读写，但在执行转移、调用、返回等指令时能自动改变其内容，以改变程序的执行顺序。

2. 指令寄存器 IR 和指令译码器 ID

根据 PC 所指地址，取出指令，经指令寄存器 IR 送指令译码器 ID 进行译码，然后通过定时控制电路产生相应的控制信号，控制 CPU 内部及外部有关器件进行协调动作，完成指令所规定的各种操作。

3. 堆栈指针 SP

在计算机中，当要解决程序调用和中断处理等问题时，通常采用堆栈技术来存放返回地址或对现场进行保护。堆栈技术是按照"后进先出"的原则进行数据的读写。在 MCS-51 系列单片机中，堆栈是在片内 RAM 中开辟一个专用区，通常指定 07H ~ 7FH 中的一部分连续存储区作为堆栈区。堆栈示意图如图 2.3 所示。

堆栈有栈顶和栈底之分。堆栈的一端是固定的，称为栈底，另一端是浮动的，称为栈顶。当堆栈中无数据时，栈顶地址和栈底地址重合。当数据进栈时，栈顶会自动地向地址增 1 的方向浮动；当数据出栈时，栈顶又会自动地向地址减 1 的方向变化。

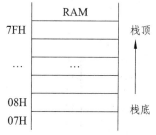

图 2.3　堆栈示意图

堆栈指针 SP 是一个 8 位寄存器，具有自动加 1 或减 1 的功能，用来存放栈顶地址。进栈时，SP 自动加 1，将数据压入 SP 所指向的地址单元；出栈时，将 SP 所指地址单元中的数据弹出，然后 SP 自动减 1。

系统复位后，SP 初始化为 07H，指向 07H 的 RAM 单元，即堆栈区从 08H 开始的一部分连续存储单元。由于 08H ~ 1FH 单元为工作寄存器区，在程序设计中有可能用到这些区域，所以用户在设置栈区时，最好把 SP 的值设置为 30H 以上，以免与工作寄存器区发生冲突。

4. 数据指针 DPTR

数据指针 DPTR 是一个 16 位的寄存器，专门用来存放 16 位地址指针，作为间接寻址寄存器使用。在变址寻址方式中，用 DPTR 作基址寄存器，用于对程序存储器的访问。它可以对 64 KB 范围内的任一存储单元寻址。它还可以分成两个 8 位独立的寄存器 DPL 和 DPH 使用，DPH 为 DPTR 的高 8 位，DPL 为 DPTR 的低 8 位。

2.3　MCS-51 单片机的引脚描述

在 MCS-51 系列单片机中，各种芯片的引脚是相互兼容的，如 8031、8051、8751 和 80C51 均采用 40 脚双列直插封装方式。当然，不同芯片之间引脚功能略有差异。80C51 单片机是高性能单片机，因为受到引脚数目的限制，有部分引脚具有第二功能。第一功能信号与第二功能信号是单片机在不同工作方式下的信号，因此不会发生使用上的矛盾。这里以 80C51 单片机为例，介绍单片机的引脚。80C51 是标准的 40 引脚双列直插式集成电路芯片，引脚排列如图 2.4 所示。

80C51 的 40 条引脚可分为三部分：I/O 口引脚、控制引脚和电源及时钟引脚。

2.3.1 I/O 口引脚

80C51 共有 4 个并行 I/O 端口，每个端口都有 8 条引脚线，用于传送数据/地址。由于每个端口的结构各不相同，因此它们在功能和用途上有很大的差别。

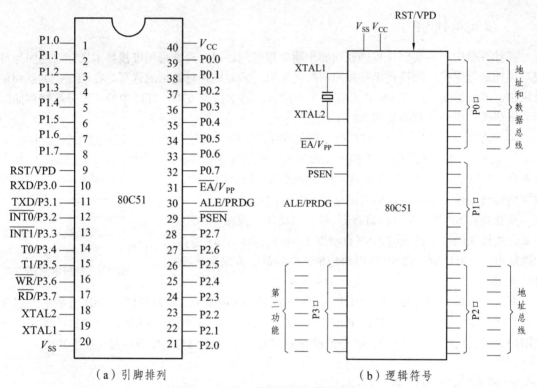

（a）引脚排列 　　　　　　　　　　　　　　（b）逻辑符号

图 2.4　80C51 单片机芯片引脚图

1. P0.7 ~ P0.0

P0 口共有 8 条引脚，其中 P0.7 为最高位，P0.0 为最低位。P0 口即可作为地址/数据总线使用，又可作为通用的 I/O 口使用。当 CPU 访问片外存储器时，P0 口分时先作为低 8 位地址总线，后作为双向数据总线。当 P0 口被地址/数据总线占用时，就不能再作为 I/O 口使用了。

2. P1.7 ~ P1.0

P1 口作为通用 I/O 口使用，用于传送用户的输入/输出数据。

3. P2.7 ~ P2.0

P2 口是一个 8 位准双向 I/O 端口，它既可作为通用 I/O 口使用，也可与 P0 口相配合，作为片外存储器的高 8 位地址总线，输出高 8 位地址，使 P2 和 P0 口组成一个 16 位片外存储器单元地址。

4. P3.7 ~ P3.0

这组引脚除作为一般准双向 I/O 口外，每个引脚还具有第二功能。具体分配如表 2.3 所示。通常 P3 口线先按需要优先选用它的第二功能，剩下不用的才作为 I/O 口线使用。

表 2.3　P3 口第二功能说明

口线	第二功能	信号名称
P3.0	RXD	串行数据接收
P3.1	TXD	串行数据发送
P3.2	$\overline{INT0}$	外部中断 0 申请
P3.3	$\overline{INT1}$	外部中断 1 申请
P3.4	T0	定时器/计数器 0 计数脉冲输入
P3.5	T1	定时器/计数器 1 计数脉冲输入
P3.6	$\overline{WR}$	外部 RAM 写选通
P3.7	$\overline{RD}$	外部 RAM 读选通

2.3.2　控制引脚

1. ALE/PROG（地址锁存允许/编程引脚）

ALE/PROG 配合 P0 口引脚的第二功能使用。当 80C51 上电正常工作后，自动在 ALE/PROG 线上输出频率为 $f_{osc}/6$ 的脉冲序列。当 CPU 访问片外存储器时，ALE 输出的信号作为锁存低 8 位地址的控制信号。其存储器扩展连接图如图 2.5 所示。

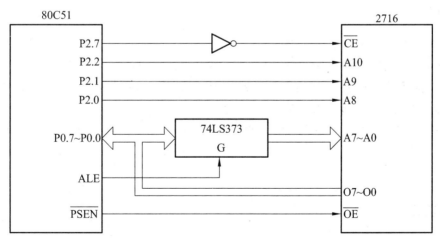

图 2.5　单片机程序存储器扩展连接图

平时在不访问片外存储器时，该端也以 $f_{osc}/6$ 的频率固定输出脉冲，因此可作为系统其他芯片的时钟。ALE/PROG 线还具有第二功能，它可以在对 80C51 片内 EPROM 编程写入（固化程序）时，作为编程脉冲输入端。

2. $\overline{\text{PSEN}}$（外部程序存储器读选通信号）

在访问片外 ROM 时，80C51 自动在 PSEN 线上产生一个负脉冲，用于片外 ROM 芯片的选通。其他情况下，$\overline{\text{PSEN}}$ 线均为高电平封锁状态。

3. $\overline{\text{EA}}/V_{\text{PP}}$（允许访问片外存储器/编程电源输入端）

当 $\overline{\text{EA}}$ 接高电平或悬空时，CPU 只访问片内 ROM。若 PC 的值超过 0FFFH（对于 8051、8751、80C51），将自动转去访问片外 ROM。若 $\overline{\text{EA}}$ 接低电平，CPU 只访问片外 ROM。对于无片内 ROM 的 8031 或 8032，需外扩 EPROM，此时必须将 $\overline{\text{EA}}$ 引脚接地。

对 80C51，$\overline{\text{EA}}/V_{\text{PP}}$ 用于在片内 EPROM 编程/校验时输入 12.75 V 编程电压。

4. RST/VPD（复位引脚）

当 RST 线上输入的复位信号延续 2 个机器周期以上高电平时，就可以使 80C51 完成复位操作。RST/VPD 的第二功能是作为备用电源输入端。当主电源 V_{CC} 发生故障而降低到规定低电平时，RST/VPD 线上的备用电源自动投入向内部 RAM 提供电压，以保证片内 RAM 中信息不丢失。

2.3.3　电源及时钟引脚

1. 电源引脚

V_{CC} 为+5 V 电源线，V_{SS} 为接地线。

2. 时钟引脚

XTAL1 和 XTAL2 外接晶体引线端。XTAL1 接外部晶体的一个引脚。在单片机内部，它是反相放大器的输入端。这个放大器构成了片内振荡器。当采用外部时钟时，该引脚必须接地。

XTAL2 接外部晶体的另一个引脚。在单片机内部，接上述振荡器的反相放大器的输出端。当采用外部时钟时，该引脚输入外部时钟脉冲。

当使用芯片内部时钟时，这两个引脚外接石英晶体和微调电容；当使用外部时钟时，这两个引脚接外部时钟脉冲信号。

2.4　MCS-51 单片机存储器的组织形式

MCS-51 单片机的存储器有片内和片外之分。片内存储器集成在芯片内部。片外存储器又称外部存储器，是专门的存储器芯片，需要通过印刷电路板上的三总线和 MCS-51 单片机连接。片外和片内存储器中，又有程序存储器（ROM）和数据存储器（RAM）之分。这里以 8051 单片机为例进行介绍。8051 单片机的存储器空间配置如图 2.6 所示。

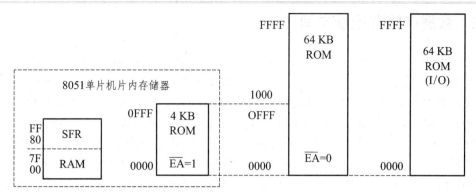

图 2.6   片外扩展存储器

8051 单片机的存储器在物理结构上共有 4 个存储空间。从用户使用的角度，地址空间分为三类：

（1）片内、片外统一编址 0000H ~ FFFFH 的 64 KB 程序存储器地址空间。

（2）64 KB 片外数据存储器地址空间，地址也为 0000H ~ FFFFH。

（3）256 B 片内数据存储器地址空间，地址为 00H ~ FFH。

上述三个存储空间地址是重叠的，为了使用户能够正确使用这三个不同的物理空间，8051 单片机的指令系统设计了不同的数据传送指令符号。CPU 访问片内、片外程序存储器时，指令助记符为 MOVC；访问片外数据存储器时，指令助记符为 MOVX；访问片内 RAM 时，指令助记符为 MOV。

2.4.1   程序存储器地址空间

8031 没有片内 ROM，8051/8751 有 4 KB 片内 ROM/EPROM，地址范围为 0000H ~ 0FFFH。无论是 8031 还是 8051/8751，都可以接外部 ROM，但片内和片外存储空间之和不能超过 64 KB。8051 有 64 KB ROM 的寻址区，其中 0000H ~ 0FFFH 的 4 KB 地址区域可以为片内 ROM 和片外 ROM 公用，1000H ~ FFFFH 的 60 KB 地址区域为片外 ROM 所专用。在 0000H ~ 0FFFH 的 4 KB 地址区，片内 ROM 可以占用，片外 ROM 也可以占用，但不能为两者同时占用。若 $\overline{EA}$ 接 +5 V 高电平，则机器使用片内 4 KB ROM；若 $\overline{EA}$ 接低电平，则机器自动使用片外 ROM。由于 8031 无内片 ROM，故它的 $\overline{EA}$ 只能接低电平。在程序存储器中，某些单元保留给系统使用，如下所示：

0000H ~ 0002H——系统的启动单元；

0003H ~ 000AH——外部中断 0 中断地址区；

000BH ~ 0012H——定时器/计数器 0 中断地址区；

0013H ~ 001AH——外部中断 1 中断地址区；

001BH ~ 0022H——定时器/计数器 1 中断地址区；

0023H ~ 002AH——串行中断地址区；

002BH ~ 0032H——定时器/计数器 1 中断地址区（8052 具备）。

因为 MCS-51 单片机上电复位后程序计数器的内容为 0000H，所以 CPU 总是从 0000H 单元开始执行程序，通常在存储单元 0000H 开始处存放一条无条件转移指令，使程序转移到应用程序的开始处。而 0003H ~ 0032H 这段存储空间用于中断系统，即为中断系统的中断向量表。中断响应后，系统能按中断种类自动转到各中断区的首地址去执行程序。由于各地址区容量有限，因此一般在第一个单元放置一条无条件转移指令以转移到程序实际存放位置。

2.4.2 数据存储器地址空间

RAM 主要用来存放中间结果、数据等。MCS-51 单片机的 RAM 有片内和片外之分：片内 RAM 共 256 B，地址范围为 00H ~ FFH；片外 RAM 共有 64 KB，地址范围为 0000H ~ FFFFH。MCS-51 单片机的 RAM 的实际存储容量是超过 64 KB 的，片内 RAM 与片外 RAM 的低地址空间（0000H ~ 00FFH）是重叠的。为了指示机器是到片内 RAM 寻址还是到片外 RAM 寻址，单片机器件设计者为用户提供了两类不同的传送指令：MOV 指令用于片内 00H ~ FFH 范围内的寻址，MOVX 指令用于片外 0000H ~ FFFFH 范围内的寻址。片内 RAM 共有 256 B，它们又分为两个部分，低 128 B（00H ~ 7FH）是真正的 RAM 区，高 128 B（80H ~ FFH）为特殊功能寄存器（SFR）区。对于片内有 256 B 的单片机，高 128 B（80H ~ FFH）空间特殊功能寄存器和 RAM 地址是重叠的，通过不同的寻址方式进行访问。特殊功能寄存器采用直接寻址方式访问，RAM 采用寄存器间接寻址方式访问。

1. 内部数据存储器低 128 B 单元

RAM 的低 128 B 分为工作寄存器区、位寻址区和用户 RAM 区。

（1）工作寄存器区（00H ~ 1FH）。

这 32 个 RAM 单元被安排为 4 组工作寄存器区，每组有 8 个工作寄存器（R0 ~ R7）。任一时刻，CPU 使用其中的一组寄存器，并且把正在使用的那组寄存器称为当前寄存器。由程序状态字寄存器 PSW 中 RS1、RS0 位的状态组合来决定使用哪一组。CPU 复位后，由于 RS1、RS0 的值为 0，因此选中第 0 组寄存器为当前的工作寄存器 R0 ~ R7。若程序中不需要 4 组，其余的可作为一般 RAM 使用。工作寄存器区的使用方法：一种是以寄存器的形式使用，用寄存器符号表示；另一种是以存储单元的形式使用，以单元地址表示。

（2）位寻址区（20H ~ 2FH）。

这 16 个 RAM 单元具有双重功能。它们既可以像普通 RAM 单元一样按字节存取，也可以对每个 RAM 单元中的任何一位单独存取，即位寻址。这种位寻址方式是 8051 的一个重要特点。20H ~ 2FH 用作位寻址时，共有 $16 \times 8 = 128$ 位，每位都分配了一个特定地址，即 00H ~ 7FH。这些地址称为位地址，如图 2.7 所示。

单元地址	MSB←			位地址			→LSB	
2FH	7FH	7EH	7DH	7CH	7BH	7AH	79H	78H
2EH	77H	76H	75H	74H	73H	72H	71H	70H
2DH	6FH	6EH	6DH	6CH	6BH	6AH	69H	68H
2CH	67H	66H	65H	64H	63H	62H	61H	60H
2BH	5FH	5EH	5DH	5CH	5BH	5AH	59H	58H
2AH	57H	56H	55H	54H	53H	52H	51H	50H
29H	4FH	4EH	4DH	4CH	4BH	4AH	49H	48H
28H	47H	46H	45H	44H	43H	42H	41H	40H
27H	3FH	3EH	3DH	3CH	3BH	3AH	39H	38H
26H	37H	36H	35H	34H	33H	32H	31H	30H
25H	2FH	2EH	2DH	2CH	2BH	2AH	29H	28H
24H	27H	26H	25H	24H	23H	22H	21H	20H
23H	1FH	1EH	1DH	1CH	1BH	1AH	19H	18H
22H	17H	16H	15H	14H	13H	12H	11H	10H
21H	0FH	0EH	0DH	0CH	0BH	0AH	09H	08H
20H	07H	06H	05H	04H	03H	02H	01H	00H

图 2.7 用户 RAM 区

位地址在位寻址指令中使用。例如，要把 2FH 单元中最高位（位地址为 7FH）置位成 1，则可使用如下位操作指令：

　　SETB　　7FH　　　　;7FH←1，其中，SETB 为位置位指令的操作码。

位地址的另一种表示方法是采用字节地址和位数相结合的表示法。例如，位地址 00H 可以表示成 20H.0，位地址 1AH 可以表示成 23H.2 等。

（3）用户 RAM 区（30H ~ 7FH）。

用户 RAM 区单元地址为 30H ~ 7FH，共 80 个单元，常用于存放用户数据或作为堆栈区使用。MCS-51 单片机对数据区中的每个 RAM 单元是按字节存取的。

2. 内部数据存储器高 128 B 单元

RAM 的高 128 B 又称为专用寄存器区，其单元地址为 80H ~ FFH，用于存放相应功能部件的控制命令、状态或数据。因这些寄存器的功能已作专门规定，故又称其为专用寄存器（Special Function Register，SFR），有时也称其为特殊功能寄存器。特殊功能寄存器是指有特殊用途的寄存器集合。SFR 的实际个数和单片机型号有关，MCS-51 中 8051 或 8031 的 SFR 有 21 个，8052 的 SFR 有 26 个。每个 SFR 占有一个 RAM 单元，它们离散地分布在 80H ~ FFH 地址范围内，不为 SFR 占用的 RAM 单元实际并不存在，访问它们也是没有意义的，如表 2.4 所示。

表 2.4　SFR 地址单元

符　号	物理地址	名　称
*ACC	E0H	累加器
*B	F0H	寄存器 B
* PSW	D0H	程序状态字
SP	81H	堆栈指针
DPL	82H	数据寄存器指针（低 8 位）
DPH	83H	数据寄存器指针（高 8 位）
*P0	80H	端口 0
*P1	90H	端口 1
*P2	A0H	端口 2
*P3	B0H	端口 3
*IP	B8H	中断优先级控制器
*IE	A8H	中断允许级控制器
TMOD	89H	定时器方式选择
*TCON	88H	定时器控制器
*+T2CON	C8H	定时器 2 控制器
TH0	8CH	定时器 0 高 8 位
TL0	8AH	定时器 0 低 8 位
TH1	8DH	定时器 1 高 8 位
TL1	8BH	定时器 1 低 8 位
+TH2	CDH	定时器 2 高 8 位
+TL2	CCH	定时器 2 低 8 位

续表 2.4

符　号	物理地址	名　称
+RCAP2H	CBH	定时器 2 捕捉寄存器高 8 位
+RCAP2L	CAH	定时器 2 捕捉寄存器低 8 位
*SCON	98H	串行寄存器
SBUF	99H	串行数据缓冲器
PCON	87H	电源控制器

在 21 个 SFR 寄存器中,用户可以通过直接寻址指令对它们进行字节存取,也可以对带有 "*" 的 11 个寄存器进行位寻址。在字节型寻址指令中,直接地址的表示方法有两种:一种是使用物理地址,如累加器 A 用 E0H、寄存器 B 用 F0H、SP 用 81H,等等;另一种是采用表中的寄存器符号,如累加器 A 用 ACC、寄存器 B 用 B、程序状态字寄存器用 PSW 表示。这两种表示方法中,采用后一种方法比较普遍,因为它们比较容易被人们记住。在 SFR 中,可以位寻址的寄存器有 11 个,这些寄存器的字节地址均能被 8 整除。位地址总共有 88 个,其中 5 个未用,其余 83 个位地址离散分布于 80H ~ FFH 范围内。SFR 中的位地址如表 2.5 所示。

表 2.5　SFR 位地址

寄存器号	D7	D6	D5	D4	D3	D2	D1	D0	字节地址
B	F7	F6	F5	F4	F3	F2	F1	F0	F0H
ACC	E7	E6	E5	E4	E3	E2	E1	E0	E0H
PSW	D7	D6	D5	D4	D3	D2	D1	D0	D0H
IP	—	—	—	BC	BB	BA	B9	B8	B8H
P3	B7	B6	B5	B4	B3	B2	B1	B0	B0H
IE	AF	—	—	AC	AB	AA	A9	A8	A8H
P2	A7	A6	A5	A4	A3	A2	A1	A0	A0H
SCON	9F	9E	9D	9C	9B	9A	99	98	98H
P1	97	96	95	94	93	92	91	90	90H
TCON	8F	8E	8D	8C	8B	8A	89	88	88H
P0	87	86	85	84	83	82	81	80	80H

2.4.3　数据存储器扩展

MCS-51 系列单片机内部数据存储器容量一般为 128 ~ 256 B,它可以作为工作寄存器、堆栈、标志和数据缓冲区使用,CPU 对内部 RAM 有丰富的操作指令。对数据量较小的系统,内部 RAM 已能满足数据存储器的需要。当数据量较大时,就需要外部扩展 RAM 数据存储器了,扩展容量最大可达 64 KB。外部数据存储器用于存放随机读写的数据。单片机常用的静态 RAM 芯片是 62 系列产品,有 62C16(2 K × 8 位)、62C32(4 K × 8 位)、62C64(8 K × 8 位)和 62C128(16K × 8 位)等。以下以扩展静态 RAM 芯片 62C64 为例,介绍其扩展方法。扩展 62C64 静态 RAM 电路的连接如图 2.8 所示。

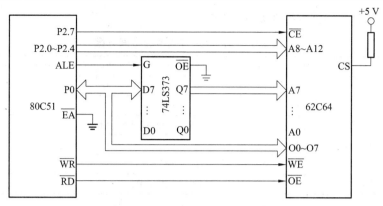

图 2.8　数据存储器扩展

主要有下列控制信号：

存储器读输入信号 $\overline{OE}$ 接单片机读输出信号 $\overline{RD}$（P3.7）。

存储器写输入信号 $\overline{WE}$ 接单片机写输出信号 $\overline{WR}$（P3.6）。

ALE 连接 74LS373，用于锁存地址信号。

需要注意的是，CPU 与外部数据存储器间传送数据时，先要把访问的外部 RAM 高 8 位地址号送入 P2 中，然后才能执行对外部 RAM 的读写操作。

【例 2.1】　用线选寻址方式将 80C51 单片机与 2 片 62C64 相连。

解： 所谓线选寻址，是指不使用译码器，而直接用单片机地址线产生片选信号。

① 地址总线的连接：80C51 的 P0.0 ~ P0.7 经 74LS373 与 62C64（1）与 62C64（2）的地址线低 8 位 A0 ~ A7 相连，80C51 的 P2.0 ~ P2.4 与 62C64（1）与 62C64（2）的地址线高 5 位 A8 ~ A12 相连，如图 2.9 所示。

② 数据总线的连接：80C51 的 P0.0 ~ P0.7 与 62C64（1）与 62C64（2）的数据线 D0 ~ D7 相连。

③ 控制总线的连接：80C51 的读信号 $\overline{RD}$ 与 62C64（1）与 62C64（2）的读信号 $\overline{OE}$ 相连，80C51 的 P2.7 与 62C64（1）的片选信号 $\overline{CE}$ 相连，P2.7 经反相器后与 62C64（2）的片选信号 $\overline{CE}$ 相连，当 P2.7=0 时，选中 62C64（1）；当 P2.7=1 时，选中 62C64（2）。

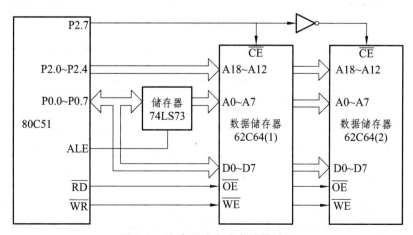

图 2.9　线选寻址方式存储器扩展

④ 存储器地址空间的分配如表 2.6 所示。

表 2.6 线选寻址方式地址空间分配

芯片	地址	P2.7	P2.6	P2.5	P2.4	…	P0.7	P0.6	…	P0.0	P2.6 P2.5 = 00
62C64（1）	最小地址	0	×	×	0	…	0	0	…	0	0000H
62C64（1）	最大地址	0	×	×	1	…	1	1	…	1	1FFFH
62C64（1）	地址范围	0000H ~ 1FFFH（P2.6 P2.5 = 00）									
62C64（2）	最小地址	1	×	×	0	…	0	0	…	0	8000H
62C64（2）	最大地址	1	×	×	1	…	1	1	…	1	9FFFH
62C64（2）	地址范围	8000H ~ 9FFFH（P2.6 P2.5 = 00）									

此时，P2.6 和 P2.5 可以取不同的值，所以存储器同一个存储单元的地址可以有不同的地址。

【例 2.2】　用全译码寻址方式将 80C51 单片机与 2 片 62C64 相连。

解：所谓全译码寻址，是指使用译码器产生片选信号。

将 80C51 的 P2.5、P2.6、P2.7 与 74LS138 译码器的输入端 A、B、C 相连，而将其输出端的 $\overline{Y1}$、$\overline{Y2}$ 分别与 62C64（1）、62C64（2）的片选信号 $\overline{CE}$ 连接，如图 2.10 所示。要使 62C64（1）的片选信号有效，必须使 $\overline{Y1}$ 有效，要使 $\overline{Y1}$ 有效又必须使 74LS138 译码器输入端输入 001，即 P2.7P2.6P2.5=001。同样，要使 62C64（2）被选中，则 P2.7P2.6P2.5=010。

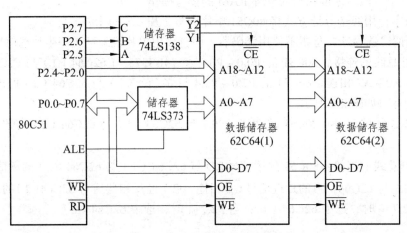

图 2.10 全译码寻址方式存储器扩展

由于采用了全译码方式，两片芯片的地址是唯一的。两片芯片的地址空间范围如表 2.7 所示。

表 2.7 全译码方式地址空间分配

芯片	地址	P2.7	P2.6	P2.5	P2.4	…	P0.7	P0.6	…	P0.0	十六进制表示
62C64（1）	最小地址	0	0	1	0	…	0	0	…	0	2000H
62C64（1）	最大地址	0	0	1	1	…	1	1	…	1	3FFFH
62C64（1）	地址范围	2000H ~ 3FFFH									
62C64（2）	最小地址	1	1	0	0	…	0	0	…	0	4000H
62C64（2）	最大地址	1	1	0	1	…	1	1	…	1	5FFFH
62C64（2）	地址范围	4000H ~ 5FFFH									

2.4.4　程序存储器扩展

　　程序存储器用来存放编制好的始终保留的固定程序和表格常数。程序存储器以程序计数器 PC 作为地址指针，通过 16 位地址总线，可寻址的地址空间为 64 KB。

　　在 80C51/87C51/89C51 片内，分别内置最低地址空间为 4 KB 的 ROM/EPROM 程序存储器（内部程序存储器），而在 8031 片内，则没有内部程序存储器，必须外部扩展 EPROM。80C51 系列单片机中 64 KB 内、外程序存储器的地址是统一编排的。8031 单片机没有内部程序存储器，地址从 0000H ~ FFFFH 都是外部程序存储空间。$\overline{EA}$ 应始终接地，对于内部有 ROM 的单片机（51、52 系列），该引脚接高电平，使程序从内部 ROM 开始执行。当 PC 值超出内部 ROM 的容量时，会自动转向外部程序存储器空间。外部程序存储器地址空间为 1000H ~ FFFFH。典型的 EPROM 芯片有 27C16（2 K × 8 位）、27C32（4 K × 8 位）、27C64（8 K × 8 位）和 27C128（16 K × 8 位）等。下面将以 27C64 为例，介绍程序存储器的扩展方法。

　　图 2.11 所示为 8 K × 8 位的扩展程序存储器 27C64 与单片机的连接电路。该电路也称为 8031 的最小系统。要通过对这个系统的分析，掌握存储器扩展电路的连接与单片机外部程序存储器操作时序的关系，即单片机的数据总线（D0 ~ D7）、地址总线（A0 ~ A15）和控制信号（$\overline{RD}$、$\overline{PSEN}$、ALE）与外扩 EPROM、74LS373 的信号连接关系以及 74LS373 在电路中的作用。

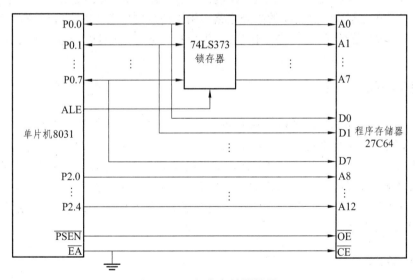

图 2.11　程序存储器扩展

　　74LS373 是带三态输出的 8D 锁存器，三态控制接地。G 端与 8031 的 ALE 连接，每当 ALE 下跳变时，74LS373 锁存低 8 位地址信号，并输出供系统使用。

　　27C64 是 8 K × 8 位 EPROM 器件，有 13 根地址线（A0 ~ A12），它能区分 13 位二进制地址信息。这 13 根地址线分别与 8031 的 P2 口和 P2.0 ~ P2.4 连接，当 8031 系统发出 13 位地址信息时，分别选中 27C64 片内 8 KB 存储器中的各单元。

1. 数据线的连接

　　存储器的 8 位数据线 D0 ~ D7 接 P0 口（P0.0 ~ P0.7）。单片机规定指令码和数据都由 P0 口读入，数位对应相连即可。27C64 的引脚 $\overline{\text{OE}}$ 为片选信号输入端，低电平有效，表示选中该 27C64 芯片。该片选信号决定了 27C64 这块芯片的 8 KB 存储器在整个 8031 扩展程序存储器 64 KB 空间中的位置。该系统中只有一片 27C64，现将 $\overline{\text{CE}}$ 接地，表示常有效。根据上述电路接法，27C64 占有的扩展程序存储器空间为 0000H ~ 1FFFH 地址空间。

2. 控制线的连接

$\overline{\text{PSEN}}$（外部程序存储器取指信号）接 $\overline{\text{OE}}$（存储器读信号）。ALE 通常接至地址锁存器锁存信号。$\overline{\text{EA}}$（单片机内/外程序存储器选择信号）在采用 8031、8032 时应接地。此外，27C64 的 $\overline{\text{OE}}$ 和 V_{PP} 端及 $\overline{\text{CE}}$ 端可组合成 27C64 的各种工作方式（读、待机、写即编程、校对等），图 2.11 中的方式处于读和待机两种状态。当 $\overline{\text{PSEN}}$ 选通信号为低电平时，选通 27C64，即读 27C64 中的程序或常数；当 $\overline{\text{PSEN}}$ 选通信号为高电平时，无效，则 27C64 处于低功耗待机状态。

2.5　MCS-51 单片机的输入/输出接口

输入/输出接口即 I/O 接口，又称为 I/O 端口，也叫作 I/O 通道或通路。I/O 端口是 MCS-51 单片机对外部实现控制和信息交换的必经之路，用于信息的传送。I/O 端口有串行和并行之分，串行 I/O 端口一次只能传送一位二进制信息，并行 I/O 端口一次可以传送一组二进制信息。

2.5.1　并行 I/O 端口

8051 有 4 个 8 位并行 I/O 端口，称为 P0、P1、P2 和 P3。每个端口都有 8 条 I/O 线。这 4 个端口为单片机与外部器件或外部设备进行信息（数据、地址、控制信号）交换提供了多功能的输入/输出通道。它们是单片机扩展外部功能，构成单片机应用系统的重要的物理基础。在这 4 个端口中，CPU 既可从每个 I/O 端口中的任何一个输出数据，也可以输入数据。每个 I/O 端口内部都有一个 8 位数据输出锁存器和一个 8 位数据输入缓冲器，用作输出时数据可以锁存，用作输入时数据可以缓冲。

1. 端口功能

P0 口是三态双向口，在 CPU 芯片需要外扩程序存储器、数据存储器、并行 I/O 接口时，通常作为 16 位地址总线的低 8 位和 8 位数据总线信号端口。由于是分时使用，用 ALE 地址锁存信号将低 8 位地址锁存在与 P0 口相连接的外部 8 位锁存器中，形成 16 位地址信号的低 8 位，然后，P0 口再作为数据口使用。

P1 口是专门供用户使用的 I/O 口，是准双向口。

P2 口也是准双向口。它用于系统扩展时输出高 8 位地址。如果没有系统扩展，例如，使用 8051 或 8751 不扩展外部存储器时，P2 口也可以作为用户 I/O 线使用。当 P0 口和 P2 口用作数据/地址总线时，它们不再作为通用 I/O 口使用。

P3 口是双功能口，也是准双向口。P3 口除作为通用 I/O 口外，还有第二种功能，涉及串行口、外部中断、定时器的工作等。作为第一功能使用时，P3 口的结构与操作与 P1 口相同。

2. 端口结构

1) P0 口和 P2 口

图 2.12 和图 2.13 所示分别为 P0 口和 P2 口的电路图。由图可见，电路中包含一个数据输出锁存器（D 触发器）和两个三态数据输入缓冲器，另外还有一个数据输出的驱动（T1 和 T2）和控制电路。这两组口线用来作为 CPU 与外部数据存储器、外部程序存储器和 I/O 扩展口，而不能像 P1、P3 那样直接用作输出口。它们一起可以作为外部地址总线。P0 口身兼两职，既可作为地址总线，也可作为数据总线。

P0 口作为一般端口时，T1 截止，T2 根据输出数据 0 或 1 导通或截止。导通时拉地，当然是输出低电平。要输出高电平，T2 就截止，P0 口就没有输出了。如果加上外部上拉电阻，输出就变成了高电平 1。

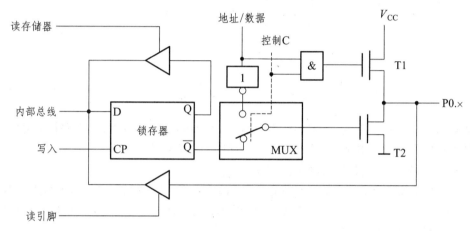

图 2.12　P0 口内部结构图

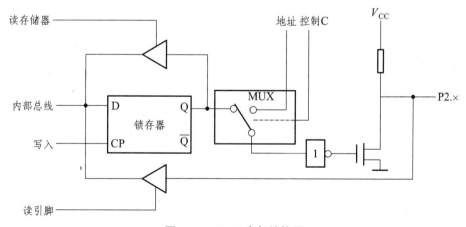

图 2.13　P2 口内部结构图

P2 口为外部数据存储器或程序存储器的地址总线的高 8 位输出口 AB8~AB15，P0 口由 ALE 选通作为地址总线的低 8 位输出口 AB0~AB7。外部的程序存储器由 $\overline{\text{PSEN}}$ 信号选通，数据存储器则由 $\overline{\text{WR}}$ 和 $\overline{\text{RD}}$ 读写信号选通，因为 2^{16}=64 K，所以 MCS-51 单片机最大可外接 64 KB 的程序存储器和数据存储器。

2) P1 口

图 2.14 所示为 P1 口其中一位的电路图。P1 口为 8 位准双向口，每一位均可单独定义为输入或输出口。当作为输入口时，1 写入锁存器，$\overline{Q}$=0，T2 截止，内部上拉电阻将电位拉至"1"，此时该口输出为 1。当 0 写入锁存器时，$\overline{Q}$=1，T2 导通，输出则为 0。

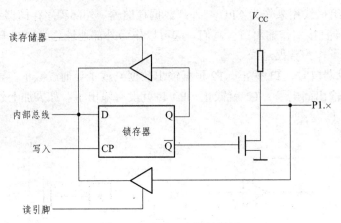

图 2.14 P1 口内部结构图

作为输入口时，锁存器置 1，$\overline{Q}$=0，T2 截止，此时该位既可以把外部电路拉成低电平，也可由内部上拉电阻拉成高电平。正因为如此，所以 P1 口常被称为准双向口。

需要说明的是，作为输入口使用时，有两种情况：

（1）首先是读锁存器的内容，进行处理后再写到锁存器中。这种操作即读—修改—写操作，像 JBC（逻辑判断）、CPL（取反）、INC（递增）、DEC（递减）、ANL（与逻辑）和 ORL（逻辑或）指令均属于这类操作。

（2）读 P1 口线状态时，打开三态门 G2，将外部状态读入 CPU。

3) P3 口

P3 口的电路如图 2.15 所示。P3 口为准双向口，为适应引脚的第二功能的需要，增加了第二功能控制逻辑。在真正的应用电路中，第二功能显得更为重要。由于第二功能信号有输入和输出两种情况，下面分别加以说明。

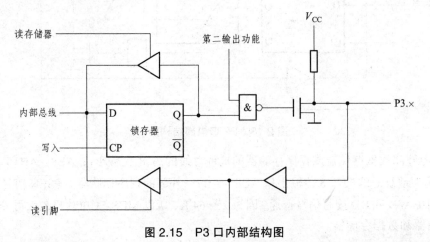

图 2.15 P3 口内部结构图

P3 口的输入/输出及 P3 口锁存器、中断、定时/计数器、串行口和特殊功能寄存器有关。P3 口的第一功能和 P1 口一样，可作为输入/输出端口，同样具有字节操作和位操作两种方式。在位操作模式下，每一位均可定义为输入或输出。本书着重讨论 P3 口的第二功能。

对于第二功能，当作 I/O 口使用时，第二功能信号线应保持高电平，与非门开通，以维持从锁存器到输出口数据输出通路畅通无阻。而当作第二功能口线使用时，该位的锁存器置高电平，使与非门对第二功能信号的输出是畅通的，从而实现第二功能信号的输出。对于第二功能为输入的引脚，在口线上的输入通路增设了一个缓冲器，输入的第二功能信号即从这个缓冲器的输出端取得。而作为 I/O 口线输入端时，取自三态缓冲器的输出端。这样，不管是作为输入口使用还是第二功能信号输入，输出电路中的锁存器输出和第二功能输出信号线均应置"1"。

4) 小　结

现将 I/O 端口功能总结如下：

① 每个端口都是双向的 I/O 口。端口的每一位都有一个锁存器、一个输出驱动器（场效应三极管）和一个输入数据缓冲器。其中，位锁存器为 D 触发器。在 CPU 控制下，可对端口 P0 ～ P3 进行读写操作或对引脚进行读操作。

② 在 P0 口和 P2 口的结构中，有一个 2 选 1 转换器 MUX 如图 2.12 和图 2.13 所示。访问外部存储器时，由内部控制信号通过 MUX 将端口驱动器与地址或内部地址/数据线连接起来（图中开关置于上或右）。而对于通常的 I/O 传送，输出驱动器通过 D 锁存器与内部总线连接（图中开关置于下或左）。

③ 从图 2.12 ～ 2.15 可以看出，P1 口、P2 口、P3 口的内部结构和 P0 口稍有不同。P1、P2、P3 口具有内部上拉电阻（由耗尽型场效应管构成）。当端口用作输入时，必须通过指令将端口的位锁存器置 1，以关闭输出驱动场效应管。这时 P1、P2、P3 口的引脚由内部上拉电阻拉为高电平，同样也可以由外部信号拉为低电平。例如，如果位锁存器原来的状态为 0，则通过反相器加到场效应管栅极的信号为 1，使该管导通，对地呈低阻状态，它会使从引脚输入的高电平信号受到影响而变低，可能使读入的引脚信号出错。

这种通过固定的上拉电阻而将引脚拉为高电平的端口结构，称为"准双向口"，即不是真正的双向口（非高阻输入状态）。由于这种端口结构，P1 ～ P3 端口都能由集电极开路或漏极开路所驱动，在与外部器件连接时，无须再接上拉电阻。

P0 口则不同，它没有内部上拉电阻，在驱动场效应管的上方有一个提升场效应管。它只是在对外部存储器进行读写操作，用作地址/数据线时才起作用。在其他情况下，上拉场效应管处于截止状态。因而 P0 口线用作输出时为开漏输出。如果向位锁存器写入 1，使驱动场效应管截止，则引脚"浮空"，这时可用于高阻抗输入。

④ 在 4 个并行 I/O 端口中，只有 P0 口是真正的双向 I/O 口，故它具有较大的负载能力，最多可以推动 8 个 LSTTL 门，其余 3 个 I/O 口是准双向 I/O 口，只能推动 4 个 LSTTL 门。

⑤ P0 口上拉电阻选择：

当驱动 LED 时，上拉电阻用 1 kΩ左右即可。若减小电阻，亮度则高，反之亮度则低。

当驱动光耦合器时，如果是高电位有效，即耦合器输入端接端口和地之间，则和驱动 LED

的情况一样。如果是低电位有效，即耦合器输入端接端口和 V_{CC} 之间，则除了要串接一个 1~4.7 kΩ 的电阻以外，同时上拉电阻的阻值可以用得特别大，用 100~500 kΩ 的都行。

当驱动晶体管时，分为 PNP 管和 NPN 管两种情况。NPN 管是高电平有效，因此上拉电阻的阻值取 2~20 kΩ。PNP 管是低电平有效，因此上拉电阻的阻值在 100 kΩ 以上即可，且管子的基极必须串接一个 1~10 kΩ 的电阻。

当驱动 TTL 集成电路时，上拉电阻的阻值取 1~10 kΩ。如果电阻太大，则"拉"不起来。对于 CMOS 集成电路，上拉电阻的阻值可以用得很大，一般不小于 20 kΩ。

3. MCS-51 单片机的 I/O 扩展

MCS-51 单片机的并行接口有 P0、P1、P2 和 P3，由于 P0 口是地址/数据总线口，P2 口是高 8 位地址线，P3 口具有第二功能，因此，真正可以作为双向 I/O 口应用的就只有 P1 口。这在大多数应用中是不够的，所以大部分 MCS-51 单片机应用系统设计都不可避免地需要对 P0 口进行扩展。

由于 MCS-51 单片机的外部 RAM 和 I/O 口是统一编址的，因此，可以把单片机外部 64 KB RAM 空间的一部分作为扩展外围 I/O 口的地址空间。这样，单片机就可以像访问外部 RAM 存储器单元那样访问外部的 P0 口接口芯片，以对 P0 口进行读/写操作。用于 P0 口扩展的专用芯片很多，如 8255 可编程并行 P0 口扩展芯片、8155 可编程并行 P0 口扩展芯片等。这里将采用具有三态缓冲的 74HC244 芯片和输出带锁存的 74HC377 芯片对 P0 口进行并行扩展。

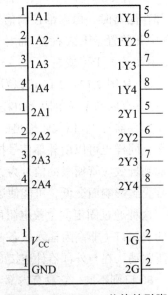

图 2.16　74HC244 芯片的引脚

1）输入接口的扩展

MCS-51 单片机的数据总线是一种公用总线，不能被独占使用，这就要求接在上面的芯片必须具备"三态"功能。因此，扩展输入接口实际上就是要找一个能够用于控制且具备三态输出的芯片，以便在输入设备被选通时，它能使输入设备的数据线和单片机的数据总线直接接通，而当输入设备没有被选通时，它又能隔离数据源和数据总线（即三态缓冲器为高阻抗状态）。

如果输入的数据可以保持比较长的时间（比如键盘），简单输入接口扩展通常使用的典型芯片为 74HC244，由该芯片可构成三态数据缓冲器。74HC244 芯片的引脚排列如图 2.16 所示。

74HC244 芯片内部共有两个 4 位三态缓冲器，使用时可分别以 1 G 和 2 G 作为它们的选通工作信号。当 1 G 和 2 G 都为低电平时，输出端 Y 和输入端 A 状态相同；当 1 G 和 2 G 都为高电平时，输出呈高阻态。示例电路如图 2.17 所示。

其中，P2.7 决定了 74HC244 的地址，使用地址 0000H~7FFFH（共 32K）都可以访问这个单元，这就是用线选法所带来的副作用。通常可选择其中的最高地址作为这个芯片的地址来写程序，如这个芯片的地址是 7FFFH。但这仅仅是一种习惯，并不是规定，当然也完全可以用 0000H 作为这个芯片的地址。其读 P0 口时序如图 2.18 所示。

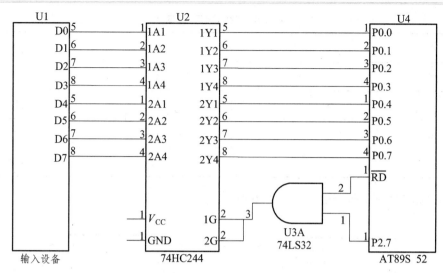

图 2.17　用 74HC244 进行输入接口扩展的电路连接

由图 2.18 可以看出，当 P2.7 和 $\overline{RD}$ 同为低电平时，74HC244 才能将输入端的数据送到单片机的 P0 口。由于外部 I/O 与外部 RAM 是同一接口，所以一般使用 MOVX 指令对外部 I/O 进行操作。一旦执行到 MOVX 类指令，单片机就会在 $\overline{RD}$ 或 $\overline{WR}$（根据输入还是输出指令）引脚产生一个下降沿。这个下降沿的波形与 P2.7 相或，则会在或门的输出口也产生一个下降沿。这个下降沿将使 74HC244 的输出与输入接通，这样，输入设备的数据就可以被 MCS-51 单片机从总线上读取。

需要说明的是，74HC244 是不带锁存的，因此，如果输入设备提供的数据持续时间比较短，那么就要用带锁存的芯片进行扩展，如 74HC373、74HC573 等。

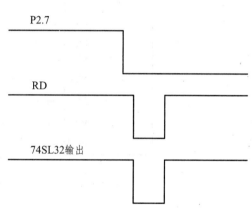

图 2.18　读 P0 口的时序

2）输出接口的扩展

由于单片机的数据总线是为各个芯片服务的，一般不可能为一个输出而一直保持一种状态，因此，输出接口的主要功能是进行数据保持（即数据锁存）。也就是说，输出接口的扩展实际上就是扩展锁存器。

输出接口的扩展通常用 74HC377 芯片来实现。该芯片是一个带允许端的 8D 锁存器，其芯片的引脚如图 2.19 所示。

其中，D0~D7 为 8 位数据输入端；Q0~Q7 为 8 位数据输出端；$\overline{G}$ 为使能控制端；CLK 为时钟信号，上升沿锁存数据。其真值表如表 2.8 所示。

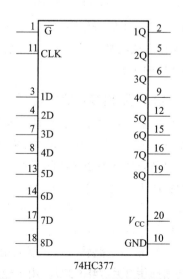

74HC377

图 2.19　74HC377 芯片引脚示意图

表 2.8　74HC377 真值表

$\overline{G}$	CLK	D	Q
1	×	×	Q0
0	↑	1	1
0	↑	0	0
×	0	×	Q0

利用此芯片实现的扩展电路如图 2.20 所示。

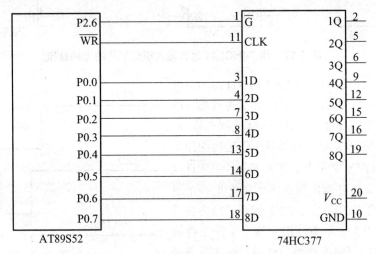

图 2.20　利用 74HC377 进行输出接口扩展的电路连接

图中，74HC377 的 $\overline{G}$ 端与 P2.6 口相连，其地址是 ×0×××××B。如果把"×"全置为 1，则为 1011 1111 1111 1111B，这样，0BFFFH 就是该芯片的地址了。由于 MCS-51 的 $\overline{WR}$ 是与 74HC377 的 CLK 端相连的，当 $\overline{WR}$ 信号由低变高时，数据总线上的数据为输出数据，而此时 P2.6 输出低电平，$\overline{G}$ 有效，因此，数据就被锁存。此外，利用 74HC373、74HC573 也可以进行 P0 口的扩展。

3）输入/输出接口的扩展

在实际的应用系统中，可能需要同时扩展多个 I/O 口，以满足应用系统的需要。而各个输入、输出扩展 I/O 芯片应通过 74LS138 进行"全地址"译码选通，从而分时复用数据总线。为了防止对译码选通逻辑造成的影响，单片机系统所用的外围芯片一般均设为双步选通方式，即除了配置译码选通端外，还应配置使能选通端。而 74HC244 芯片本身没有明显的片选和读/写控制端，设计时通常采用译码和读控制信号来同时控制 74HC244 的 CS，从而有效地抑制输入/输出数据信息的过渡干扰。

图 2.21 所示电路输入口扩展采用了 2 片 74HC244，其输入端接键盘或其他数字信号；输出口扩展则选用 2 片 74HC377，用于控制数码管、发光二极管、继电器等。

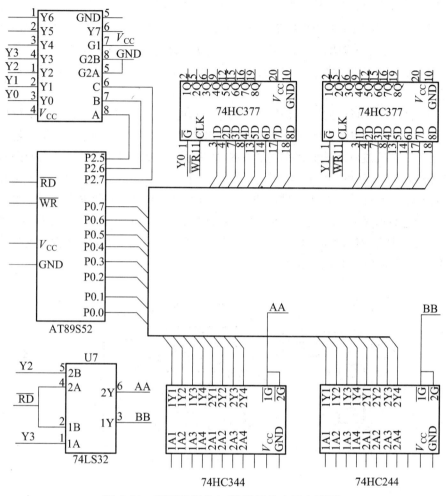

图 2.21   同时扩展输入/输出口的应用电路图

51 单片机的数据/地址/控制总线端口都有一定的负载能力，P0 口可驱动 8 个 TTL 门电路，P1 口、P2 口和 P3 口可驱动 4 个 TTL 门电路。负载超过上述规定时一般应加驱动器。总线驱动器可以使用 TTL 型三态缓冲门电路 74HC244、74HC245。另外，在扩展口线的同时，还应兼顾配置总线驱动器，注意总线负载平衡的配置。在总线上适当安装上拉电阻可以提高总线信号传输的可靠性。

此外，一个系统可能由于存在各种干扰及不稳定因素而出现故障，为解决这一问题，可以从软件设计方面采取一些措施。

2.5.2   串行 I/O 端口

串行 I/O 端口是单片机与外界通信的另一种方式。与并行 I/O 端口不同的是，它使用单个端口来完成多个数据位的传输，使用一条数据线，将数据一位一位地依次传输，每一位数据占据一个固定的时间长度。

1. MCS-51 串行 I/O 端口的硬件结构

8051 有一个全双工的可编程串行异步 I/O 端口。这个串行 I/O 端口既可以在程序控制下将 CPU 的 8 位并行数据变成串行数据一位一位地从发送数据线 TXD 发送出去，也可以把串行接收到的数据变成 8 位并行数据送给 CPU，而且这种串行发送和串行接收可以单独进行，也可以同时进行。

8051 串行发送和串行接收利用了 P3 口的第二功能，即利用 P3.1 引脚作为串行数据的发送线 TXD，利用 P3.0 引脚作为串行数据的接收线 RXD。串行 I/O 口的电路结构还包括串行口控制器 SCON、电源及波特率选择寄存器 PCON 和串行数据缓冲器 SBUF 等，它们都属于特殊功能寄存器（SFR）。其中 PCON 和 SCON 用于设置串行口工作方式和确定数据的发送和接收波特率。SBUF 实际上由两个 8 位寄存器组成，一个用于存放欲发送的数据，另一个用于存放接收到的数据，起着数据缓冲的作用。SBUF 占用内部 RAM 地址 99H。但在机器内部，实际上有两个数据缓冲器，即发送缓冲器和接收缓冲器。因此，可以同时保留收/发数据，进行单独或同时收/发操作，其硬件结构如图 2.22 所示。

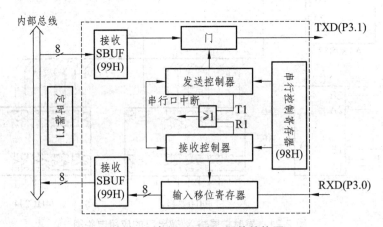

图 2.22   串行 I/O 端口硬件结构图

2. MCS-51 串行 I/O 端口的相关寄存器

1）串行口缓冲寄存器 SBUF

SBUF 是串行口缓冲寄存器，包括发送寄存器和接收寄存器。它们有相同的名字和地址空间（都为 99H），但不会发生冲突，因为它们两个中一个只能被 CPU 读出数据，另一个只能被 CPU 写入数据。

在完成串行口初始化后，发送数据时，采用 MOV SBUF，A 指令，将要发送的数据写入 SBUF，则 CPU 自动启动和完成串行数据的输出；接收数据时，采用 MOV A，SBUF 指令，CPU 就自动将接收到的数据从 SBUF 中读出。

2）串行口控制寄存器 SCON

SCON 的字节地址是 98H，位地址（由低位到高位）分别是 98H ~ 9FH。它用于定义串行口的工作方式及实施接收和发送控制。SCON 的格式如图 2.23 所示。

9FH	9EH	9DH	9CH	9BH	9AH	99H	98H
SM0	SM1	SM2	REN	TB8	RB8	TI	RI

图 2.23　SCON 的格式

SM0、SM1：串行口工作方式选择位。其定义如表 2.9 所示（其中 f_{osc} 为晶振频率）。

SM2：多机通信控制位。在方式 0 中，SM2 一定要等于 0。在方式 1 中，当 SM2=1 且只有接收到有效停止位时，RI 才置 1。在方式 2 或方式 3 中，当 SM2=1 且接收到的第 9 位数据 RB8=0 时，RI 才置 1。

REN：接收允许控制位。由软件置位以允许接收，又由软件清 0 来禁止接收。

TB8：要发送数据的第 9 位。在方式 2 或方式 3 中，要发送的第 9 位数据，根据需要由软件置 1 或清 0。例如，可约定作为奇偶校验位，或在多机通信中作为区别地址帧或数据帧的标志位。

RB8：接收到的数据的第 9 位。在方式 0 中不使用 RB8。在方式 1 中，若 SM2=0，RB8 为接收到的停止位。在方式 2 或方式 3 中，RB8 为接收到的第 9 位数据。

表 2.9　SM0、SM1 设置工作方式说明

SM0	SM1	工作方式	功　能	波特率
0	0	方式 0	8 位同步移位寄存器	$f_{osc}/12$
0	1	方式 1	8 位异步收、发	可变
1	0	方式 2	9 位异步收、发	$f_{osc}/64$ 或 $f_{osc}/32$
1	1	方式 3	9 位异步收、发	可变

TI：发送中断标志。在方式 0 中，第 8 位发送结束时由硬件置位。在其他方式的发送停止位前，由硬件置位。TI 置位既表示一帧信息发送结束，同时也是申请中断，可根据需要，用软件查询的方法获得数据已发送完毕的信息，或用中断的方式来发送下一个数据。TI 必须用软件清 0。

RI：接收中断标志位。在方式 0 中，当接收完第 8 位数据后，由硬件置位。在其他方式中，在接收到停止位的中间时刻由硬件置位（例外情况见 SM2 的说明）。RI 置位表示一帧数据接收完毕，可用查询的方法获知或者用中断的方法获知。RI 也必须用软件清 0。

3）电源及波特率选择寄存器 PCON

PCON 是为在 CMOS 结构的 MCS-51 单片机上实现电源控制而附加的，对于 HMOS 结构的 MCS-51 系列单片机，除了第 7 位外，其余都是虚设的。与串行通信有关的也就是第 7 位，称作 SMOD，它的作用是使数据传输率加倍。其格式如图 2.24 所示。

PCON (87H)

SMOD	×	×	×	GF1	GF0	PD	IDL

图 2.24　PCON 的格式

SMOD：数据传输率加倍位。在计算串行方式 1、2、3 的数据传输率时，0 表示不加倍，1 表示加倍。

GF1、GF2：通用标志位。

PD：掉电控制位。0 表示正常方式，1 表示掉电方式。

IDL：空闲控制位。0 表示正常方式，1 表示空闲方式。

除了以上寄存器外，中断允许寄存器 IE 中的 ES 位也用来作为串行 I/O 中断允许位。当 ES = 1 时，允许串行 I/O 中断；当 ES = 0 时，禁止串行 I/O 中断。中断优先级寄存器 IP 的 PS 位则用作串行 I/O 中断优先级控制位。当 PS=1 时，设定为高优先级；当 PS=0 时，设定为低优先级。

3. MCS-51 串行 I/O 端口的工作方式

MCS-51 单片机可以通过软件设置串行口控制寄存器 SCON 中 SM0（SCON.7）和 SM1（SCON.6），从而指定串行口的 4 种工作方式。下面对这 4 种工作方式作进一步介绍。

1）方式 0

当设定 SM1 SM0=00 时，串行口工作于方式 0，又叫作同步移位寄存器输出方式。在方式 0 下，数据从 RXD（P3.0）端串行输出或输入，同步信号从 TXD（P3.1）端输出，发送或接收的数据为 8 位，低位在前，高位在后，没有起始位和停止位。数据传输率固定为振荡器频率的 1/12，也就是每一机器周期传送一位数据。方式 0 可以外接移位寄存器，将串行口扩展为并行口，也可以外接同步输入/输出设备。执行任何一条以 SBUF 为目的的寄存器指令，就开始发送。

发送：当一个数据写入串行口发送缓冲器 SBUF 时，串行口将 8 位数据以 $f_{osc}/12$ 的波特率从 RXD 引脚输出（低位在前）。发送完后置中断标志位 TI 为 1，请求中断。再次发送数据之前，必须由软件将 TI 清 0。如想实现串入并出，接线实例如图 2.25 所示，其中 74LS164 为串入并出移位寄存器。

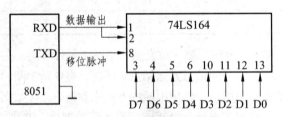

图 2.25   串行发送连接电路图

接收：在满足 REN=1 和 RI=0 的条件下，串行口即开始从 RXD 端以 $f_{osc}/12$ 的波特率输入数据（低位在前）。当接收完 8 位数据后，置中断标志位 RI 为 1，请求中断。在再次接收数据之前，必须由软件将 RI 清 0。如想实现并入串出，接线实例如图 2.26 所示，其中 74LS165 为并入串出移位寄存器。

串行控制寄存器 SCON 中的 TB8 和 RB8 在方式 0 中未用。值得注意的是，每当发送或接收完 8 位数据后，硬件会自动置 TI 或 RI 为 1，CPU 响应 TI 或 RI 中断后，必须由用户用软件清 0。另外，工作在方式 0 时，SM2 必须为 0。

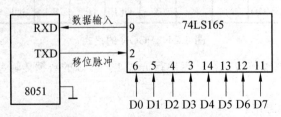

图 2.26   串行接收连接电路图

方式 0 的信号时序如图 2.27 所示。

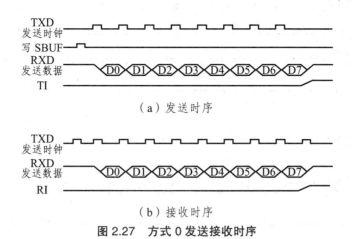

（a）发送时序

（b）接收时序

图 2.27　方式 0 发送接收时序

2）方式 1

当设定 SM1 SM0=01 时，串行口工作在方式 1。方式 1 为数据传输率可变的 8 位异步通信方式，由 TXD 发送，RXD 接收。一帧数据为 10 位，包括 1 位起始位（低电平），8 位数据位（低位在前）和 1 位停止位（高电平）。其格式如下：

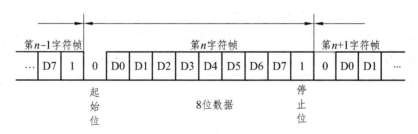

图 2.28　方式 1 数据格式

数据传输率取决于定时器 1 或 2 的溢出速率（1/溢出周期）和数据传输率是否加倍的选择位 SMOD。

对于有定时器/计数器 2 的单片机，当 T2CON 寄存器中 RCLK 和 TCLK 置位时，用定时器 2 作为接收和发送的数据传输率发生器，而 RCLK=TCLK=0 时，用定时器 1 作为接收和发送的数据传输率发生器。两者还可以交叉使用，即发送和接收采用不同的数据传输率。类似于模式 0，发送过程是由执行任何一条以 SBUF 为目的的寄存器指令引起的。

发送：数据从 TXD 输出，当数据写入发送缓冲器 SBUF 后，启动发送器发送。当发送完一帧数据后，置中断标志位 TI 为 1。方式 1 所传送的波特率取决于定时器 T1 的溢出率和 PCON 中的 SMOD 位。

接收：由 REN 置 1 允许接收，串行口采样 RXD，当采样 1 到 0 的跳变时，确认是起始位 "0"，就开始接收一帧数据。当 RI=0 且停止位为 1 或 SM2=0 时，停止位进入 RB8 位，同时置中断标志 RI；否则信息将丢失。所以，方式 1 接收时，应先用软件清除 RI 或 SM2 标志。

方式 1 的信号时序如图 2.29 所示。

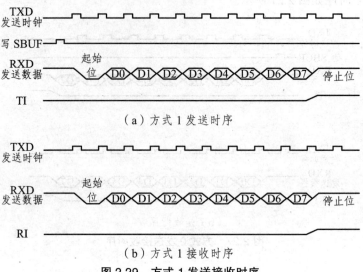

（a）方式 1 发送时序

（b）方式 1 接收时序

图 2.29　方式 1 发送接收时序

3）方式 2

当设定 SM0 SM1=10 时，串行口工作在方式 2，此时串行口被定义为 9 位异步通信接口。采用这种方式可接收或发送 11 位数据，以 11 位为一帧，比方式 1 增加了一个数据位，其余相同。第 9 个数据即 D8 位用作奇偶校验或地址/数据选择，可以通过软件来控制它。再加上特殊功能寄存器 SCON 中的 SM2 位的配合，可使 MCS-51 单片机串行口适用于多机通信。发送时，第 9 位数据为 TB8，接收时，第 9 位数据送入 RB8；方式 2 的数据传输率固定，只有两种选择，为振荡频率的 1/64 或 1/32，可由 PCON 的最高位选择。其数据格式如图 2.30 所示。

图 2.30　方式 2 数据格式

发送：先根据通信协议由软件设置 TB8，然后用指令将要发送的数据写入 SBUF，则启动发送器。写 SBUF 的指令，除了将 8 位数据送入 SBUF 外，同时还将 TB8 装入发送移位寄存器的第 9 位，并通知发送控制器进行一次发送。一帧信息即从 TXD 发送，在送完一帧信息后，TI 被自动置 1，在发送下一帧信息之前，TI 必须由中断服务程序或查询程序清 0。

接收：当 REN=1 时，允许串行口接收数据。数据由 RXD 端输入，接收 11 位的信息。当接收器采样到 RXD 端的负跳变，并判断起始位有效后，开始接收一帧信息。当接收器接收到第 9 位数据后，若同时满足以下两个条件，则接收数据有效，8 位数据送入 SBUF，第 9 位数据送入 RB8，并置 RI=1。

① RI=0；

② SM2=0 或接收到的第 9 位数据为 1。若不满足上述两个条件，则信息丢失。若附加的第 9 位为奇偶校验位，在接收中断服务程序中应作检查。

方式 2 的信号时序如图 2.31 所示。

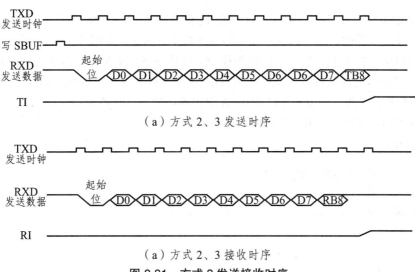

（a）方式 2、3 发送时序

（a）方式 2、3 接收时序

图 2.31　方式 2 发送接收时序

4）方式 3

当设定 SM0 SM1=11 时，串行口工作于方式 3。方式 3 与方式 2 类似，唯一的区别是方式 3 的数据传输率是可变的；其帧格式与方式 2 一样为 11 位一帧。所以，方式 3 也适合于多机通信。

4. MCS-51 串行 I/O 端口波特率的确定

波特率指的是串行口每秒钟发送（或接收）位数的数据传输率。在串行通信中，收发双方对传送的数据速率即波特率要有一定的约定。通过之前的介绍已经知道，MCS-51 单片机的串行口通过编程可以有 4 种工作方式。其中，方式 0 和方式 2 的波特率是固定的，方式 1 和方式 3 的波特率可变，由定时器 T1 的溢出率决定。下面加以具体分析。

1）方式 0 的波特率

对方式 0 来说，数据传输率已固定成 $f_{osc}/12$，随着外部晶振的频率不同，数据传输率亦不相同。常用的 f_{osc} 有 12 MHz 和 6 MHz，所以数据传输率相应为 $1\,000 \times 10^3$ 和 500×10^3 bit/s。在此方式下，数据将自动地按固定的数据传输率发送/接收，完全不用设置。

2）方式 2 的波特率

对于方式 2 而言，数据传输率的计算式为 $\dfrac{2^{SMOD}}{64} \times f_{osc}$。当 SMOD = 0 时，数据传输率为 $f_{osc}/64$；当 SMOD = 1 时，数据传输率为 $f_{osc}/32$。在此方式下，程控设置 SMOD 位的状态后，数据传输率就确定了，不需要再作其他设置。

3）方式 1 和方式 3 的波特率

在方式 1 和方式 3 下，波特率由定时器 T1 的溢出率和 SMOD 共同决定。

T1 溢出率=定时器 1 的溢出次数/秒，则方式 1 和方式 3 的数据传输率计算式为：

$$\frac{2^{\text{SMOD}}}{32} \times \text{T1溢出率}$$

根据 SMOD 状态位的不同，数据传输率有 T1 溢出率 32 和 T1 溢出率 16 两种。由于 T1 溢出率的设置是比较方便的，因而数据传输率的选择将十分灵活。定时器 T1 有 4 种工作方式，但为了得到其溢出率，而又不必进入中断服务程序，往往使 T1 设置在工作方式 2 的运行状态，也就是 8 位自动加入时间常数的方式。此时 TL1 用作计数，自动重装载的值在 TH1 内。设计数的预置值（初始值）为 X，那么每过 $256-X$ 个机器周期，定时器溢出一次。为了避免溢出而产生不必要的中断，此时应禁止 T1 中断。

溢出周期为：

$$\frac{12}{f_{\text{osc}}} \times (256-X)$$

溢出率为溢出周期的倒数，则方式 1 和方式 3 的波特率为：

$$\frac{2^{\text{SMOD}}}{32} \times \frac{f_{\text{osc}}}{12(256-X)}$$

为了方便使用，将常见的波特率、晶体频率、SMOD、定时器计数初值等列于表 2.10 中。

表 2.10　常见的波特率、晶体频率

常用波特率/（kb/s）	晶振频率/MHz	SMOD	TH1 初值
19.2	11.059 2	1	FDH
9.6	11.059 2	0	FDH
4.8	11.059 2	0	FAH
2.4	11.059 2	0	F4H
1.2	11.059 2	0	E8H

5. MCS-51 串行 I/O 端口应用示例

1) MCS-51 单片机双机通信

如果两个 MCS-51 单片机系统距离较近，就可以将它们的串行口直接相连，实现双机通信，如图 2.32 所示。

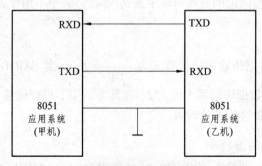

图 2.32　MCS-51 单片机双机通信示意图

为了增加通信距离，减少通道和电源干扰，可以在通信线路上采用光电隔离的方法，利用 RS-422 标准进行双机通信。实用的接口电路如图 2.33 所示。

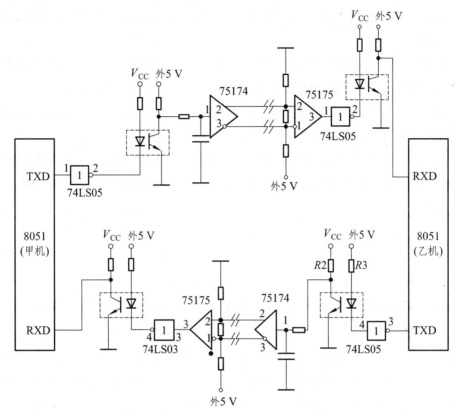

图 2.33   双机通信实用接口电路图

2）MCS-51 单片机多机通信

MCS-51 串行口的方式 2 和方式 3 有一个专门的应用领域，即多机通信。这一功能通常采用主从式多机通信方式，在这种方式中，有一台主机和多台从机。主机发送的信息可以传送到各个从机或指定的从机，各从机发送的信息只能被主机接收，从机与从机之间不能进行通信。图 2.34 所示为多机通信的一种连接示意图。

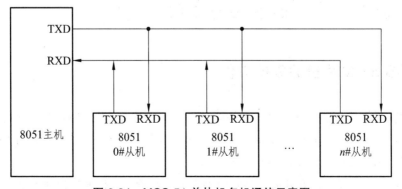

图 2.34   MCS-51 单片机多机通信示意图

多机通信的实现，主要依靠主机、从机之间正确地设置与判断 SM2 和发送或接收的第 9 位数据（TB8 或 RB8）来完成。二者的作用可总结如下：

在单片机串行口以方式 2 或方式 3 接收时，一方面，若 SM2=1，表示置多机通信功能位，这时有两种情况：

① 接收到第 9 位数据为 1。此时数据装入 SBUF，并置 RI=1，向 CPU 发中断请求。

② 接收到第 9 位数据为 0。此时不产生中断，信息将被丢失，不能接收。

另一方面，若 SM2=0，则接收到的第 9 位信息无论是 1 还是 0，都产生 RI=1 的中断标志，接收的数据装入 SBUF。根据这个功能，就可以实现多机通信。

在编程前，首先要给各从机定义地址编号，如 00H、01H、02H 等。在主机想发送一个数据块给某个从机时，它必须先送出一个地址字节，以辨认从机。编程实现多机通信的过程如下：

（1）主机发送一帧地址信息，与所需的从机联络。主机应置 TB8 为 1，表示发送的是地址帧。例如：

　　　　MOV　SCON, #0D8H　　　　　　;设串行口为方式 3，TB8=1，允许接收

（2）所有从机初始化设置 SM2=1，处于准备接收一帧地址信息的状态。例如：

　　　　MOV　SCON, #0F0H　　　　　　;设串行口为方式 3，SM2=1，允许接收

（3）各从机接收到地址信息，因为 RB8=1，则置中断标志 RI。中断后，首先判断主机送过来的地址信息与自己的地址是否相符。对于地址相符的从机，置 SM2=0，以接收主机随后发来的所有信息。对于地址不相符的从机，保持 SM2=1 的状态，对主机随后发来的信息不予理睬，直到发送新的一帧地址信息。

（4）主机发送控制指令和数据信息给被寻址的从机。其中主机置 TB8 为 0，表示发送的是数据或控制指令。对于没选中的从机，因为 SM2=1，RB8=0，所以不会产生中断，对主机发送的信息不予接收。

2.6　MCS-51 单片机的复位与 CPU 时序

2.6.1　MCS-51 单片机的复位操作

复位是单片机的初始化操作，其主要功能是把 PC 初始化为 0000H，使单片机从 0000H 单元开始执行程序。除了进入系统的正常初始化之外，当由于程序运行出错或操作错误使系统处于死锁状态时，为摆脱困境，也需按复位键重新启动。

除 PC 之外，复位操作还对其他一些专用寄存器有影响，它们的复位状态如表 2.11 所示。

表 2.11　复位操作初始状态表

寄存器	复信后初始值	寄存器	复信后初始值	寄存器	复信后初始值
PC	0000H	P0 ~ P3	0FFH	TL0	00H
ACC	00H	IP	××000000B	TH0	00H
PSW	00H	IE	0×000000B	TL1	00H
SP	07H	TMOD	00H	TH1	00H
DPTR	0000H	TCON	00H	SCON	00H
SBUF	不定	PCON	0×××0000B		

2.6.2　MCS-51 单片机的复位信号

　　RST 引脚是复位信号的输入端，复位信号是高电平有效，其有效时间应持续 2 个机器周期（即 24 个振荡周期）以上。

2.6.3　MCS-51 单片机的复位方式

　　复位操作有上电自动复位和按键手动复位两种方式。
　　（1）上电自动复位是通过外部复位电路的电容充电来实现的，电路如图 2.35（a）所示。
　　（2）按键手动复位有按键电平复位和按键脉冲复位两种方式。其中按键电平复位是通过使复位端经电阻与 V_{CC} 电源接通而实现的，其电路如图 2.35（b）所示。而按键脉冲复位则是利用 RC 微分电路产生的正脉冲来实现的，其电路如图 2.35（c）所示。

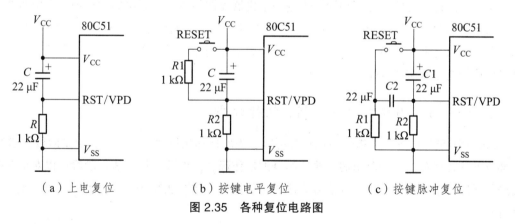

（a）上电复位　　　　　（b）按键电平复位　　　　　（c）按键脉冲复位

图 2.35　各种复位电路图

2.6.4　MCS-51 单片机的 CPU 时序

　　单片机时序就是 CPU 在执行指令时所需控制信号的时间顺序。在执行指令时，CPU 首先到程序存储器中取出需要执行指令的指令码，然后对指令码译码，并通过复杂的时序电路产生一系列控制信号去完成指令的功能。这些控制信号在不同的时刻控制某一部件产生相应的动作，这种时间上的相互关系就是 CPU 时序。

1. MCS-51 单片机时序定时尺度

为了对 CPU 时序进行分析，我们首先要为它定义一种能够度量各时序信号出现时间的尺度。这个尺度从小到大常常称为时钟周期、节拍、状态、机器周期和指令周期。

1）时钟周期

时钟周期又称为振荡周期，其倒数通常为晶振的频率，也即振荡脉冲。它是时序中最小的时间单位，是计算机的基本工作周期。通常把时钟周期定义为节拍（用 P 表示）。

振荡脉冲经过二分频后即得到整个单片机工作系统的时钟信号。把时钟信号的周期定义为状态（用 S 表示），即每两个时钟周期称为一个状态 S。这样一个状态就有两个节拍，前半周期相应的节拍定义为 P1，后半周期对应的节拍定义为 P2。

2）机器周期

MCS-51 单片机有固定的机器周期，规定一个机器周期有 6 个状态，分别表示为 S1 ~ S6。而一个状态包含两个节拍，那么一个机器周期就有 12 个节拍，我们可以记作 S1P1、S1P2，…，S6P1、S6P2。这样，一个机器周期就共包含 12 个振荡脉冲，即机器周期就是振荡脉冲的 12 分频。显然，如果使用 6 MHz 的时钟频率，一个机器周期就是 2 μs，而如果使用 12 MHz 的时钟频率，一个机器周期就是 1 μs。

3）指令周期

执行一条指令所需的时间称为指令周期。由于机器执行不同指令所需时间不同，因此不同指令所包含的机器周期数也不相同。占用一个机器周期的指令称为单周期指令，占用两个机器周期的指令称为双周期指令。在 MCS-51 单片机中，有单周期指令、双周期指令和四周期指令。四周期指令只有乘法和除法两条指令，其余均为单周期和双周期指令。根据指令的周期数可以计算出执行指令所需的时间。

2. MCS-51 单片机指令的取指、执行时序

MCS-51 单片机每一条指令的执行都可以分为取指和执行两个阶段。在取指阶段，CPU 从内部或外部程序存储器中取出需要执行指令的操作码和操作数。指令执行阶段可以对指令操作码进行译码，以产生一系列控制信号完成指令的执行。如图 2.36 所示为 MCS-51 指令的取指、执行时序。

这里列举了几种典型指令的取指和执行时序。由图可知，地址锁存信号 ALE 在每个机器周期内出现两次有效，第一次出现在 S1P2 和 S2P1 期间，第二次出现在 S4P2 和 S5P1 期间，持续时间为一个状态 S。ALE 信号每出现一次，CPU 就进行一次取指操作。按照指令字节数和机器周期数，MCS-51 的 111 条指令可分为六类，分别对应于 6 种基本时序。这 6 类指令是：单字节单机器周期指令、单字节双机器周期指令、单字节四机器周期指令、双字节单机器周期指令、双字节双机器周期指令、三字节双机器周期指令。

为了弄清楚这些基本时序的特点，现将几种主要时序作以下简述。

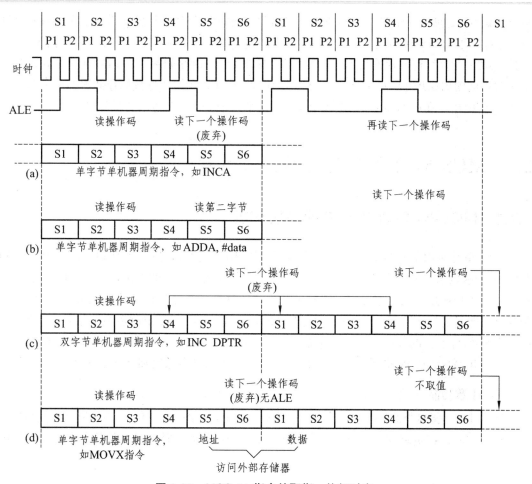

图 2.36 MCS-51 指令的取指、执行时序

1）单字节单机器周期指令时序

这类指令的指令码只有一个字节（如 INC A 指令），存放在程序存储器 ROM 中，机器从取出指令码到完成指令执行仅需一个机器周期。如图 2.36（a）所示，机器在 ALE 第一次有效（S2P1）时从 ROM 中读出指令码，把它送到指令寄存器 IR，接着开始执行。在执行期间，CPU 一方面在 ALE 第二次有效（S4P2）时封锁 PC 加"1"，使第二次读操作无效，另一方面在 S6P2 时完成指令执行。

2）双字节单机器周期指令时序

双字节单周期指令时序如图 2.36（b）所示。8051 在执行如 ADD A，#data 指令时需要分两次从 ROM 中读出指令码。ALE 在第一次有效时读出指令操作码，CPU 对它译码后便知道是双字节指令，故使程序计数器 PC 加"1"，并在 ALE 第二次有效时读出指令的第二字节，最后在 S6P2 时完成指令的执行。

3）单字节双机器周期指令时序

单字节双机器周期指令时序如图 2.36（c）所示。如执行 INC DPTR 指令时，CPU 在第一机器周期 S1 期间从程序存储器 ROM 中读出指令操作码，经译码后便知道是单字节双机器周期指令，控制器自动封锁后面的连续三次读操作，并在第二机器周期的 S6P2 时完成指令的执行。另外，8051 在执行访问片外数据存储器指令 MOVX 时，时序如图 2.36（d）所示。它也是一条单字节双机器周期指令，CPU 在第一个机器周期 S5 开始送出片外数据存储器的地址后，进行读/写数据操作。在此期间无 ALE 信号，所以，第二个周期不产生取指操作。

2.7　MCS-51 单片机的定时器与时钟

2.7.1　MCS-51 定时器/计数器功能描述

8051 单片机内部有两个 16 位可编程序的定时器/计数器，记为 T0 和 T1。16 位是指它们都是由 16 个触发器构成，故最大计数值为 $2^{16}-1$。可编程是指它们的工作方式可以通过程序设定，可作为计数器使用，也可作为定时器使用，并且计数（或定时）的范围也可由程序来设置。这种控制功能是通过定时器方式控制寄存器 TMOD 来完成的。利用定时控制寄存器 TCON，可以决定定时器/计数器的启动、停止以及进行中断控制。MCS-51 定时器/计数器基本结构如图 2.37 所示。TMOD 和 TCON 也属于特殊功能寄存器。定时器/计数器有如下两个功能：

1）计数功能

所谓计数是指对外部脉冲进行计数。外部脉冲通过 T0（P3.4）、T1（P3.5）两个信号引脚输入。输入的脉冲在负跳变时有效，使计数器加 1（加法计数）。计数脉冲的频率不能高于晶振频率的 1/24。

2）定时功能

定时功能也是通过计数器的计数来实现的，不过此时的计数脉冲来自单片机的内部。时钟由单片机时钟脉冲经 12 分频后提供，即每个机器周期产生一个计数脉冲，也就是每个机器周期计数器加 1。

加法计数器在使用时注意两个方面：

（1）由于每来一个计数脉冲，加法器中的内容加 1 个单位，当由全 1 加到全 0 时计满溢出，因而，如果要计 N 个单位，则首先应将计数器置初值为 X，且有：

$$初值 X = 最大计数值（满值）M - 计数值 N$$

在不同的计数方式下，最大计数值（满值）不一样。一般来说，当定时器/计数器工作于 R 位计数方式时，它的最大计数值（满值）为 2 的 R 次幂。

（2）当定时/计数器工作于计数方式时，对芯片引脚 T0（P3.4）或 T1（P3.5）上的输入脉冲计数，计数过程如下：在每一个机器周期的 S5P2 时刻对 T0（P3.4）或 T1（P3.5）上信号采样一次，如果上一个机器周期采样到高电平，下一个机器周期采样到低电平，则计数器在下一个机器周期的 S3P2 时刻加 1 计数一次。因而需要两个机器周期才能识别一个计数脉冲，所以外部计数脉冲的频率应小于振荡频率的 1/24。

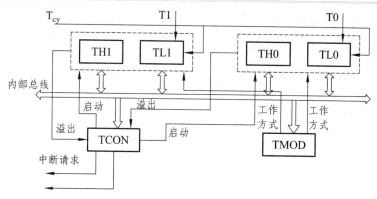

图 2.37　MCS-51 定时器/计数器基本结构图

2.7.2　MCS-51 定时器/计数器的控制寄存器

1. 定时器控制寄存器（TCON）

TCON 各位定义如下：

表 2.12　定时器控制寄存器（TCON）

位地址	8FH	8EH	8DH	8CH	8BH	8AH	89H	88H
位符号	TF1	TR1	TF0	TR0	IE1	IT1	IE0	IT0

① TF0（TF1）——计数溢出标志位。

当计数器计数溢出（计满）时，该位置 "1"。

查询方式时，此位作状态位供查询，软件清 "0"。

中断方式时，此位作中断标志位，硬件自动清 "0"。

② TR0（TR1）——定时器运行控制位。

TR0（TR1）=0，停止定时器/计数器工作。

TR0（TR1）=1，启动定时器/计数器工作。

软件方法使其置 "1" 或清 "0"。

2. 工作方式控制寄存器（TMOD）

TMOD 各位定义如下：

表 2.13　工作方式控制寄存器（TMOD）

位序	B7	B6	B5	B4	B3	B2	B1	B0
位符号	GATE	C/T	M1	M0	GATE	C/T	M1	M0

定时器/计数器 1　　　　　　　　　　定时器/计数器 0

① GATE——门控位。

GATE=0，以运行控制位 TR 启动定时器。

GATE=1, 以外中断请求信号（$\overline{INT0}$ 或 $\overline{INT1}$）启动定时器。

② C/T——定时方式或计数方式选择位。

C/T=0, 定时工作方式。

C/T=1, 计数工作方式。

③ M1、M0——工作方式选择位。

M1 M0=00 方式 0

M1 M0=01 方式 1

M1 M0=10 方式 2

M1 M0=11 方式 3

3. 中断允许控制寄存器（IE）

① EA——中断允许总控制位。

② ET0 和 ET1——定时/计数中断允许控制位。

ET0（ET1）=0, 禁止定时/计数中断。

ET0（ET1）=1, 允许定时/计数中断。

2.7.3 MCS-51 定时器/计数器的工作方式

1. 方式 0

方式 0 是 13 位计数结构的工作方式，其计数器由 TH0 的全部 8 位和 TL0 的低 5 位构成。TL0 的高 3 位弃之不用。图 2.38 所示是定时器/计数器 0 在工作方式 0 的逻样结构（定时器/计数器 1 与此完全相同）。

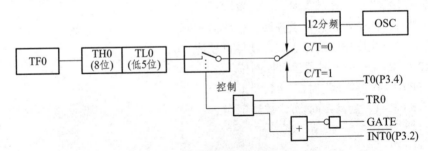

图 2.38　定时器/计数器 0 在工作方式 0 的逻辑结构图

在方式 0 下，当为计数工作方式时，计数值的范围是：$1 \sim 8\,192$（2^{13}）。

当为定时工作方式时，定时时间的计算公式为：

$$定时时间 = (2^{13} - 计数初值) \times 晶振周期 \times 12 \quad 或 \quad (2^{13} - 计数初值) \times 机器周期$$

2. 方式 1

方式 1 是 16 位计数结构的工作方式，计数器由 TH0 的全部 8 位和 TL0 的全部 8 位构成。其逻样电路和工作情况与方式 0 完全相同。

在方式 1 下，当为计数工作方式时，计数值的范围是：$1 \sim 65\,536$（2^{16}）。

当为定时工作方式时，定时时间的计算公式为：

$$定时时间 = (2^{16} - 计数初值) \times 晶振周期 \times 12 \quad 或 \quad (2^{16} - 计数初值) \times 机器周期$$

3．方式 2

图 2.39 所示是定时器/计数器 0 在工作方式 2 的逻辑结构。初始化时，8 位计数初值同时装入 TL0 和 TH0 中。当 TL0 计数溢出时，置位 TF0，同时把保存在预置寄存器 TH0 中的计数初值自动加载 TL0，然后 TL0 重新计数。

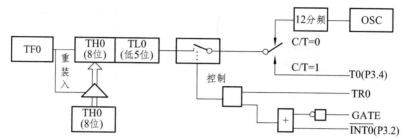

图 2.39　定时器/计数器 0 在工作方式 2 的逻辑结构图

4．方式 3

1）工作方式 3 下的定时器/计数器 0

图 2.40 所示是定时器/计数器 0 在工作方式 3 的逻辑结构。在工作方式 3 下，定时器/计数器 0 被拆成两个独立的 8 位计数器 TL0 和 TH0。其中 TL0 既可以用作计数，又可以用作定时，定时器/计数器 0 的各控制位和引脚信号全归它使用。TH0 则只能作为简单的定时器使用。

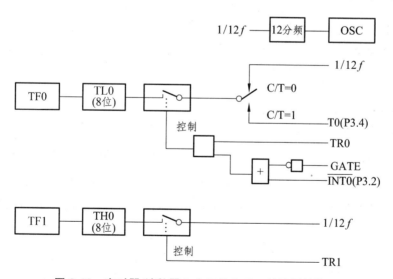

图 2.40　定时器/计数器 0 在工作方式 3 的逻辑结构图

2）工作方式 3 下的定时器/计数器 1

如果定时器/计数器 0 已工作在工作方式 3，则定时器/计数器 1 只能工作在方式 0、方式 1或方式 2 下，因为它的运行控制位 TR1 及计数溢出标志位 TF1 已被定时器/计数器 0 借用，如图 2.41 所示。在这种情况下，定时器/计数器 1 通常是作为串行口的波特率发生器使用，以确定串行通信的速率。

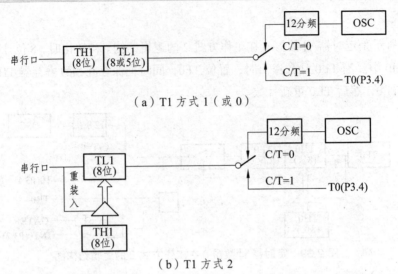

（a）T1 方式 1（或 0）

（b）T1 方式 2

图 2.41　定时器/计数器 0 为工作方式 3 时定时器/计数器 1 的使用

2.7.4　MCS-51 时钟

1. 时钟信号的产生

在 MCS-51 芯片内部有一个高增益反相放大器，其输入端为芯片引脚 XTAL1，输出端为引脚 XTAL2。在芯片的外部通过这两个引脚跨接晶体振荡器和微调电容，形成反馈电路，就构成了一个稳定的自激振荡器，如图 2.42 所示。

电路中的电容一般取 30 pF 左右，而晶体的振荡频率范围通常是 1.2～12 MHz。

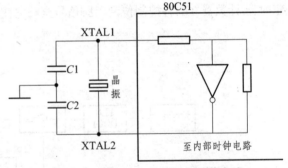

图 2.42　MCS-51 单片机的振荡电路

2. 引入外部脉冲信号

在由多片单片机组成的系统中，为了各单片机之间时钟信号的同步，引入唯一的外部脉冲信号作为各单片机的振荡脉冲。这时外部的脉冲信号经 XTAL2 引脚注入，其连接如图 2.43 所示。

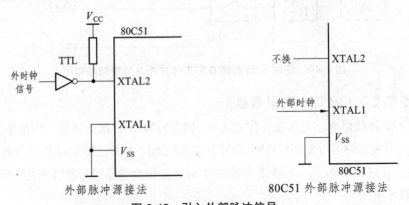

外部脉冲源接法　　　　　　　　80C51 外部脉冲源接法

图 2.43　引入外部脉冲信号

2.8　MCS-51 单片机的中断系统

2.8.1　中断的基本概念

中断是指计算机暂时停止原程序的执行，转而为外部设备服务，并在服务完以后自动返回原程序执行的过程。中断系统是指能够处理上述中断过程所需要的那部分电路。

一个资源（CPU）面对多项任务，由于资源有限，因此就可能出现资源竞争的局面，即几项任务来争夺一个 CPU。中断技术就是解决资源竞争的有效方法，采用中断技术可以使多项任务共享一个资源，所以中断技术实质上就是一种资源共享技术。

2.8.2　引入中断技术的优点

（1）提高了 CPU 的工作效率，实现了 CPU 和外部设备的并行工作。

（2）实现实时控制。所谓实时控制，就是要求计算机能及时地响应被控对象提出的分析、计算和控制等请求，使被控对象保持在最佳工作状态，以达到预定的控制效果。这些控制参数的请求都是随机发出的，而且要求单片机必须作出快速响应并及时处理，对此，只有靠中断技术才能实现。

（3）便于突发故障（如硬件故障、运算错误、电源掉电、程序故障等）的及时发现，提高系统可靠性。

（4）能使用户通过键盘发出请求，随时可以对运行中的计算机进行干预。

2.8.3　MCS-51 单片机中断系统结构

8051 的中断系统主要由中断允许控制器 IE 和中断优先级控制器 IP 等电路组成。其中，IE 用于控制 5 个中断源中哪些中断请求被允许向 CPU 提出，哪些中断源的中断请求被禁止；IP 用于控制 5 个中断源的中断请求的优先级，优先级最高的中断请求可以被 CPU 最先处理。IE 和 IP 也属于特殊功能寄存器，其状态也可以由用户通过指令设定。MCS-51 单片机中断系统结构如图 2.44 所示。

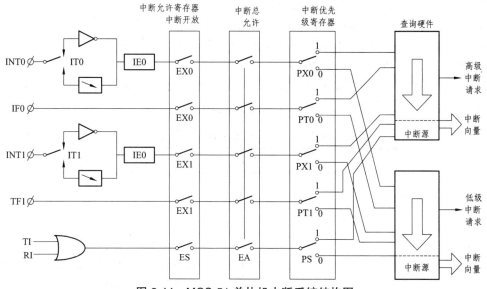

图 2.44　MCS-51 单片机中断系统结构图

　　MCS-51 单片机中断系统的处理流程通常可分为以下几个步骤：中断响应、执行中断服务程序及中断返回，如图 2.45 所示。

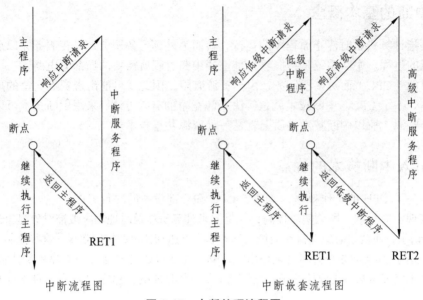

中断流程图　　　　　　　　　　　　　中断嵌套流程图

图 2.45　中断处理流程图

1. 中断响应

　　MCS-51 CPU 在每一个机器周期顺序检查每一个中断源，在机器周期的 S6 按优先级处理所有被激活的中断请求。这里被激活的中断请求指的是有中断源提出且申请中断的中断源的中断允许位为 1，即没有被屏蔽。

　　此时，如果以下条件均满足，则 CPU 在下一个机器周期响应已激活了的最高级的中断请求。

　　① CPU 不是正在处理优先级更高或相同的中断；

　　② 现在的机器周期是所执行指令的最后一个机器周期；

　　③ CPU 不是正在执行 RETI 指令或访问 IE 和 IP 的指令，因为 CPU 在执行 RETI 或访问 IE、IP 的指令后，至少需要再执行一条其他指令后才会响应中断请求。

　　④ 中断总允许位 EA=1，即 CPU 开放中断。

　　中断响应的主要内容就是由硬件自动生成一条长调用 LCALL addr16 指令。这里的 addr16 就是程序存储器中相应的中断区入口地址。这些中断源的服务程序入口地址如表 2.14 所示。

表 2.14　中断源的服务程序入口地址

中断源	入口地址
外部中断 0	0003H
定时/计数器 0	000BH
外部中断 1	0013H
定时/计数器 0	001BH
串行口中断	0023H

生成 LCALL 指令后，CPU 便执行该指令。首先，将当前 PC 值送堆栈，也就是将 CPU 本来要取用的指令地址暂存到堆栈中保护起来，以便中断结束时，CPU 能找到原来程序的断点处，继续执行下去。然后，把中断入口地址赋予 PC，CPU 便按新的 PC 地址（即中断服务程序入口地址）执行程序。这一措施由中断系统自动保存完成。

值得一提的是，各中断区只有 8 个单元，一般情况下（除非中断程序非常简单），都不可能存储一个完整的中断服务程序。因此，通常是在这些入口地址区放置一条无条件转移指令，使程序按转移的实际地址去执行真正的中断服务程序。

2. 中断服务程序

中断是在执行其他任务的过程中转去执行临时的任务，为了在执行完中断服务程序后继续执行原先的程序时，知道程序原来是在何处打断的，各有关寄存器的内容如何，就必须在转入执行中断服务程序前，将这些内容和状态进行备份——即保护现场。其中 PC 的保护由硬件自动完成，而相关寄存器的保护需要由软件完成。为此，在中断服务程序开始前需将各个有关寄存器的内容压入堆栈进行保存，以便在恢复原来程序时使用。

中断服务程序完成后，继续执行原先的程序，就需要把保存的现场内容从堆栈中弹出，恢复寄存器和存储单元的原有内容，这就是现场恢复。如果在执行中断服务程序时不按上述方法进行现场保护和恢复现场，就会使程序运行紊乱，即程序"跑飞"，自然使单片机不能正常工作。

在中断服务程序处理过程中，可能又有新的中断请求到来，通常要求现场保护和现场恢复的操作不允许被打扰，否则保护和恢复的过程就可能使数据出错。为此，在进行现场保护和现场恢复的过程中，必须关闭总中断，屏蔽其他所有的中断，待这个操作完成后再打开总中断，以便实现中断嵌套。

完成现场保护后，就开始执行具体的中断任务。中断任务一般以子程序的形式出现，这是专门为外部设备或其他内部部件中断源服务的程序段。所有的中断都要转去执行中断服务程序，进行中断服务，其结尾必须是中断返回指令 RETI。

3. 中断返回

执行完中断服务程序后，必然要返回。中断返回就是从中断服务程序转回到原工作程序。在执行中断返回前，先要进行现场恢复，然后再执行中断返回。

在 MCS-51 单片机中，中断返回是通过一条专门的指令 RETI 实现的，自然这条指令是中断服务程序的最后一条指令。计算机在执行到 RETI 指令时，立即结束中断并从堆栈中自动取出在中断响应时压入的 PC 当前值，从而使 CPU 返回原程序中断点继续进行下去。

2.8.4　定时器/计数器控制寄存器（TCON）

该寄存器用于保存外部中断请求以及定时器的计数溢出。寄存器的内容及位地址如表 2.15 所示。

表 2.15　定时器/计数器控制寄存器（TCON）

位地址	8FH	8EH	8DH	8CH	8BH	8AH	89H	88H
位符号	TF1	TR1	TF0	TR0	IE1	IT1	IE0	IT0

① IE0 和 IE1——外中断请求标志位。

当 CPU 采样到 INT0（INT1）端出现有效中断请求时，IE0（IE1）位由硬件置"1"。在中断响应完成后转向中断服务时，再由硬件自动清"0"。

② IT0 和 IT1——外中断请求触发方式控制位。

IT0（IT1）=1，脉冲触发方式，后沿负跳有效。

IT0（IT1）=0，电平触发方式，低电平有效。此位由软件置"1"或清"0"。

③ TF0 和 TF1——计数溢出标志位。

当计数器产生计数溢出时，相应的溢出标志位由硬件置"1"。当转向中断服务时，再由硬件自动清"0"。

计数溢出标志位的使用有两种情况：采用中断方式时，作中断请求标志位来使用；采用查询方式时，作查询状态位来使用。

2.8.5 串行口控制寄存器（SCON）

该寄存器的内容及位地址如表 2.16 所示。

表 2.16 串行口控制寄存器（SCON）

位地址	9FH	9EH	9DH	9CH	9BH	9AH	99H	98H
位符号	SM0	SM1	SM2	REN	TB8	RB8	TI	RI

① TI——串行口发送中断请求标志位。

在串行口以方式 0 发送时，每当发送完 8 位数据，该位由硬件置位。如果以方式 1、方式 2 或方式 3 发送，在发送停止位的开始时 TI 被置"1"。TI=1 表示串行发送器正向 CPU 发出中断请求，向串行口的数据缓冲器 SBUF 写入一个数据后就立即启动发送器继续发送。但是 CPU 响应中断请求后，转向执行中断服务程序时，并不将 TI 清"0"。TI 必须由用户的中断服务程序清"0"，即中断服务程序必须有 CLR TI 或 ANL SCON,#0FDH 等指令来将 TI 清"0"。

② RI——串行口接收中断请求标志位。

若串行口接收器允许接收，并以方式 0 工作，每当接收到 8 位数据时，RI 被置"1"。若以方式 1、方式 2 或方式 3 工作，当接收到半个停止位时，TI 被置"1"。当串行口以方式 2 或方式 3 工作，且 SM2=1 时，仅当接收到第 9 位数据 RB8 为 1 后，同时还要在接收到半个停止位时，RI 被置"1"。RI 为 1 表示串行口接收器正向 CPU 申请中断。同样 RI 标志由用户用软件清"0"。

串行中断请求由 TI 和 RI 的逻辑或得到。也就是说，无论是发送标志还是接收标志，都会产生串行中断请求。

2.8.6 中断使能控制寄存器（IE）

MCS-51 单片机对中断的开放和屏蔽是通过中断使能控制寄存器 IE 来实现的，其寄存器地址是 0A8H，位地址为 0AFH ~ 0A8H。寄存器的内容及位地址如表 2.17 所示。

表 2.17　中断使能控制寄存器（IE）

位地址	0AFH	0AEH	0ADH	0ACH	0ABH	0AAH	0A9H	0A8H
位符号	EA	—	ET2	ES	ET1	EX1	ET0	EX0

① EA——中断允许总控制位。

EA=0，中断总禁止，禁止所有中断。

EA=1，中断总允许，设置中断总允许后，中断的禁止或允许通过各中断源的中断允许控制位进行控制。

② EX0（EX1）——外部中断允许控制位。

EX0（EX1）=0，禁止外部中断。

EX0（EX1）=1，允许外部中断。

③ ET1 和 ET2——定时/计数中断允许控制位。

ET0（ET1）=0，禁止定时（或计数）中断。

ET0（ET1）=1，允许定时（或计数）中断。

④ ES——串行中断允许控制位。

ES=0，禁止串行中断。

ES=1，允许串行中断。

⑤ ET2——定时器/计数器 T2 的溢出中断允许位，只用于 52 子系列，51 子系列无此位。

2.8.7　中断优先级控制寄存器（IP）

MCS-51 单片机的中断系统有两个不可寻址的优先级状态触发器，一个指出 CPU 是否正在执行高优先级中断服务程序，另一个指出 CPU 是否正在执行低优先级的中断服务程序。这两个中断优先级状态触发器的 1 状态分别屏蔽所有中断申请和同一级别的其他中断申请。此外，MCS-51 单片机还有一个中断优先级控制寄存器 IP。IP 的字节地址是 0B8H，位地址为 0BFH ~ 0B8H。寄存器的内容及位地址如表 2.18 所示。

表 2.18　中断优先级控制寄存器（IP）

位地址	0BFH	0BEH	0BDH	0BCH	0BBH	0BAH	0B9H	0B8H
位符号	—	—	PT2	PS	PT1	PX1	PT0	PX0

PX0——外部中断 0 优先级设定位；

PT0——定时中断 0 优先级设定位；

PX1——外部中断 1 优先级设定位；

PT1——定时中断 1 优先级设定位；

PT2——只用于 52 子系列。

PS——串行中断优先级设定位；

以上各位为"0"时，优先级为低；为"1"时，优先级为高。

MCS-51 单片机具有两级优先级，具备两级中断服务嵌套的功能。其中断优先级的控制原则是：① 低优先级中断请求不能打断高优先级的中断服务，但高优先级中断请求可以打断低优先级的中断服务，从而实现中断嵌套。② 如果一个中断请求已被响应，则同级的其他中断服务将被禁止，即同级中断不能嵌套。③ 如果同级的多个中断请求同时出现，则按 CPU 查询次序确定哪个中断请求被响应。其查询次序为：外部中断 0→定时中断 0→外部中断 1→定时中断 1→串行中断。

2.8.8 MCS-51 单片机中断初始化与扩展

1. 中断系统的初始化

中断系统的初始化主要是对相关的中断控制寄存器进行设定，包括：

（1）开中断，即设定 IE 寄存器。

例如：

```
SETB    EA          ;开总中断控制位
SETB    EX0         ;开外部中断 0
SETB    ET0         ;开定时器中断 0
```

（2）设定中断优先级，即设置 IP 寄存器。

例如：

```
SETB    PT0         ;设定时器 0 中断为高优先级
```

（3）如果是外部中断，还必须设定中断响应方式，即设定 IT0、IT1 位。

例如：

```
SETB    IT0         ;设外部中断 0 为边沿触发方式
```

（4）如果是计数、定时中断，必须先设定定时、计数的初始值。

例如：

```
MOV    TL0, #00H
MOV    TH0, #4CH
```

（5）初始化结束后，对于定时器、计数器而言，还要启动定时或计数，即设定 TR0、TR1 位。串口接收中断，要记得允许接收位 REN 应该设置

例如：

```
SETB    TR0
```

2. 中断系统的扩展

MCS-51 单片机为用户提供两个外部中断申请输入端 $\overline{INT0}$ 和 $\overline{INT1}$ 。实际的应用系统中，外部中断源往往比较多，这里将讨论多中断系统的扩展方法。

1）中断和查询相结合的方法

若系统中有多个外部中断源，可以将它们按轻重缓急进行排队，把其中最高级别的中断源直接接到单片机的一个外部中断源输入端，其余的中断源用线或的办法连到另一个中断源输入端，同时连到一个 I/O 口。中断源由硬件电路产生。这种方法，原则上可处理任意多个外部中断。例如，5 个外部中断源的排队顺序为：IRQ0、IRQ1、…、IRQ4，中断请求信号为高电平脉冲，对于这样的中断源系统，可以采用如图 2.46 所示的电路。

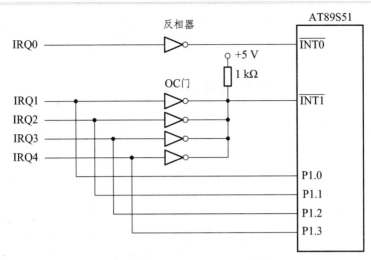

图 2.46　中断和查询相结合的方法扩展中断系统电路图

当 IRQ0 出现正脉冲时，经反相器后，变为负脉冲，可直接通过外部中断 0 请求中断。图中的 4 个 OC 门和电阻以及 +5 V 电源实际上组成了一个"与非门"电路，当 IRQ1～IRQ4 线上任何一个为高电平时，$\overline{INT1}$ 即为低电平产生中断。然后，在 $\overline{INT1}$ 中断服务程序中通过软件查询的方法查询 P1.0～P1.3 判断中断源，进而执行相应的中断服务子程序。

2) 用优先权编码器扩展外部中断源

当所要处理的外部中断源的数目较多，而且响应速度又要求很快时，采用软件查询方法进行中断优先级排队可能满足不了时间上的要求。扩展中断源的另一种方法是采用硬件对外部中断源进行优先级排队。这里使用 74LS148。74LS148 是一种优先权编码器，它具有 8 个输入端，可用作 8 个外部中断源输入端，此外还有 3 个编码输出端 A0～A2，一个编码群输出端 GS，一个使能端 EI（低电平有效）。在使能端 EI 输入为低电平的条件下，只要 8 个输入端中的任意一个输入为低电平，就有一组相应的编码从 A2～A0 端输出，且编码器输出端 GS 为低电平。如果 8 个输入端同时有多个输入，则 A2～A0 端将输出编码最大的输入所对应的编码。用 74LS148 扩展外部中断源的基本硬件电路如图 2.47 所示。

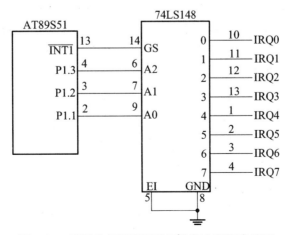

图 2.47　用优先权编码器扩展外部中断源电路图

输入端 7 具有最高优先级，输入端 0 的优先级最低，即图中 IRQ7 的优先级最高。当同时有多个中断源提出中断请求时，单片机响应的一定是优先级最高的那个中断源的中断请求。

2.8.9　MCS-51 单片机中断请求与清除

1. 中断源的中断请求

MCS-51 是一个多中断源的单片机，以 89C51 为例，共 5 个中断源，分别是 2 个外部中断、2 个定时中断和 1 个串行中断。中断请求由这些中断源发出，以下分情况来分别讨论。

1）外部中断请求

外部中断请求是由外部信号引起的，共有 2 个中断源，即外部中断 0 和外部中断 1。中断请求信号分别由引脚 $\overline{INT0}$（P3.2）和 $\overline{INT1}$（P3.3）引入。CPU 在每个机器周期对引脚 $\overline{INT0}$（P3.2）和 $\overline{INT1}$（P3.3）进行信号检测，即采样，根据采样结果设置 TCON 寄存器中相应的标志位，以便 CPU 在下一个机器周期检测这些中断标志位的状态，了解是否有外部中断申请，然后根据中断初始化情况决定是否响应。外部中断请求有两种信号方式，即电平方式和脉冲方式。可通过设置有关控制位进行定义。

电平方式的中断请求是低电平有效。只要单片机在中断请求引入端上采样到有效的低电平时，就激活外部中断。

脉冲方式的中断请求则是脉冲的后沿负跳有效。CPU 在两个相邻的机器周期对中断请求引入端进行的采样，如前一次为高电平，后一次为低电平，即为有效中断请求。

2）定时中断请求

定时中断是为满足定时或计数的需要而设置的。当计数结构发生计数溢出时，即表明定时时间到或计数值已满，请求是在单片机芯片内部发生的，无须在芯片上设置引入端。

3）串行中断请求

串行中断是为串行数据传送的需要而设置的。每当串行口接收或发送完一组串行数据时，就产生一个中断请求。请求是在单片机芯片内部自动发生的，不需要在芯片上设置引入端。

对于定时中断、串行中断的中断请求，都发生在芯片内部，可以直接设置 TCON 寄存器和 SCON 寄存器中相应的标志位，无须采样。CPU 检测 TCON 寄存器和 SCON 寄存器中各标志位的状态，来决定有没有中断请求发生以及是哪一个中断请求。

2. 中断请求的清除方法

某个中断请求被响应后，就存在着一个中断请求的清除问题。下面按中断请求源的类型分别说明中断请求的清除方法。

1）定时器/计数器中断请求的清除

中断请求被响应后，硬件会自动清 TF0 或 TF1。因此，定时器/计数器中断请求是自动清除的。

2）外部中断请求的清除

（1）跳沿方式外部中断请求是自动清除的。

（2）电平方式外部中断请求的清除，除了标志位清"0"之外，还需在中断响应后把中断请求信号引脚从低电平强制改变为高电平，如图 2.48 所示。

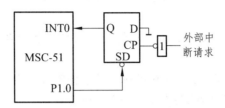

图 2.48　中断请求信号引脚从低电平强制改变为高电平电路图

只要 P1.0 端输出一个负脉冲就可以使 D 触发器置"1"，从而撤销了低电平的中断请求信号。所需的负脉冲可增加如下两条指令得到：

```
ORL    P1, #01H     ;P1.0 为"1"
ANL    P1, #0FEH    ;P1.0 为"0"
```

电平方式的外部中断请求信号的完全撤销，是通过软硬件相结合的方法来实现的。

3）串行口中断请求的清除

响应串行口的中断后，CPU 无法知道是接收中断还是发送中断，还需测试这两个中断标志位的状态，以判定是接收操作还是发送操作，然后才能清除。所以，串行口中断请求的撤销只能使用软件的方法：

```
CLR    TI           ;清 TI 标志位
CLR    RI           ;清 RI 标志位
```

2.8.10　MCS-51 单片机中断响应时间

中断响应时间指从检测到中断申请到转去执行中断服务程序所需的时间。一般情况下，中断响应时间为 3～8 个机器周期。中断的最短响应时间为 3 个机器周期。其中中断请求标志位查询占 1 个机器周期。这个机器周期恰好是指令的最后一个机器周期，在这个机器周期结束后，中断即被响应。CPU 接着执行硬件子程序调用指令 LCALL 以转到相应的中断服务程序入口，需要 2 个机器周期。

中断响应的最长时间为 8 个机器周期。这种情况发生在 CPU 进行中断标志查询时，刚好是开始执行 RETI 或是访问 IE 或 IP 指令，则需把当前指令执行完再继续执行 1 条指令后，才能响应中断。执行上述 RETI 或是访问 IE 或 IP 的指令，最长需要 2 个机器周期。而接着再执行的 1 条指令，按最长的指令（乘法指令 MUL 和除法指令 DIV）来看，也只有 4 个机器周期。再加上硬件子程序调用指令 LCALL 的执行需要 2 个机器周期。所以，中断响应最长时间为 8 个机器周期。

如果已经在处理同级或更高级的中断，中断请求的响应时间取决于正在执行的中断服务程序的处理时间，这种情况下，响应时间就无法计算了。

这样，在一个单一中断的系统里，MCS-51 单片机对中断的响应时间总是 3～8 个机器周期。

练习与思考

1. MCS-51 单片机的 P0~P3 四个 I/O 端口在结构上有何异同？使用时应注意哪些事项？

2. 什么是时钟周期？什么是机器周期？什么是指令周期？当振荡频率为 12 MHz 时，一个机器周期为多少微秒？

3. MCS-51 单片机有几种复位方法？复位后，CPU 从程序存储器的哪一个单元开始执行程序？

4. MCS-51 系列单片机能提供几个中断源？几个中断优先级？各个中断源的优先级怎样确定？在同一优先级中，各个中断源的优先顺序怎样确定？

5. 简述 MCS-51 系列单片机的中断响应过程。

6. MCS-51 系列单片机的外部中断有哪两种触发方式？如何设置？对外部中断源的中断请求信号有何要求？

第 3 章　MCS-51 单片机的汇编指令系统

汇编语言是最接近机器码的语言，通过本章的学习，应掌握驾驭 MCS-51 单片机的方法。只有打好汇编语言的基础，才能真正理解单片机的工作方式。

3.1　汇编指令系统概述

指令是 CPU 控制计算机进行某种操作的命令，指令系统则是全部指令的集合。MCS-51 单片机指令系统具有以下优点：① 指令执行速度快；② 指令短，约有一半的指令为单字节指令；③ 用一条指令即可实现单字节数的相乘或相除；④ 具有丰富的位操作指令；⑤ 可直接用传送指令实现端口的输入/输出操作。

3.1.1　指令的概念

1. 汇编语言指令

由于用二进制编码表示的机器语言指令不便于阅读理解和记忆，因此在微机控制系统中采用汇编语言指令来编写程序。汇编语言指令是机器语言指令的助记符形式，所以不能被计算机硬件直接识别和执行，必须通过某个中间过程把它变成机器码指令才能被机器执行，这个中间过程叫作汇编。

汇编有两种方式：机器汇编和手工汇编。机器汇编是用专门的汇编程序，在计算机上进行翻译；手工汇编是编程员把汇编语言指令通过查指令表逐条翻译成机器语言指令。现在主要使用机器汇编，但有时也用到手工汇编。由于汇编语言指令和机器语言指令一一对应，因此编写的程序效率高，占用存储空间小，运行速度快，能编写出最优化的程序。

2. 汇编语言的指令格式

MCS-51 汇编语言的指令格式如下：

　　（＜标号＞）：＜操作码＞（＜操作数 1＞），（＜操作数 2＞）；（＜注释＞）

例如，把立即数 FFH 送累加器的指令为：

　　START: MOV　A，#0FFH　　　　　　;立即数 FFH→A

1）标 号

标号是语句地址的标志符号，由 1~8 个 ASCII 字符组成，且第一个字符必须是字母，其余字符可以是字母、数字或其他特定字符。标号不能是本汇编语言已经定义了的符号，如指令助记符、伪指令记忆符以及寄存器的符号名称等。同一标号在一个程序中只能定义一次，不能重复定义。标号的有无取决于本程序中的其他语句是否需要访问这条语句。

若一条指令中有标号，标号代表该指令第一个字节所存放的存储器单元的地址，故标号又称为符号地址。在汇编时，把该地址赋值给标号。

2）操作码

操作码用于规定语句执行的操作内容，是以指令助记符或伪指令助记符表示的。操作码是汇编指令格式中唯一不能空缺的部分。

3）操作数

操作数用于给指令的操作提供数据或地址。根据指令的不同功能，操作数可以有三个、两个、一个或没有。上例中操作数区段包含两个操作数 A 和#0FFH，它们之间由逗号分隔开。其中第二个操作数为立即数 FFH，它是用十六进制数表示的以字母开头的数据。为区别于操作数区段出现的字符，以字母开始的十六进制数据前面都要加 0，故把立即数 F0H 写成 0F0H（这里 H 表示此数为十六进制数，若用二进制，则用 B 表示，十进制用 D 表示或省略）。对于有两个操作数的指令中，我们通常将第一个操作数称为目的操作数，例如上例中的"A"，而将第二个操作数称为源操作数，例如上例中的"#0FFH"。

4）注 释

注释不属于语句的功能部分，只用来对指令或程序段作简要的说明，便于它人阅读。注释在调试程序时也会带来很多方便。注解与操作数之间用分号";"作为分隔符。

5）分界符（分隔符）

分界符用于把语句格式中的各部分隔开，以便于区分，包括空格、冒号、分号或逗号等多种符号。

冒号（:）用于标号之后；

空格（ ）用于操作码和操作数之间；

逗号（,）用于操作数之间；

分号（;）用于注释之前。

3. 指令的长度

MCS-51 机器语言指令根据其指令编码长短的不同有单字节指令、双字节指令和三字节指令三种格式。

1）单字节指令

单字节指令由 8 位二进制编码表示。有两种形式：

（1）8 位全表示操作码。例如，空操作指令 NOP，其机器码为：

操作码

0	0	0	0	0	0	0	0

（2）8 位编码中包含操作码和寄存器编码。例如：MOV　A，Rn 这条指令的功能是把寄存器 Rn（n=0, 1, 2, 3, 4, 5, 6, 7）中的内容送到累加器 A 中去。其机器码为：

操作码　寄存器编码

1	1	1	0	1	×	×	×

假设 n=0，则寄存器编码为 Rn=000，则指令 MOV　A，R0 的机器码为 E8H，其中操作码 11101 表示执行把寄存器中的数据传送到 A 中去的操作。000 为 R0 寄存器编码。

2）双字节指令

双字节指令中，指令的编码由两个字节组成，该指令存放在存储器时需占用两个存储器单元。例如：MOV　A，#DATA，这条指令的功能是将立即数 DATA 送到累加器 A 中去。假设立即数 DATA=85H，则其机器码为：

　　　　操作码　　　　操作数（立即数85H）

0	1	1	1	0	1	0	0	1	0	0	0	0	1	0	1

　　　　第一字节　　　　　第二字节

3）三字节指令

三字节指令中，第一个字节为操作码，其后两个字节为操作数。例如：MOV direct，#DATA，这条指令是将立即数 DATA 送到地址为 direct 的单元中去。假设 direct=78H，DATA=80H，则 MOV 78H，#80H 指令的机器码为：

　　　　　　　　　　　　第一操作数　　　　　第二操作数
　　　操作码　　　　（目的地址78H）　　　（立即数80H）

0	1	1	1	0	1	0	1	0	1	1	1	1	0	0	0	1	0	0	0	0	0	0	0

　　　第一字节　　　　　第二字节　　　　　第三字节

3.1.2　MCS-51 指令系统分类

MCS-51 指令系统有 42 种助记符，代表了 33 种操作功能。有的功能可以有几种助记符，例如数据传送的助记符有 MOV、MOVC、MOVX。指令功能助记符与操作数各种可能的寻址方式相结合，共构成 111 种指令。这 111 种指令中，如果按字节分类，单字节指令有 49 条，双字节指令有 45 条，三字节指令有 17 条。若从指令执行的时间看，单机器周期（12 个振荡器周期）指令有 64 条，双机器周期指令有 45 条，四机器周期指令有 2 条（乘、除）。如按功能分，MCS-51 单片机指令系统的 111 条指令分为 5 大类：

① 数据传送类指令（29 条）；② 算术操作类指令（24 条）；③ 逻辑与移位类指令（24 条）；④ 程序控制流类指令（17 条）；⑤ 位操作类指令（17 条）。

3.1.3　指令格式中符号描述说明

在介绍指令系统前，先介绍一些特殊符号的意义，这对今后程序的编写都是相当有用的。

Rn（n=1~7）：　　　当前寄存器组的 8 个通用寄存器 R0~R7。

Ri（i=0, 1）：　　　可用作间接寻址的寄存器，只能是 R0、R1 两个寄存器。

direct：　　　　　 8 位直接地址，在指令中表示直接寻址方式，寻址范围为 256 个单元。其值包括 0~127（内部 RAM 低 128 单元地址）和 128~255（专用寄存器的单元地址或符号）。

#data:	8 位立即数。
#datal6:	16 位立即数。
addr16:	16 位目的地址，只限于在 LCALL、LJMP 指令中使用，可指向 64 KB 程序存储器地址空间的任何地方。
addr11:	11 位目的地址，只限于在 ACALL 和 AJMP 指令中使用，转至当前 PC 所在的同一个 2 KB 程序存储器地址空间内。
rel:	相对转移指令中的偏移量，为 8 位带符号补码数。偏移量相对于当前 PC 计算，在 ~ 128 ~ +127 范围内取值。
DPTR:	数据指针，用作 16 位的地址寄存器。
bit:	内部 RAM（包括专用寄存器）中的直接寻址位。
A:	ACC 直接寻址方式的累加器。
B:	寄存器 B，特殊功能寄存器，专用于乘（MUL）和除（DIV）指令中。
C:	进位标志位，它是布尔处理机的累加器，也称之为累加位。
@:	间址寄存器的前级标志。
/:	加在位地址的前面，如"/bit"形式，表示对该位状态取反。
(X):	某寄存器或某单元的内容。
((X)):	表示以 X 单元的内容为地址的存储器单元内容，即（X）作地址，该地址单元的内容用（(X)）表示。
←:	箭头左边的内容被箭头右边的内容所取代。

3.2 MCS-51 单片机的寻址方式

寻址的"地址"即操作数所在单元的地址。数据可能就在指令中，也有可能在寄存器或存储器中，甚至可能在 I/O 口中。对于这样存放的数据要进行正确操作，就要在指令中指出其地址。寻找操作数地址的方法称为寻址方式。MCS-51 单片机的寻址方式很多，使用方便，功能强大，灵活性强。这便是 MCS-51 指令系统"好用"的原因之一。对于两操作数指令，源操作数有寻址方式，目的操作数也有寻址方式。

根据指令指定操作数方式的不同，MCS-51 单片机共有 7 种寻址方式，包括：寄存器寻址、直接寻址、寄存器间接寻址、立即寻址、变址寻址、位寻址和相对寻址。现以 7 条指令为例说明这 7 种寻址方式。

3.2.1 寄存器寻址方式

操作数直接在寄存器中的寻址方式为寄存器寻址方式。其寻址范围为：① 通用寄存器，共有 4 组 32 个通用寄存器；② 部分专用寄存器，例如，累加器 A、AB 寄存器对以及数据指针 DPTR 等。

例如：

    MOV   A，R1

这条指令的意义是把所用工作寄存器组中 R1 的内容送到累加器 A 中。值得一提的是，工作状态寄存器的选择是通过程序状态字寄存器来控制的，在这条指令前，应通过 PSW 设定当前工作寄存器组。如果程序状态寄存器 PSW 的 RS1RS0=00，选中第 0 组工作寄存器，对应地址为 00H ~ 07H。设 RAM 区 R1 的内容为 20H，则执行 MOV A，R1 指令后，累加器 A 中的内容变为 20H。该指令执行过程如图 3.1 所示。

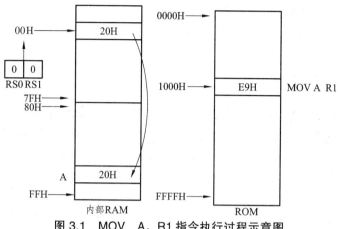

图 3.1 MOV A，R1 指令执行过程示意图

3.2.2 直接寻址方式

指令中操作数直接以单元地址的形式给出为直接寻址方式。其寻址范围为：① 数据存储器的低 128 个字节单元，在指令中直接以单元地址形式给出；② 特殊功能寄存器，除以单元地址形式给出外，还可以寄存器符号形式给出；③ 位地址空间。值得注意的是，直接寻址方式只能使用 8 位二进制地址，因此这种寻址方式仅限于内部 RAM 进行寻址。

（1）数据存储器的低 128 个字节单元（00H ~ 7FH），例如：

MOV   A，68H   ;（A）←（68H）

这条指令的意义是把内部 RAM 中的 68H 单元中的数据内容传送到累加器 A 中。因为指令源操作数为地址直接给出的存储单元，故称此寻址方式为直接寻址。若（68H）= 3AH，指令执行后，（A）= 3AH。该指令的执行过程如图 3.2 所示。

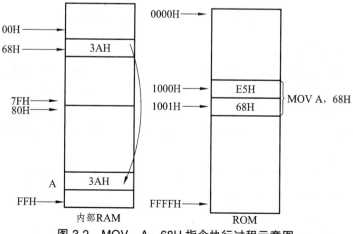

图 3.2 MOV A，68H 指令执行过程示意图

（2）特殊功能寄存器只能用直接寻址方式进行访问。例如：

　　　MOV　　IE，#85H　　;中断允许寄存器 IE←立即数 85H

IE 为特殊功能寄存器，其字节地址为 A8H。一般在访问特殊功能寄存器时，可在指令中直接使用该寄存器的名字来代替地址。

（3）位地址空间，例如：

　　　MOV　　C，00H　　　　;进位标志位←00H 内容

3.2.3　寄存器间接寻址方式

寄存器寻址方式，寄存器中存放的是操作数，而寄存器间接寻址方式，寄存器中存放的则为操作数的地址，也即操作数是通过寄存器指向的地址单元得到的，这便是寄存器间接寻址名称的由来。在寄存器间接寻址方式中，应在寄存器的名称前面加标志"@"。

例如：

　　　MOV　　A，@R0

这条指令的意义是将 R0 寄存器指向地址单元中的内容送到累加器 A 中。假如 R0=#56H，那么是将 56H 单元中的数据送到累加器 A 中，如图 3.3 所示。

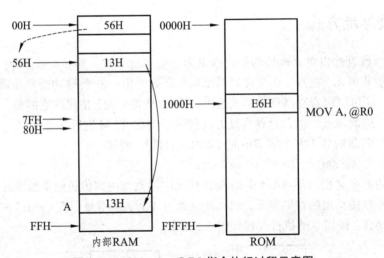

图 3.3　MOV　A，@R0 指令执行过程示意图

寄存器间接寻址的寻址范围为：

① 内部 RAM 低 256 单元，只能使用 R0 或 R1 作间址寄存器（地址指针），其通用形式为 @Ri（i=0 或 1）。然而有必要指出，内部 RAM 的高 128 字节地址与专用寄存器的地址是重叠的，所以这种寻址方式不能用于访问特殊功能寄存器。

② 外部 RAM 64 KB 空间，可以使用 DPTR 作间址寄存器，其形式为@DPTR。例如：

　　　MOVX　　A，@DPTR

也可以使用 R0 或 R1 作为间接寄存器，用 P2 指出高 8 位地址。例如：

　　　MOV　　P2，#data　　;高 8 位地址

　　　MOVX　　A，@Ri　　;i=0 或 1

访问外部 RAM 64 KB 空间的两种方式如图 3.4 所示。

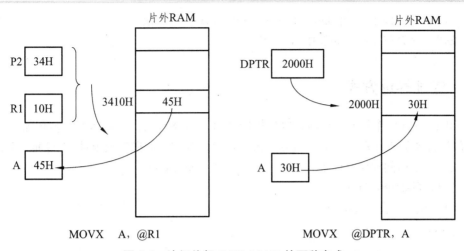

图 3.4　访问外部 RAM 64 KB 的两种方式

③ 外部 RAM 的低 256 单元，间址寄存器为 DPTR、R0、R1。例如：

MOV　　A，@R*i*　　;*i*=0 或 1

④ 堆找操作指令（PUSH 和 POP），即以堆找指针（SP）作间址寄存器的间接寻址方式。

3.2.4　立即寻址方式

立即寻址就是操作数直接在指令中给出，即操作数包含在指令中。一般把指令中的操作数称为立即数，因此称这种寻址方式为立即寻址方式。为了与直接寻址方式相区别，立即寻址在立即数前加上"#"符号。例如：

MOV　　　A，#7FH　　;A←7FH

这条指令的意义是将 7FH 这个操作数送到累加器 A 中。指令为双字节指令，操作数本身7FH 跟在操作码后面，以指令形式存放在程序存储器内。该指令的执行过程如图 3.5 所示。

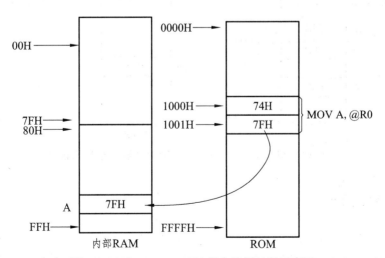

图 3.5　MOV　A，#7FH 指令执行过程示意图

在 MCS-51 指令系统中还有一条立即数为双字节的指令，如：

MOV　　DPTR, #8200H;（DPH）←82H,（DPL）←00H

这条指令存放在程序存储器中占三个存储单元。

3.2.5　变址寻址方式

以 DPTR 或 PC 作基址寄存器，以累加器 A 作变址寄存器，并以两者内容相加形成无符号的 16 位地址作为操作数地址的寻址方式为变址寻址方式，即操作数地址=变地址+基地址。该寻址方式常用于访问程序存储器，查表，寻址范围可达 64 KB。

变址寻址的指令只有 3 条：

MOVC　　A, @A+DPTR

MOVC　　A, @A+PC

JMP　　@A+DPTR

在这三条指令中，A 作为偏移量寄存器，DPTR 或 PC 作为变址寄存器，A 作为无符号数与 DPTR 或 PC 的内容相加，得到访问的实际地址。其中前两条是程序存储器读指令，后一条是无条件转移指令。

以 MOVC　A, @A+DPTR 为例，设（A）=50H,（DPTR）=2007H,（2057H）=60H，执行指令后，A←((A)+(DPTR))=(50H+2007H)=(2057H)=60H。该指令将 DPTR 中的基地址 2007H 与 A 中的偏移地址 50H 相加，形成实际地址 2057H，再将地址为 2057H 的存储单元中的内容 60H 送入累加器 A 中。该指令执行过程如图 3.6 所示。

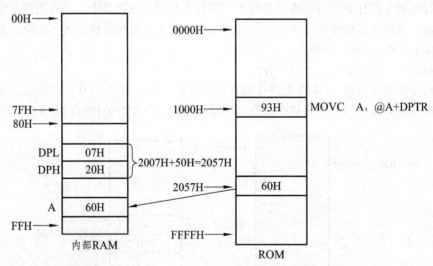

图 3.6　MOVC　A, @A+DPTR 指令执行过程示意图

3.2.6　位寻址方式

位地址表示一个可作位寻址的单元，它可以在内部 RAM 中的位寻址区，单元地址为 20H ~ 2FH，共 16 个单元 128 位，位地址是 00H ~ 7FH，也可以是一个专用寄存器的可寻址位。

要表示操作数中的一个位地址，有以下 4 种表示方法：

① 直接使用位地址，例如 PSW 寄存器位 5 地址为 0D5H。

② 位名称表示方法，例如 PSW 寄存器位 5 是 F0 标志位，则可使用 F0 表示该位。

③ 单元地址加位数的表示方法，例如 PSW 寄存器位 5，表示为 0DOH.5。

④ 专用寄存器符号加位数的表示方法，例如 PSW 寄存器的位 5，表示为 PSW.5。

例如：

　　SETB　ACC.0　　　;ACC.0←1

该指令将累加器的最低位 ACC.0 置 1，由于指令中的操作数为一位二进制数，故称此寻址方式为位寻址。该指令的执行过程如图 3.7 所示。

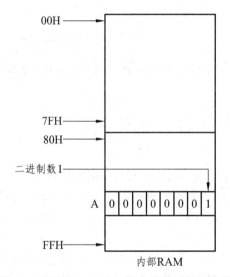

图 3.7　SETB　ACC.0 指令执行过程示意图

3.2.7　相对寻址方式

把指令中给定的地址偏移量与本指令所在单元地址（PC 内容）相加，得到真正有效的操作数所存放的地址为相对寻址方式，即目的地址=转移指令地址+转移指令字节数+rel。其主要为解决程序转移而专门设置，为双字节转移指令所采用。值得注意的是，偏移量 rel 是有正负号之分的，偏移量的取值范围为 – 128 ~ +127，用补码表示。例如：

　　JC　　rel　　　　;C=1 跳转

第一字节为操作码，第二字节就是相对于程序计数器 PC 当前地址的偏移量 rel。若转移指令操作码存放在 1000H 单元，偏移量存放在 1001H 单元，该指令执行后 PC 已为 1002H。若偏移量 rel 为 07H，则转移到的目标地址为 1009H，即当 C=1 时，将去执行 1009H 单元中的指令。

又如：

　　SJMP　　　rel　　　;（PC）←（PC）+rel

执行指令后，（PC）=2009H，而相对偏移量 rel=02H，则执行该指令后，（PC）=2009H+02H=200BH，即程序由地址为 2009H 处跳转到 200BH 处执行，其跳转的距离为相对偏移量 rel=02H。由于指令中的操作数为相对偏移量 rel，所以称这种寻址方式为相对寻址。该指令的执行过程如图 3.8 所示。

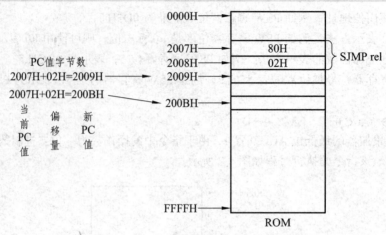

图 3.8 SJMP rel 指令执行过程示意图

3.3 MCS-51 单片机的数据传送指令

数据传送指令共有 29 条。其一般操作是把源操作数传送到目的操作数，指令执行完成后，源操作数不变，目的操作数等于源操作数。数据传送指令中有从右向左传送数据的约定，即指令的右操作数为源操作数，表达的是数据的来源，而左操作数为目的操作数，表达的则是数据的去向。

如果要求在进行数据传送时，目的操作数不丢失，则不能用直接传送指令，而应采用交换型的数据传送指令。数据传送指令不影响标志 C、AC 和 OV，但可能会对奇偶标志 P 有影响。由于 MCS-51 单片机存储器采用的是哈佛结构，所以按逻辑结构可分为程序存储器、片外数据存储器及片内数据存储器，依此分类，将 MCS-51 单片机的数据传送指令为以下几类：内部 RAM 数据传送指令、外部 RAM 数据传送指令、程序存储器数据传送指令、堆栈操作指令和数据交换指令等。

3.3.1 内部 RAM 数据传送指令（16 条）

通用格式为：

MOV ⟨目的操作数⟩，⟨源操作数⟩

1. 以累加器 A 为目的操作数的指令（4 条）

这 4 条指令的作用是把源操作数指向的内容送到累加器 A，有直接寻址、立即寻址、寄存器寻址和寄存器间接寻址 4 种寻址方式。格式如下：

MOV A，direct ;（A）←（direct），直接单元地址中的内容送到累加器 A

MOV A，#data ;（A）←data，立即数送到累加器 A 中

MOV A，Rn ;（A）←（Rn），n=0~7，Rn 中的内容送到累加器 A 中

MOV A，@Ri ;（A）←（（Ri）），i=0、1，Ri 内容指向的地址单元中的内容送到累加器 A

【例 3.1】　已知相应单元内容如图 3.9 所示，请指出每条指令执行后，相应单元内容的变化。

（1）MOV　A，#20H

（2）MOV　A，40H

（3）MOV　A，R0

（4）MOV　@R0

解：

累加器A	40H
寄存器R0	50H
内部RAM:40H	30H
内部RAM:50H	10H

（1）MOV　A，#20H　　　　;执行后，（A）=20H

（2）MOV　A，40H　　　　　;执行后，（A）=30H

（3）MOV　A，R0　　　　　;执行后，（A）=50H

（4）MOV　@R0　　　　　　;执行后，（A）=10H

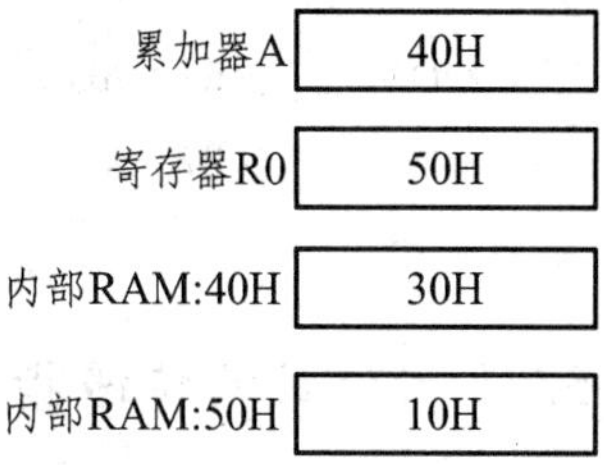

图 3.9　相应单元内容

2. 以寄存器 Rn 为目的操作数的指令（3 条）

这 3 条指令的功能是把源操作数指定的内容送到所选定的工作寄存器 Rn 中，有直接寻址、立即数寻址和寄存器寻址 3 种寻址方式。格式如下：

MOV　Rn，direct　　;（Rn）←（direct），n=0～7，直接寻址单元中的内容送到寄存器 Rn 中

MOV　Rn，#data　　;（Rn）←data，n=0～7，立即数直接送到寄存器 Rn 中

MOV　Rn，A　　　　;（Rn）←（A），n=0～7，累加器 A 中的内容送到寄存器 Rn 中

3. 以直接地址为目的操作数的指令（5 条）

这组指令的功能是把源操作数指定的内容送到由直接地址 direct 所选定的片内 RAM 中，有直接寻址、立即寻址、寄存器寻址和寄存器间接寻址 4 种寻址方式。格式如下：

MOV　direct1，direct2　;（direct1）←（direct2），直接地址单元中的内容送到直接地址单元

MOV　direct，#data　;（direct）←data，立即数送到直接地址单元

MOV　direct，A　;（direct）←（A），累加器 A 中的内容送到直接地址单元

MOV　direct，Rn　;（direct）←（Rn），n=0～7，

　　　　　　　　　;寄存器 Rn 中的内容送到直接地址单元

MOV　direct，@Ri　;（direct）←（Ri），i=0，1，

　　　　　　　　　;寄存器 Ri 中的内容指定的地址单元中的数据送到直接地址单元

例如：

MOV　　E0H，78H

这是一条三字节指令，指令的第一字节为操作码，第二字节为源操作数的地址，第三字节为目标操作数的地址。源操作数和目标操作数的地址都以直接地址形式表示，它们可以是内部 RAM 存储器或特殊功能寄存器。指令的功能很强，能实现内部 RAM 之间、特殊功能寄存器之间或特殊功能寄存器与内部 RAM 之间直接传送数据。在此指令中，目标操作数地址 E0H 为累加器的字节地址，源操作数地址 78H 为内部 RAM 单元地址，指令的功能是把内部 RAM 78H 单元中的数据传送到累加器 ACC 中。

4. 以间接地址为目的操作数的指令（3 条）

这组指令的功能是把源操作数指定的内容送到以 Ri 中的内容为地址的片内 RAM 中，有直

接寻址、立即寻址和寄存器寻址 3 种寻址方式。格式如下：

MOV	@R*i*, direct	;((R*i*)) ← (direct)，直接地址单元中的内容送到以 R*i* 中的内容为
		;地址的 RAM 单元
MOV	@R*i*, #data	;((R*i*))←data，立即数送到以 R*i* 中的内容为地址的 RAM 单元
MOV	@R*i*, A	;((R*i*)) ← (A)，累加器 A 中的内容送到以 R*i* 中的内容为地址的
		;RAM 单元

5. 十六位数的传递指令（1 条）

这条指令的功能是把 16 位常数送入数据指针寄存器，其中高 8 位送入 DPH，低 8 位送入 DPL。格式如下：

  MOV DPTR, #data16

【例 3.2】 将片内 RAM 15H 单元的内容 0A7H 送到 55H 单元。

解法 1： MOV 55H, 15H

解法 2： MOV R6, 15H

     MOV 55H, R6

解法 3： MOV R1, #15H

     MOV 55H, @R1

解法 4： MOV A, 15H

     MOV 55H, A

【例 3.3】 设（R0）=10H，（10H）=15H，（90H）=55H，（B）=33H，（R5）=57H，试分析下列指令执行后各寄存器与存储单元的内容。

（1）MOV A, #30H

   MOV A, R0

   MOV A, 90H

   MOV A, @R0

（2）MOV R1, #40H

   MOV R2, A

   MOV R3, 0F0H

（3）MOV 30H, #50H

   MOV 00H, 10H

   MOV 0B0H, A

   MOV PSW, 10H

   MOV 40H, R5

   MOV 7FH, @R0

（4）MOV @R0, 70H

   MOV @R1, A

   MOV @R0, 90H

（5）MOV DPTR, #2000H

解：

（1）MOV　　A，#30H　　　　　　;（A）←30H

　　　MOV　　A，R0　　　　　　;（A）←（R0）=10H

　　　MOV　　A，90H　　　　　　;（A）←（90H）=55H

　　　MOV　　A，@R0　　　　　　;（A）←（（R0））=（10H）=15H

（2）MOV　　R1，#40H　　　　　;（R1）←40H

　　　MOV　　R2，A　　　　　　;（R2）←（A）=15H

　　　MOV　　R3，0F0H　　　　　;（R3）←（0F0H）=（B）=33H

（3）MOV　　30H，#50H　　　　　;（30H）←50H

　　　MOV　　00H，10H　　　　　;（00H）=R0←（10H）=15H

　　　MOV　　0B0H，A　　　　　;（0B0H）=P3←（A）=15H

　　　MOV　　PSW，10H　　　　　;（PSW）=（0D0H）←（10H）=15H

　　　MOV　　40H，R5　　　　　;（40H）←（R5）=57H

　　　MOV　　7FH，@R0　　　　　;（7FH）←（（R0））=（10H）=15H

（4）MOV　　@R0，70H　　　　　;（（R0））=（10H）←（70H）

　　　MOV　　@R1，A　　　　　;（（R1））=（40H）←（A）=15H

　　　MOV　　@R0，90H　　　　　;（（R0））=（60H）←（90H）=55H

（5）MOV　　DPTR，#2000H　　　;（DPTR）←2000H

MOV 指令中源操作数与目的操作数可能的组合关系如图 3.10 所示。

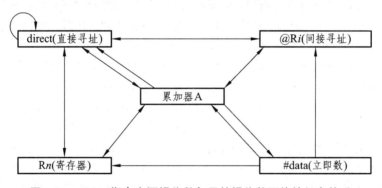

图 3.10　MOV 指令中源操作数与目的操作数可能的组合关系

【**例 3.4**】　已知（30H）=40H，（40H）=10H，（P1）=0CAH，写出执行下述程序后 R0、A、R1、B、40H 单元的内容。

　　　MOV　　R0，#30H

　　　MOV　　A，@R0

　　　MOV　　R1，A

　　　MOV　　B，@R1

　　　MOV　　@R1，P1

　　　MOV　　P2，P1

解：

　　　MOV　　R0，#30H　　　;（R0）←30H

```
MOV      A，@R0       ;（A）←（（R0））=（30H）=40H
MOV      R1，A        ;（R1）←（A）=40H
MOV      B，@R1       ;（B）←（（R1））=（40H）=10H
MOV      @R1，P1      ;（（R1））=（40H）←（P1）=0CAH
MOV      P2，P1       ;（P2）←（P1）=0CAH
```

3.3.2　外部 RAM 数据传送指令（4 条）

这 4 条指令用于累加器 A 与片外 RAM 间的数据传送，使用寄存器寻址方式。

（1）MOVX　A，@Ri　　　;（A）←（（Ri））

该指令将寄存器 Ri 指向片外 RAM 地址中的内容送到累加器 A 中。执行该指令时，在 P3.7 引脚输出 $\overline{RD}$ 有效信号，用作外部数据存储器的读选通信号。Ri 所包含的低 8 位地址由 P0 口输出，而高 8 位地址由 P2 口输出。选中单元的数据由 P0 口输入到累加器。

（2）MOVX　@Ri，A　　　;（（Ri））←（A）

该指令将累加器中的内容送到寄存器 Ri 指向片外 RAM 地址中。执行该指令时，在 P3.6 引脚输出 $\overline{WR}$ 有效信号，用作外部数据存储器的写选通信号。P0 口上分时输出由 Ri 指定的低 8 位地址及输入外部数据存储器单元的内容。高 8 位地址由 P2 口输出。

（3）MOVX　A，@DPTR　　　;（A）←（（DPTR））

该指令将数据指针指向片外 RAM 地址中的内容送到累加器 A 中。执行这条指令时，P3.7 引脚上输出 $\overline{RD}$ 有效信号，用作外部数据存储器的读选通信号。DPTR 所包含的 16 位地址信息由 P0（低 8 位）和 P2 口（高 8 位）输出。选中单元的数据由 P0 输入到累加器。P0 口用作分时复用总线。

（4）MOVX　@DPTR，A　　　;（（DPTR））←（A）

该指令将累加器中的内容送到数据指针指向片外 RAM 地址中。执行该指令时，在 P3.6 引脚输出 $\overline{WR}$ 有效信号，用作外部数据存储器的写选通信号。DPTR 所包含的 16 位地址信息由 P0 口（低 8 位）和 P2 口（高 8 位）输出。累加器的内容由 P0 口输出。P0 口用作分时复用总线。

在 MCS-51 单片机中，与外部存储器 RAM 打交道的只可以是累加器 A，所有片外 RAM 数据传送必须通过累加器 A 进行。要访问片外 RAM，必须知道 RAM 单元的 16 位地址。在后两条指令中，地址是被直接放在 DPTR 中的。而前两条指令，由于 Ri（即 R0 或 R1）是一个 8 位的寄存器，所以只能访问片外 RAM 低 256 个单元，即 0000H ~ 00FFH。使用外部 RAM 数据传送指令时，应当首先将要读或写的地址送入 DPTR 或 Ri 中，然后再用读写命令。

【例 3.5】　将外部 RAM 0010H 单元中的内容送入外部 RAM 2000H 单元中。程序如下：

```
MOV      R0，#10H
MOVX     A，@R0
MOV      DPTR，#2000H
MOVX     @DPTR，A
```

【例 3.6】　编写程序完成下列操作：

① 将地址为 3000H 的片外数据存储器单元的内容 21H 传送到片内地址为 30H 的单元中。

② 将寄存器 R5 中的内容 32H 传送到片外地址为 3010H 的数据存储器单元中。

解： 因为没有片外数据存储器与片内数据存储器直接传送指令，所以必须通过累加器 A 进行中转，如图 3.11 所示。

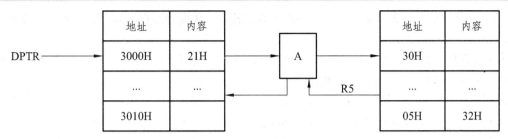

图 3.11　指令执行过程示意图

① MOV　　DPTR, #3000H　　　;（DPTR）←3000H

　MOVX　A, @DPTR　　　　;（A）←((DPTR))=（3000H）=21H

　MOV　　30H, A　　　　　;（30H）←（A）=21H

② MOV　　A, R5　　　　　　;（A）←（R5）=32H

　MOV　　DPTR, #3010　　　;（DPTR）←3010H

　MOVX　@DPTR, A　　　　;((DPTR))=（3010H）←（A）=32H

【例 3.7】　用 @R*i* 间接寻址方式的传递指令完成例 3.6 的工作。

解：

① MOV　　P2, #30H　　　　;（P2）←30H

　MOV　　R0, #00H　　　　;（R0）←00H

　MOVX　A, @R0　　　　　;((P2)(R0))=（3000H）=21H

　MOV　　30H, A　　　　　;（30H）←（A）=21H

② MOV　　A, R5　　　　　　;（A）←（R5）=32H

　MOV　　P2, #30H　　　　;（P2）←30H

　MOV　　R1, #10H　　　　;（R1）←10H

　MOVX　@R1, A　　　　　;((P2)(R1))=（3010H）←（A）=32H

3.3.3　程序存储器数据传送指令（2 条）

这组指令的功能是对存放于程序存储器中的数据表格进行查找传送，使用变址寻址方式。

（1）MOVC　A, @A+DPTR　　　;（A）←((A)+(DPTR))（远程查表指令）

该指令将表格地址单元中的内容送到累加器 A 中。这条指令以 DPTR 作为基址寄存器，A 的内容作为无符号数和 DPTR 的内容相加得到一个 16 位的地址，把该地址指向的程序存储器单元的内容送到累加器 A 中。

（2）MOVC　A, @A+PC　　　;（A）=((A)+(PC))（近程查表指令）

该指令将表格地址单元中的内容送到累加器 A 中。这条指令以 PC 作为基址寄存器，A 的内容作为无符号数和 PC 内容（下一条指令第一字节地址）相加后得到一个 16 位的地址，把该地址指向的程序存储器单元的内容送到累加器 A。

这两条指令的寻址范围为 64 KB。指令首先执行 16 位无符号数的加法操作，获得基址与变址之和，作为程序存储器的地址，将该地址中的内容送入 A 中。第二条指令与第一条指令相比，由于 PC 的内容不能通过数据传送指令来改变，而且随该指令在程序中的位置变化而变化，因此在使用时需对变址寄存器 A 进行修正。

以上两条 MOVC 是 64 KB 存储空间内的查表指令，实现程序存储器到累加器的常数传送，每次传送一个字节。

【例 3.8】　在片内 20H 单元有一个 BCD 数，用查表法获得相应的 ASCII 码，并将其送入 21H 单元。设（20H）=07H，其子程序为：

```
                    ORG      1000H        ;指明程序在 ROM 中存放始地址
1000H    BCD_ASCl:MOV    A, 20H          ;(A)←(20H), (A)=07H
1002H            ADD      A, #3          ;累加器（A）=（A）+3, 修正偏移量
1004H            MOVC     A, @A+PC       ;PC 当前值 1005H
                                         ;(A)+(PC)=0AH+1005H=100FH,
                                         ;(A)=37H,(A)←ROM（100FH）

1005H            MOV      21H, A
1007H            RET
1008H    TAB:DB 30H
1009H            DB 31H
100AH            DB 32H
100BH            DB 33H
100CH            DB 34H
100DH            DB 35H
100EH            DB 36H
100FH            DB 37H
1010H            DB 38H
1011H            DB 39H
```

一般在采用 PC 作基址寄存器时，常数表与 MOVC 指令放在一起，称为近程查表。当采用 DPTR 作基址寄存器时，TAB 可以放在 64 KB 程序存储器空间的任何地址上，称为远程查表，不用考虑查表指令与表格之间的距离。

【例 3.9】　用远程查表指令完成例 3.8 中的工作。

解：

```
        ORG    1000
BCD_ASC2:MOV   A, 20H
        MOV    DPTR, #TAB      ;TAB 首址送 DPTR
        MOVC   A, @A+DPTR      ;查表
        MOV    21H, A
        RET
    TAB:       …               ;同例 3.8
```

【例 3.10】　设在程序存储器地址为 1000H ~ 1009H 的存储单元中存放 0 ~ 9 的平方表，30H 单元中存放变量 X，任给 X 的值，求出 Y=X^2，并将 Y 存入 40H 单元中。

解：本题应采用变址寻址的方式求 X 的平方，首先将 DPTR 指向平方表的首地址 1000H，然后将 30H 单元中的 X（如 02H）传送到累加器 A 中，由（A）+（DPTR）可得到 X 平方单元的地址（如 1002H），由变址寻址指令 MOVC　A, @A+DPTR 可将 1002H 单元内 2 的平方值

04H 送入累加器 A，再由 A 传送到变量 Y 所在单元 40H 单元中。传送过程如图 3.12 所示。程序如下：

```
MOV    DPTR, #1000H    ;（DPTR）←1000H，DPTR 指向平方表首地址
MOV    A, 30H          ;（A）←（30H）=02H，设 X=2，取 X 到累加器 A
MOVC   A, @A+DPTR      ;（A）←（（A）+（DPTR））=（02H+1000H）=（1002H）=04H
MOV    40H, A          ;（40H）←（A）=04H，存 Y 到 40H 单元。
```

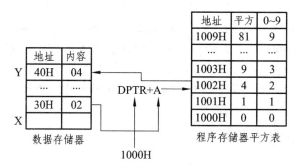

图 3.12　指令执行过程示意图

3.3.4　堆栈操作指令（2 条）

堆栈操作指令的作用是把直接寻址单元的内容传送到堆栈指针 SP 所指的单元中，以及把 SP 所指单元的内容送到直接寻址单元中。这类指令只有两条，分别称为入栈操作指令和出栈操作指令。需要指出的是，单片机开机复位后，（SP）默认为 07H，但一般都需要重新赋值，设置新的 SP 首址。

```
PUSH   direct    ;（SP）←（SP）+1，（（SP））←（direct），堆栈指针首先加 1，
                 ;直接寻址单元中的数据送到堆栈指针 SP 所指的单元中
POP    direct    ;（direct）←（（SP）），（SP）←（SP）-1，堆栈指针 SP 所指的单元数据
                 ;送到直接寻址单元中，堆栈指针 SP 再进行减 1 操作
```

堆栈操作的特点是"先进后出"，在使用时应注意指令顺序。

【例 3.11】　分析以下程序的运行结果。

```
MOV    R2, #05H
MOV    A, #01H
PUSH   ACC
PUSH   02H
POP    ACC
POP    02H
```

解：结果是（R2）=01H，而（A）=05H，也就是两者进行了数据交换。因此，使用堆栈时，入栈的顺序和出栈的顺序必须相反，才能保证数据被送回原位，即恢复现场。

【例 3.12】　假设已把 PSW 的内容压入栈顶，用指令修改 PSW 内容，使 FO、RS1、RS0 均为 1，最后用出栈指令把内容送回程序状态字 PSW，实现对 PSW 内容的修改。

解：MOV　　R0, SP　　　;取栈指针

```
ORL       @R0，#38H      ;修改栈顶内容
POP       PSW            ;修改 PSW
```

【例 3.13】 已知（R0）=20H，（20H）=75H，（A）=3FH，执行下列指令后，R0、A、20H 单内容为多少？

```
XCH       A，@R0
XCHD      A，@R0
SWAP      A
```

解：
```
XCH     A，@R0      ;（A）←→（(R0)）=（20H），（A）=75H，（20H）=2FH
XCHD    A，@R0      ;（A）₃₋₀←→（(R0)）₃₋₀，（A）=7FH，（20H）=35H
SWAP    A          ;（A）₃₋₀←→（A）₇₋₄，（A）=0F7H
```

XCH A，@R0 ; $(A) \longleftrightarrow ((R0)) = (20H)$，$(A)=75H$，$(20H)=2FH$
XCHD A，@R0 ; $(A)_{3\text{-}0} \longleftrightarrow ((R0))_{3\text{-}0}$，$(A)=7FH$，$(20H)=35H$
SWAP A ; $(A)_{3\text{-}0} \longleftrightarrow (A)_{7\text{-}4}$，$(A)=0F7H$

由上述分析可知，运行程序后，（R0）=20H，（A）=0F7H，（20H）=35H。

3.3.5 数据交换指令（5 条）

这 5 条指令的功能是把累加器 A 中的内容与源操作数所指的数据相互交换。源操作数有寄存器寻址、直接寻址和寄存器间接寻址等寻址方式。

1. 字节交换指令

XCH A，Rn ; $(A) \longleftrightarrow (Rn)$，累加器与工作寄存器 Rn 中的内容互换
XCH A，@Ri ; $(A) \longleftrightarrow ((Ri))$，累加器与工作寄存器 Ri 所指的存储单元中的内容互换
XCH A，direct ; $(A) \longleftrightarrow (direct)$，累加器与直接地址单元中的内容互换

数据交换主要是在内部 RAM 单元与累加器 A 之间进行。

【例 3.14】 将片内 RAM 60H 单元与 61H 单元的数据进行交换。

解：不能用：
```
XCH       60H，61H
```
应该写成：
```
MOV       A，60H
XCH       A，61H
MOV       60H，A
```

2. 半字节交换指令

XCHD A，@Ri ; $(A)_{0\text{-}3} \longleftrightarrow (Ri)_{0\text{-}3}$，累加器与工作寄存器 Ri 所指的存储单元中的 ;内容低半字节互换

3. 累加器 A 高低半字节交换指令

SWAP A ; $(A)_{0\text{-}3} \longleftrightarrow (A)_{4\text{-}7}$，累加器中的内容高低半字节互换

【例 3.15】 设（A）=0C5H，执行指令
```
SWAP      A
```
结果：（A）=5CH。

3.4　MCS-51 单片机的算术操作指令

算术运算指令共有 24 条，主要用于执行加、减、乘、除法四则运算。另外 MCS-51 指令系统中有相当一部分是进行加 1、减 1 操作，BCD 码的运算和调整，都归类为运算指令。虽然 MCS-51 单片机的算术逻辑单元 ALU 仅能对 8 位无符号整数进行运算，但利用进位标志 C，则可进行多字节无符号整数的运算。同时利用溢出标志，还可以对带符号数进行补码运算。需要指出的是，除加 1、减 1 指令外，这类指令大多数都对 PSW（程序状态字）的进位（CY）、辅助进位（AC）、溢出标志位（OV）有影响，对于特殊功能寄存器字节地址 D0H（PSW 地址）或位地址 D0H ~ D7H（PSW 位地址）进行操作也会影响标志。

3.4.1　加法指令（4 条）

这 4 条加法指令的功能是把所指出的字节变量加到累加器 A 上，其结果放在累加器中。相加过程中，如果 D7 有进位（C7=1），则进位 CY 置"1"，否则清"0"；如果 D3 有进位，则辅助进位 AC 置"1"，否则清"0"；如果 D6 有进位而 D7 无进位，或者 D7 有进位而 D6 无进位，则溢出标志 OV 置"1"，否则清"0"。源操作数有寄存器寻址、直接寻址、寄存器间接寻址和立即寻址等寻址方式。

```
ADD   A，#data    ;（A）←（A）+data，累加器 A 中的内容与立即数#data 相加，
                   ;结果存在 A 中
ADD   A，direct   ;（A）←（A）+（direct），累加器 A 中的内容与直接地址单元中的
                   ;内容相加，结果存在 A 中
ADD   A，Rn       ;（A）←（A）+（Rn），累加器 A 中的内容与工作寄存器 Rn 中的
                   ;内容相加，结果存在 A 中
ADD   A，@Ri      ;（A）←（A）+（（Ri）），累加器 A 中的内容与工作寄存器 Ri
                   ;所指向地址单元中的内容相加
```

【例 3.16】　（A）=85H，（R0）=20H，（20H）=0AFH，执行指令

$$ADD\quad A，@R0$$

运算过程如下：

```
      1 0 0 0 0 1 0 1
  +) 1 0 1 0 1 1 1 1
  ───────────────────
   1 0 0 1 1 0 1 0 0
              ├──► C6=0
            ├────► C7=1
          ├──────► CY=1
   D3 位向 D4 位有进位，AC=1
```

计算结果：（A）=34H，CY=1，AC=1，OV=1。

对于加法，溢出只能发生在两个加数符号相同的情况下。在进行带符号数的加法运算时，溢出标志 OV 是一个重要的编程标志，利用它可以判断两个带符号数相加和是否溢出（即和大于+127 或小于 – 128），当溢出时结果无意义。

【例 3.17】　将存储单元 40H 与 50H 内容相加的和存入 60H 单元，即（40H）+（50H）→

（60H），如图 3.13 所示。此处 40H 与 50H 均为存储单元的地址。

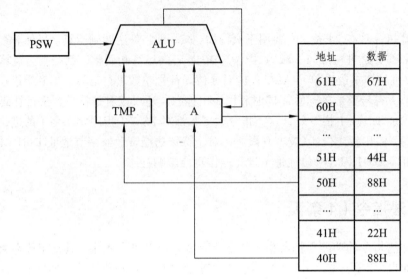

图 3.13　指令执行过程示意图

解：由于加法运算前的一个操作数必须存放在累加器 A 中，因此 40H 单元中的被加数应送入累加器 A 中，而 A 与 50H 单元相加的和又存放在累加器 A 中，所以应将和从累加器 A 传送到 60H 单元中。故程序应由 2 条传送指令与 1 条加法指令组成。

```
MOV     A，40H       ;（A）←（40H），取第 1 个操作数送到累加器 ACC
ADD     A，50H       ;（A）←（A）+（50H），两个操作数相加后送到累加器
MOV     60H，A       ;（60H）←（A），将运算和送到 60H 单元
```

如果要进行双字节加法运算，如 X=2288H，Y=4488H，求 X+Y，假设 X 已存入 41H 与 40H 单元，Y 已存入 51H 与 50H 单元，只要将上述程序由 3 条指令增加到 6 条即可。

```
MOV     A，40H       ;（A）←（40H）=88H
ADD     A，50H       ;（A）←（A）+（50H）=88H+88H=[1]10H
MOV     60H，A       ;（60H）←（A）=10H
MOV     A，41H       ;（A）←（41H）=22H
ADD     A，51H       ;（A）←（A）+（51H）=22H+44H=66H
MOV     61H，A       ;（61H）←（A）=66H
```

该程序运算结果为 X+Y=6610H，而正确运算结果为 X+Y=6710H。出错的原因是未将低字节加法的进位加到高字节中，为了解决该问题，计算机指令设计人员增设了一条带进位加法指令。正确的程序如下：

```
MOV     A，40H       ;（A）←（40H）
ADD     A，50H       ;（A）←（A）+（50H）
MOV     60H，A       ;（60H）←（A）
MOV     A，41H       ;（A）←（41H）
ADDC    A，51H       ;（A）←（A）+（51H）+（CY）
MOV     61H，A       ;（61H）←（A）
```

运算结果为 X+Y=6710H，运算结果正确。

3.4.2　带进位加法指令（4 条）

这 4 条指令的作用是把立即数或直接地址单元、间接地址单元及工作寄存器的内容与累加器 A 的内容相加，运算结果存在 A 中。在进行加法运算时还需考虑进位问题。

```
ADDC    A，Rn        ;（A）←（A）+（Rn）+（CY），累加器 A 中的内容与
                     ;工作寄存器 Rn 中的内容连同进位位相加，结果存在 A 中
ADDC    A，direct    ;（A）←（A）+（direct）+（CY），累加器 A 中的内容与
                     ;直接地址单元的内容连同进位位相加，结果存在 A 中
ADDC    A，@Ri       ;（A）←（A）+（（Ri））+（CY），累加器 A 中的内容与工作寄存器
                     ;Ri 指向地址单元中的内容连同进位位相加，结果存在 A 中
ADDC    A，#data     ;（A）←（A）+data+（CY），累加器 A 中的内容与
                     ;立即数连同进位位相加，结果存在 A 中
```

【例 3.18】　设（A）=85H，（20H）=0FFH，CY=1，执行指令：

```
ADDC    A，20H
```

运算过程：

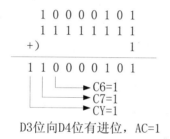

D3 位向 D4 位有进位，AC=1

计算结果：（A）=85H，CY=1，AC=1，OV=0。

3.4.3　带借位减法指令（4 条）

这组指令将立即数或直接地址单元、间接地址单元及工作寄存器的内容与累加器 A 的内容连同借位位相减，结果送回累加器 A 中。进行减法过程中，如果 D7 需借位，则 CY 置位，否则 CY 清 "0"；如果 D3 需借位，则 AC 置位，否则 AC 清 "0"；如果 D6 需借位而 D7 不需借位或者 D7 需借位而 D6 不需借位，则溢出标志 OV 置位，否则溢出标志清 "0"。在带符号数运算时，只有当符号不相同的两数相减时才会发生溢出。在进行减法运算前，如果不知道借位标志位 C 的状态，应先对 CY 进行清零操作。

```
SUBB    A，#data     ;（A）←（A）-data-（CY），累加器 A 中的内容与立即数
                     ;连同借位位相减，结果存在 A 中
SUBB    A，direct    ;（A）←（A）-（direct）-（CY），累加器 A 中的内容与
                     ;直接地址单元中的内容连同借位位相减，结果存在 A 中
SUBB    A，@Ri       ;（A）←（A）-（（Ri））-（CY），累加器 A 中的内容与工作寄存器
```

;中的内容连同借位位相减，结果存在 A 中

SUBB　　A，R*n*　　;（A）←（A）－（R*n*）－（CY），累加器 A 中的内容与工作寄存器 R*i*

;指向的地址单元中的内容连同借位位相减，结果存在 A 中

【例 3.19】 将存储单元 40H 与 50H 内容相减，减得的差存入 60H 单元中，即：（40H）－（50H）→（60H）。

解： 由于只有带借位的减法指令，所以做减法之前必须将借位位 CY 清零。指令如下：

CLR　　C　　;（CY）←0

MOV　　A，40H　　;（A）←（40H）

SUBB　　A，50H　　;（A）←（A）－（50H）－（CY）

MOV　　60H，A　　;（60H）←（A）

【例 3.20】 已知 X=2288H，Y=4488H，假设 X 已存入 41H 与 40H 单元，而 Y 已存入 51H 与 50H 单元，编写 X－Y 的程序，并将 X－Y 的差存入 61H 与 60H 单元中。

解： 做减法之前应将 CY 清零。

CLR　　C　　;（CY）←0

MOV　　A，40H　　;（A）←（40H）

SUBB　　A，50H　　;（A）←（A）－（50H）－（CY）

MOV　　60H，A　　;（60H）←（A）

MOV　　A，41H　　;（A）←（41H）

SUBB　　A，51H　　;（A）←（A）－（51H）－（CY）

MOV　　61H，A　　;（61H）←（A）

3.4.4　加 1 指令（5 条）

这 5 条指令的功能均为使源操作数加 1，结果送回源操作数。加 1 指令不会对任何标志产生影响，如果原寄存器的内容为 FFH，执行加 1 指令后，结果就会是 00H。当用本指令修改输出口 P*i*（即指令中的 direct 为端口 P0～P3，地址分别为 80H、90H、A0H、B0H）时，其功能是修改出口的内容。指令执行过程中，首先读入端口的内容，然后在 CPU 中加 1，继而输出到端口。这里读入端口的内容来自端口的锁存器而不是端口的引脚。这组指令共有直接寻址、寄存器寻址、寄存器间接寻址等寻址方式。

INC　　direct　　;（direct）←（direct）+1，直接地址单元中的内容加 1，

;结果送回原地址单元中

INC　　A　　;（A）←（A）+1，累加器 A 中的内容加 1，结果存在 A 中

INC　　R*n*　　;（R*n*）←（R*n*）+1

INC　　DPTR　　;（DPTR）←（DPTR）+1

INC　　@R*i*　　;（（R*i*））←（（R*i*））+1，寄存器的内容指向的地址单元中的内容加 1，

;结果送回原地址单元中

【例 3.21】 设（A）=0FFH，（R3）=0FH，（30H）=0F0H，（R0）=40H，（40H）=00H，执行下列指令：

INC　　A　　;（A）←（A）+1

INC　　R3　　;（R3）←（R3）+1

```
INC     30H         ;（30H）←（30H）+1
INC     @R0         ;（（R0））←（（R0））+1
```
结果：（A）=00H，（R3）=10H，（30H）=F1H，（40H）=01H，不改变 PSW 状态。

3.4.5　减 1 指令（4 条）

这组指令的作用是使源操作数减 1，结果送回源操作数。若原寄存器的内容为 00H，减 1 后即为 FFH，运算结果不影响任何标志位。当指令中的直接地址 direct 为 P0 ~ P3 端口（即 80H、90H、A0H、B0H）时，指令可用来修改一个输出口的内容，也是一条具有 "读—修改—写" 功能的指令。指令执行时，首先读入端口的原始数据，在 CPU 中执行减 1 操作，然后送到端口。此时读入的数据来自端口的锁存器而不是从引脚读入。这组指令共有直接寻址、寄存器寻址、寄存器间接寻址等寻址方式：

```
DEC    direct    ;（direct）←（direct）-1，直接地址单元中的内容减1，
                 ;结果送回直接地址单元中
DEC    A         ;（A）←（A）-1，累加器A中的内容减1，结果送回累加器A中
DEC    Rn        ;（Rn）←（Rn）-1，寄存器Rn中的内容减1，结果送回寄存器Rn中
DEC    @Ri       ;（（Ri））←（（Ri））-1，寄存器Ri指向的地址单元中的内容减1，
                 ;结果送回原地址单元中
```

【例 3.22】　设（A）=0FH，（R7）=19H，（30H）=00H，（R1）=40H，（40H）=0FFH，执行指令：

```
DEC    A         ;（A）←（A）-1
DEC    R7        ;（R7）←（R7）-1
DEC    30H       ;（30H）←（30H）-1
DEC    @R1       ;（R1）←（（R1））-1
```
结果：（A）=0EH，（R7）=18H，（30H）=0FFH，（40H）=0FEH，不影响标志。

3.4.6　乘法、除法指令（2 条）

乘法指令的作用是把累加器 A 和寄存器 B 中的 8 位无符号数相乘，所得到的是 16 位乘积，其低 8 位存在累加器 A 中，而高 8 位存在寄存器 B 中。如果 OV=1，说明乘积大于 FFH，否则 OV=0，但进位标志位 CY 总是等于 0。

除法指令的作用是用累加器 A 中的 8 位无符号整数除以寄存器 B 中的 8 位无符号整数，所得到的商存放在累加器 A 中，而余数存在寄存器 B 中。除法运算总是使 OV 和 CY 等于 0。如果 OV=1，表明寄存器 B 中的内容为 00H，那么执行结果为不确定值，表示除法有溢出。

```
MUL    AB    ;（BA）←（A）×（B），累加器A中的内容与寄存器B中的内容相乘，
             ;结果存在A、B中
DIV    AB    ;（A）（商），（B）（余数）←（A）/（B），累加器A中的内容除以寄存器
             ;B中的内容，
             ;所得到的商存放在累加器A中，而余数存在寄存器B中
```

【例 3.23】 设（A）=50H，（B）=0A0H，执行指令：

  MUL AB

结果：（B）=32H，（A）=00H（即积为 3200H）。（CY）=0，（OV）=1。

【例 3.24】 设（A）=0FBH，（B）=12H，执行指令：

  DIV AB

结果：（A）=0DH，（B）=11H，（CY）=0，（OV）=0。

【例 3.25】 如图 3.14 所示，被乘数 x=6655H 存放在地址为 31H、30H 的单元中，乘数 y=33H 存放在地址为 40H 的单元中，将 x、y 的乘积存放在 50H、51H、52H 单元中，即 x×y=（31H，30H）×（40H）→（52H，51H，50H）。编写程序完成上式操作。

52	14
51	62
50	EF
…	…
40	33
…	…
31	66
30	55
…	…

（左侧标注：X×Y 对应 52、51、50；Y 对应 40；X 对应 31、30）

图 3.14　存储器数据分配

解：本题为双字节数乘单字节数的乘法，由于 MUL 只能进行单字节乘法，所以该乘法必须分两次完成，第一次完成（30H）×（40H）→（51H，50H），第二次完成（31H）×（40H）→（52H，51H），并将两次乘积作加法。如下式：

$$
\begin{array}{r}
X=66\ 55 \rightarrow （A）被乘数放在A中\\
\times Y=\quad\ 33 \rightarrow （B）乘数放在B中\\
\hline
（B）\leftarrow 1\ 0\ EF \rightarrow （A）乘积低8位放在A中，高8位放在B中\\
+14\ 5\ 2\\
\hline
14\ 6\ 2\ EF \rightarrow （52H）\ （51H）\ （50H）
\end{array}
$$

由于被乘数与乘数必须放在 A 与 B 中，且乘积也在 A、B 中，所以在执行 MUL 指令前，应将被乘数与乘数由存储单元传送到 A、B 中，指令执行后应将乘积从 A、B 中传送到存储单元中。程序如下：

```
MOV    A，30H      ;被乘数低位送到 A 中
MOV    B，40H      ;乘数送到 B 中
MUL    AB          ;被乘数低位与乘数相乘
MOV    50H，A      ;积的低 8 位送入 50H 单元
MOV    51H，B      ;积的高 8 位送入 51H 单元
MOV    A，31H      ;被乘数的高位送到 A 中
MOV    B，40H      ;乘数送到 B 中
MUL    AB          ;被乘数的高数与乘数相乘
ADD    A，51H      ;将第一次乘法的高 8 位与第二次乘法的低 8 位相加
MOV    51H，A      ;将和传送到 51H 单元
MOV    A，B        ;将乘积高位传送给 A
ADDC   A，#00H     ;将第一次乘法的高 8 位与第二次乘法的低 8 位
                   ;相加的进位位加到最高字节中
MOV    52H，A      ;将乘积的最高字节送入 52H 单元
```

3.4.7　十进制加法调整指令

该指令格式为：

　　　　DA　　　A

在进行 BCD 码运算时，这条指令总是跟在 ADD 或 ADDC 指令之后，其功能是将执行加法运算后存于累加器 A 中的结果进行调整和修正。该指令不影响溢出标志。其执行过程如图 3.15 所示。

【例 3.26】　设（A）= 56H，（R7）= 78H，执行指令：

　　　　ADD　　　A, R7

　　　　DA　　　A

结果：（A）= 34H，（CY）= 1。

【例 3.27】　设计将两个 4 位压缩 BCD 码数相加的程序。其中一个加数存放在 30H（存放十位、个位）、31H（存放千位、百位）存储器单元，另一个加数存放在 32H（存放低位）、33H（存放高位）存储单元，和数存到 30H、31H 单元。

程序如下：

```
MOV    R0, #30H    ;地址指针指向一个加数的个位、十位
MOV    R1, #32H    ;另一个地址指针指向第二个加数的个位、十位
MOV    A, @R0      ;一个加数送累加器
ADD    A, @R1      ;两个加数的个位、十位相加
DA     A           ;调整为 BCD 码数
MOV    @R0, A      ;和数的个位、十位送 30H 单元
INC    R0          ;两个地址指针分别指向两个加数的百位、千位
INC    R1
MOV    A, @R0      ;一个加数的百位、千位送累加器
ADDC   A, @R1      ;两个加数的百位、千位和进位相加
DA     A           ;调整为 BCD 码数
MOV    @R0, A      ;和数的百位、千位送 31H 单元
```

【例 3.28】　用补码进行 30 - 20 的十进制运算。

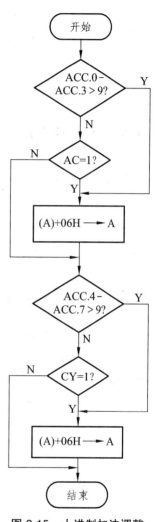

图 3.15　十进制加法调整指令执行流程图

解：由于 80C51 单片机没有十进制减法调整指令，所以只能用十进制加法调整指令来完成十进制减法运算。十进制数 30 的 BCD 码 00110000 与十六进制数 30H=00110000 在存储单元中的存放方式是一样的，所以任何一个十进制数 BCD 码在计算机内的运算都是以十六进制方式进行的，只有经过十进制调整后，才能得到运算结果的 BCD 码值。所以下面将用十六进制运算来表示十进制 30 - 20 的运算。

30H - 20H=30H + [- 20H]$_补$=30H + (- 20H) + 99H + 1H=9AH - 20H + 30H

由上式可得出 2 位十进制数减法运算的方法如下：

① 将 2 位十进制数的模 M=99H+1=9AH 送入累加器 A；

② 用累加器 A 中的 9AH 减去减数（如 20）；

③ 加上被减数（如 30）；

④ 用 DA　A 指令调整 A 中的值，即得到十进制减法运算的差。

编写程序如下：

```
SETB    C               ;（CY）←1
CLR     A               ;（A）←00H
ADDC    A，#99H         ;（A）←（A）+99H+（CY）=9AH
SUBB    A，#20H         ;（A）←（A）−20H=9AH−20H=7AH
ADD     A，#30H         ;（A）←（A）+30H=7AH+30H=AAH
DA      A               ;（A）←（A）+66H=AAH+66H=[1]10H=10H
```
↑丢弃

3.5　MCS-51 单片机的逻辑与移位指令

逻辑与移位指令共有 25 条，可进行与、或、异或、求反、左右移位、清"0"等逻辑操作，有直接寻址、寄存器寻址和寄存器间接寻址等寻址方式。逻辑运算是按位进行的，当需要只改变字节数据的某几位，而其余位不变时，不能使用直接传送方法，只能通过逻辑运算完成。这类指令一般不影响程序状态字（PSW）标志。

3.5.1　逻辑与运算指令（6 条）

这组指令的作用是将两个单元中的内容执行逻辑与操作。如果直接地址是 I/O 地址，则为"读—修改—写"操作，且作为原始口数据的值将从输出口数据锁存器（P0～P3）读入，而不是读引脚状态。逻辑与运算的运算规则为：$0 \cdot 0=0$；$0 \cdot 1=0$；$1 \cdot 0=0$；$1 \cdot 1=1$。

```
ANL  A, Rn       ;（A）←（A）∧（Rn），累加器 A 中的内容和寄存器 Rn 中的内容执行
                 ;逻辑与操作，结果存在累加器 A 中。
ANL  A, direct   ;（A）←（A）∧（direct），累加器 A 中的内容和直接地址单元中的
                 ;内容执行逻辑与操作，结果存在寄存器 A 中。
ANL  A, @Ri      ;（A）←（A）∧（（Ri）），累加器 A 中的内容和工作寄存器 Ri 指向的
                 ;地址单元中的内容执行逻辑与操作，结果存在累加器 A 中。
ANL  A, #data    ;（A）←（A）∧data，累加器 A 中的内容和立即数执行逻辑与操作。
                 ;结果存在累加器 A 中。
ANL  direct, A   ;（direct）←（direct）∧（A），直接地址单元中的内容和累加器 A 中的
                 ;内容执行逻辑与操作，结果存在直接地址单元中。
ANL  direct, #data ;（direct）←（direct）∧data，直接地址单元中的内容和立即数执行
                 ;逻辑与操作。结果存在直接地址单元中。
```

【例 3.29】　设（A）=0FH，（R0）=08DH，执行指令：

```
ANL  A, R0
```

结果：（A）=0DH。

3.5.2　逻辑或运算指令

这组指令的作用是将两个单元中的内容执行逻辑或操作。如果直接地址是 I/O 地址，则为"读—修改—写"操作。同逻辑与指令类似，逻辑或指令用于修改输出口数据时，原始数据值为口锁存器内容。其运算规则为：0+0=0；0+1=0；1+0=1；1+1=1。

```
ORL   A, Rn       ;(A)←(A)∨(Rn)，累加器 A 中的内容和寄存器 Rn 中的内容执行
                  ;逻辑或操作，结果存在累加器 A 中。

ORL   A, direct   ;(A)←(A)∨(direct)，累加器 A 中的内容和直接地址单元中的
                  ;内容执行逻辑或操作，结果存在寄存器 A 中。

ORL   A, @Ri      ;(A)←(A)∨((Ri))，累加器 A 中的内容和工作寄存器 Ri 指向的
                  ;地址单元中的内容执行逻辑或操作，结果存在累加器 A 中。

ORL   A, #data    ;(A)←(A)∨data，累加器 A 中的内容和立即数执行逻辑或操作，
                  ;结果存在累加器 A 中。

ORL   direct, A   ;(direct)←(direct)∨(A)，直接地址单元中的内容和累加器 A 中
                  ;的内容执行逻辑或操作，结果存在直接地址单元中。

ORL   direct, #data ;(direct)←(direct)∨data，直接地址单元中的内容和立即数执行
                    ;逻辑或操作，结果存在直接地址单元中。
```

【例 3.30】　设（P1）=05H，（A）=5AH，执行指令

```
ORL   P1, A
```

结果：（P1）=5FH。

【例 3.31】　将累加器 A 的低 4 位传送到 P1 口的低 4 位，但 P1 口的高 4 位需保持不变。实现此功能的程序段如下：

```
MOV   R0, A       ;A 内容暂存于 R0
ANL   A, #0FH     ;屏蔽 A 的高 4 位（低 4 位不变）
ANL   P1, #0F0H   ;屏蔽 P1 口的低 4 位（高 4 位不变）
ORL   P1, A       ;实现低 4 位传送
MOV   A, R0       ;恢复 A 的内容
```

3.5.3　逻辑异或运算指令

这组指令的作用是将两个单元中的内容执行逻辑异或操作。如果直接地址是 I/O 地址，则为"读—修改—写"操作。其运算规则为：0⊕0=0；1⊕1=0；0⊕1=1；1⊕0=1：

```
XRL   A, Rn       ;(A)←(A)⊕(Rn)，累加器 A 中的内容和寄存器 Rn 中的内容执行
                  ;逻辑异或操作，结果存在累加器 A 中。

XRL   A, direct   ;(A)←(A)⊕(direct)，累加器 A 中的内容和直接地址单元中的
                  ;内容执行逻辑异或操作，结果存在累加器 A 中。

XRL   A, @Ri      ;(A)←(A)⊕((Ri))，累加器 A 中的内容和工作寄存器 Ri 指向的
                  ;地址单元中的内容执行逻辑异或操作，结果存在累加器 A 中。

XRL   A, #data    ;(A)←(A)⊕data，累加器 A 中的内容和立即数执行逻辑异或操作，
                  ;结果存在累加器 A 中。
```

XRL　direct，A　　;（direct）←（direct）⊕（A），直接地址单元中的内容和累加器A中，

　　　　　　　　　　　;的内容执行逻辑异或操作，结果存在直接地址单元中。

XRL　direct，#data　;direct←（direct）⊕ data，直接地址单元中的内容和立即数执行

　　　　　　　　　　　;逻辑异或操作，结果存在直接地址单元中。

【例 3.32】　设（A）=90H，（R3）=73H，执行指令：

　　XRL　A，R3

结果：（A）=0E3H。

【例 3.33】　试分析下列程序执行结果：

　　MOV　A，#0FFH　　　　　;（A）= 0FFH

　　ANL　P1，#00H　　　　　;SFR 中 P1 口清零

　　ORL　P1，#55H　　　　　;P1 口内容为 55H

　　XRL　P1，A　　　　　　 ;P1 口内容为 0AAH

3.5.4　累加器清"0"和取反指令

累加器清"0"指令：

　　CLR　　A　　　　;（A）←0，将累加器中的内容清"0"，不影响 CY、AC、OV 等标志。

累加器按位取反指令：

　　CPL　　A　　　　;（A）←（$\overline{A}$），将累加器中的内容按位取反，不影响标志。

【例 3.34】　设（A）=10101010B，执行指令：

　　CPL　　A

结果：（A）=01010101B。

3.5.5　移位指令（4 条）

1. 累加器内容循环左移（RL）

这条指令的功能是把累加器 A 的内容向左循环移 1 位，$D_{0\sim6}$ 循环移入 $D_{1\sim7}$，如图 3.16 所示，不影响标志。

　　RL　　　　A　　　;（D_{n+1}）←（D_n），$n = 0\sim6$，（D0）←0

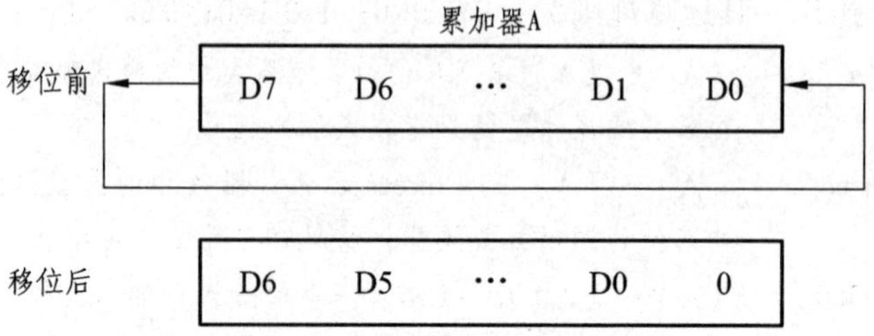

图 3.16　累加器内容循环左移示意图

2. 累加器带进位标志循环左移（RLC）

这条指令的功能是将累加器 A 的内容和进位标志一起向左循环移 1 位，D7 移入进位位 CY，CY 移入 D0，不影响其他标志。

RLC　　　A　　　　　$; (D_{n+1}) \leftarrow (D_n), n = 0 \sim 6, (D0) \leftarrow (CY), (CY) \leftarrow (D7)$

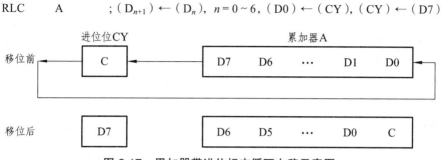

图 3.17　累加器带进位标志循环左移示意图

3. 累加器内容循环右移（RR）

这条指令的功能是将累加器 A 的内容向右循环移 1 位，D_{7-1} 循环移入 $D_{6 \sim 0}$，如图 3.18 所示，不影响标志。

RR　　　A　　　　　$; (D_n) \leftarrow (D_{n+1}), n = 0 \sim 6, D7 \leftarrow 0$

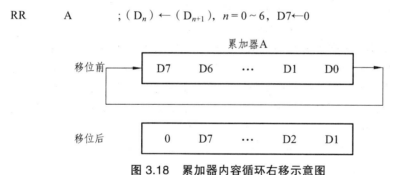

图 3.18　累加器内容循环右移示意图

4. 累加器带进位标志循环右移（RRC）

这条指令的功能是将累加器 A 的内容和进位标志 CY 一起向右循环移一位，D0 移入 CY，CY 移入 D7。

RRC　　　A　　　　　$; (D_n) \leftarrow (D_{n+1}), n = 0 \sim 6, (D7) \leftarrow (CY), (CY) \leftarrow (D0)$

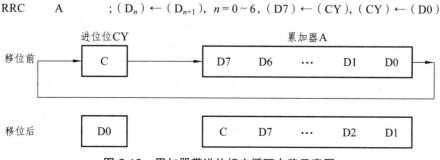

图 3.19　累加器带进位标志循环右移示意图

【例 3.35】　试用三种方法将累加器 A 中无符号数乘以 2。

解：

方法 1：

```
    CLR    C
    RLC    A
```

方法 2：

```
    CLR    C
    MOV    R0, A
    ADD    A, R0
```

方法 3：

```
    MOV    B, #2
    MUL    AB
```

【例 3.36】 已知（A）=00100010=22H，（CY）=1，试分析执行下列指令后 A 的内容。

① CPL   A

② RL   A

③ RR   A

解： ① CPL   A   ；（A）←（ $\overline{A}$ ）=11011101=0DDH

　　　② RL   A   ；（A）←01000100=44H，相当于 A 乘以 2

　　　③ RR   A   ；（A）←00010001=11H，相当于 A 除以 2

在②中，由于累加器 A 中各数左移 1 位，所以各数位权由 2^i 变为 2^{i+1}，增大 1 倍，因此当累加器 A 的最高位 D7=0，左移指令 RL   A 将 A 中内容扩大一倍，即进行 ×2 的操作。

在③中，由于累加器 A 中各位右移 1 位，所以各数位权由 2^i 变为 2^{i-1}，缩小 1 倍，因此当累加器 A 的最低位 D0=0，右移指令 RR   A 将 A 中内容缩小一半，即进行 ÷2 的操作。

【例 3.37】 用循环移位指令编写程序实现下列要求：

① 将 30H 单元中的无符号数 x 乘 2 后传送到 40H、41H 单元中，即

　　（30H）×2→（41H，40H）

② 将 30H 单元中的无符号数 x 除以 2，商存放在 40H 单元中，余数存放在 41H 单元中。

解： 当 30H 单元中的无符号数 x 大于 80H 时，乘 2 后的结果大于 100H，因此乘积用一个存储单元可能放不下，应用两个单元存放。

```
①  MOV    A, 30H        ;将无符号数 x 由 30H 单元传送到累加器 A 中
    CLR    C             ;进位位 CY 清"0"
    RLC    A             ;将累加器 A 与 CY 左移 1 位，即进行 x×2 的操作
    MOV    40H,    A      ;将乘积的低 8 位送入 40H 单元
    CLR    A             ;累加器 A 清"0"
    RLC    A             ;累加器 A 与 CY 左移 1 位，将 CY 移入 A 的最低位 D0 中
    MOV    41H, A         ;将乘积的高位送入 41H 单元
②  MOV    A, 30H         ;将无符号数 x 由 30H 单元传送到累加器 A 中
    CLR    C             ;进位位 CY 清"0"
    RRC A                 ;将累加器 A 与 CY 右移 1 位，即进行 x÷2 的操作
                          ;商在累加器 A 中，余数在 CY 中。
    MOV    40H,    A      ;将商送入 40H 单元
```

CLR	A	;累加器 A 清 "0"
RRC	A	;累加器 A 与 CY 右移 1 位,将余数由 CY 移入 A 中
MOV	41H,A	;将余数送入 41H 单元

由此例可以看出:用带进位循环左移指令 RLC 可将累加器 A 中的无符号数乘以 2,乘积产生的进位存放在 CY 中;用带进位循环右移指令 RRC 可将累加器 A 中的无符号数除以 2,商存放在 A 中,余数存放在 CY 中。

循环移位指令还可用于拼字、拆字等其他程序中,现举例如下。

【例 3.38】   编写拼字与拆字程序。

① 拼字:将 41H 单元与 40H 单元中 7 与 6 的 ASCII 码 37H、36H 拼为十进制数的 BCD 码 76,存放在 50H 单元中,即

$$(41H)=37H↘$$
$$→76→(50H)$$
$$(40H)=36H↗$$

② 拆字:将 50H 单元中十进制的 BCD 码 76,拆为 2 个 BCD 码 07、06,分别存放在 60H 与 61H 单元中,即

$$↗→06→(60H)$$
$$(50H)=76H$$
$$↘→07→(61H)$$

解: ① 拼字的基本思想方法:

要将 ASCII 码 37H、36H 拼为 BCD 码 76,首先应将 37H、36H 与 0FH 进行"与"运算,屏蔽 37H、36H 的高 4 位,变为 07、06,然后再用循环移位指令 4 次,将 07 变为 70,最后将 70 与 06 进行"或"操作即得 BCD 码 76。

拼字程序如下:

MOV	R0,40H	;(R0)←(40H)=36H
ANL	R0,#0FH	;(R0)←(R0)∧0F0H=06H
MOV	50H,R0	;(50H)←(R0)=06H
MOV	A,41H	;(A)←(41H)=37H
ANL	A,#0FH	;(A)←(A)∧0FH=07H
RL	A	;左移
RL	A	
RL	A	
RL	A	
ORL	50H,A	;(50H)←(50H)∨(A)=76H

② 拆字的基本思想方法:

要将 BCD 码 76 拆字为 07、06,只要用"与"指令屏蔽 76 的高 4 位即得 06;将 76 高、低 4 位互换得到 67,再用"与"指令屏蔽 67 的高 4 位即得 07。

拆字程序如下:

MOV	A,50H	;(A)←(50H)=76H
SWAP	A	;(A)←67H
ANL	A,#0FH	;(A)←(A)∧0FH=07H

```
MOV    61H，A      ;（61H）←（A）=07H
MOV    60H，50H    ;（60H）←（50H）=76H
ANL    60H，#0FH   ;（60H）←（60H）∧0FH=06H
```

3.6　MCS-51 单片机的程序控制流指令

控制转移指令用于控制程序的流向，所控制的范围即为程序存储器区间。MCS-51 系列单片机的控制转移指令相对丰富，有可对 64 KB 程序空间地址单元进行访问的长调用、长转移指令，也有可对 2 KB 字节进行访问的绝对调用和绝对转移指令，还有在一页范围内短相对转移及其他无条件转移指令。这些指令的执行一般都不会对标志位有影响。

3.6.1　无条件转移指令

不规定条件的程序转移称为无条件转移。执行完无条件转移指令后，程序就会无条件转移到指令所指向的地址。长转移指令访问的程序存储器空间为 64 KB，绝对转移指令访问的程序存储器空间为 2 KB。MCS-51 单片机共有 4 条无条件转移指令，下面分别介绍。

1. 长转移指令

格式如下：

```
LJMP    addr16    ;PC←addr16，赋予程序计数器新值（16 位地址）
```

执行这条指令时把指令的第二和第三字节分别装入 PC 的高位和低位字节中，无条件地转向指定地址。转移的目标地址可以在 64 KB 程序存储器地址空间的任何地方，不影响任何标志。

【例 3.39】　执行指令

```
LJMP    8100H
```

不管这条跳转指令存放在什么地方，执行时将程序转移到 8100H。

2. 绝对转移指令

格式如下：

```
AJMP    addr11    ;（PC）←（PC）+2；PC0~10←addr11，
                  ;赋予程序计数器新值（11 位地址），PC15~11 不改变，转移范围为 2 KB
```

该指令是 2 KB 范围内的无条件转跳指令，把程序的执行转移到指定的地址。该指令在运行时先将 PC 加 2，然后通过把指令中的 a10~a0→PC10~0，得到跳转目的地址（即 PC15PC14PC13PC12PC11a10a9a8a7a6a5a4a3a2a1a0），送入 PC。目标地址必须与 AJMP 后面一条指令的第一个字节在同一个 2 KB 区域的存储器区内。如果把单片机 64 KB 寻址区分成 32 页（每页 2 KB），则 PC15~PC11（00000B~11111B）称为页面地址（即 0 页~31 页），a10~a0 称为页内地址。但应注意：AJMP 指令的目标转移地址和 AJMP 指令地址不在同一个 2 KB 区域，而是应和 AJMP 指令取出后的 PC 地址（即 PC+2）在同一个 2 KB 区域。例如，若 AJMP 指令地址为 2FFEH，则 PC+2=3000H，故目标转移地址必在 3000H~37FFH 这个 2 KB 区域内。

3. 短转移指令

格式如下：

SJMP　　rel　　　；(PC)←(PC)+2+rel，当前程序计数器先加上 2，
　　　　　　　　　；再加上偏移量，赋予程序计数器新值

这是无条件转跳指令，执行时在 PC 加 2 后，把指令中补码形式的偏移量值加到 PC 上，并计算出转向目标地址。因此，转向的目标地址可以在这条指令前 128 字节到后 127 字节之间。该指令使用时很简单，程序执行到该指令时就跳转到标号 rel 处执行。

【例 3.40】

KRD:SJMP　　rel；

如果 KRD 标号值为 0100H（即 SJMP 这条指令的机器码存放于 0100H 和 0101H 这两个单元中），如需要跳转到的目标地址为 0123H，则指令的第二个字节（相对偏移量）应为：

rel=0123H－0102H=21H

4. 变址寻址转移指令

格式如下：

JMP　@A+DPTR　　；(PC)←(A)+(DPTR)，指令以 DPTR 内容为基址，而以 A 的内容
　　　　　　　　　；为变址，转移的目的地址由 A 的内容和 DPTR 内容之和来确定，
　　　　　　　　　；即目的地址=(A)+(DPTR)，不影响标志。

【例 3.41】　如果累加器 A 中存放待处理命令编号 S0、S1、S2，程序存储器中存放着标号为 TAB 的转移表首址，则执行下面的程序，将根据 A 中命令编号转向相应的命令处理程序。

```
          ORG     1000H
          MOV     DPTR，#TAB  ;将 TAB 所代表的地址送入数据指针 DPTR
          MOV     A，R1       ;从 R1 中取数
          MOV     B，#2
          MUL     AB         ;A 中内容乘以 2，AJMP 语句占 2 个字节，且是连续存放的
          JMP     @A+DPTR    ;跳转
TAB:AJMP          S0         ;跳转表格
          AJMP    S1
          AJMP    S2
S0:                          ;S0 子程序段
S1:                          ;S1 子程序段
S2:                          ;S2 子程序段
          END
```

【例 3.42】　编写单片机的键盘处理程序。

解：单片机的键盘处理方法是：先通过取键值程序将按键键值存放在累加器 A 中，然后通过多路分支程序段的处理，跳转到不同的按键处理程序。如当用户按[MION]键，则取键值程序将[MION]键的键值存放在 A 中（如(A)=10H），然后由多路分支程序跳转到[MION]键处理程序执行，如图 3.20 所示。

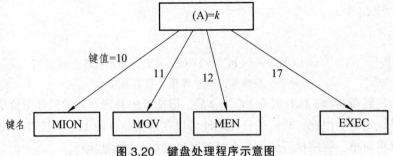

图 3.20　　键盘处理程序示意图

程序如下：

```
MAIN:   ANL     A, #07H             ;屏蔽累加器 A 的高 5 位，保留低 3 位
        MOV     R0, A
        RL      A
        ADD     A, R0               ;累加器 A 内容扩大 3 倍
        MOV     DPTR，#0120H         ;跳转表首地址赋 DPTR
        JMP     @A+DPTR             ;根据（A）中值转跳转表对应指令
        ORG     0120H               ;跳转表起始地址
        LJMP    MON                 ;跳转到 MON 处理程序
        LJMP    MOV                 ;跳转到 MOV 处理程序
        LJMP    MEM                 ;跳转到 MEM 处理程序
        …
        LJMP    EXEC                ;跳转到 EXEC 处理程序
```

3.6.2　条件转移指令

所谓条件转移就是程序转移是有条件的。执行条件转移指令时，如指令中规定的条件满足，则进行程序转移，转移目的地址在下一条指令的起始地址为中心的 256 字节范围内（ – 128 ~ +127）；如指令中规定的条件不满足，则程序顺序执行。程序可利用这组丰富的指令根据当前的条件进行判断，从而控制程序的转向。MCS-51 单片机共有 8 条条件转移指令。

1. 累加器判零转移指令

指令格式如下：

```
        JZ   rel            ;若（A）= 0，则（PC）←（PC）+2+rel，转移到偏移量所指向的地址
                            ;若（A）≠ 0，则（PC）←（PC）+2，顺序执行
        JNZ  rel            ;若（A）≠ 0，则（PC）←（PC）+2+rel，转移到偏移量所指向的地址
                            ;若（A）= 0，则（PC）←（PC）+2，顺序执行
```

【例 3.43】　将外部 RAM 的一个数据块（首址为 DATA1）传送到内部 RAM（首址为 DATA2），当传送的数据为零时停止。

```
START:  MOV     R0, #DATA2          ;置内部 RAM 数据指针
        MOV     DPTR, #DATA1        ;置外部 RAM 数据指针
LOOP1:  MOVX    A, @DPTR            ;外部 RAM 单元内容送到 A
```

```
            JZ        LOOP2              ;判断传送数据是否为零，为零则转移
            MOV       @R0，A              ;传送数据不为零，送入内部 RAM
            INC       R0                 ;修改地址指针
            INC       DPTR
            SJMP      LOOP1              ;继续传送
LOOP2:      RET                          ;结束传送，返回主程序
```

2. 数值比较转移指令

数值比较转移指令在执行时将两个操作数进行比较，并将比较结果作为条件来控制程序转移。若左操作数 = 右操作数，则程序顺序执行，PC←（PC）+3，进位标志位清 "0"，即（CY）=0；若左操作数 > 右操作数，则程序转移，PC←（PC）+3+rel，（CY）=0；若左操作数 < 右操作数，则程序转移，PC←（PC）+3+rel，进位标志位置 "1"，即（CY）=1。

指令格式如下：

```
    CJNE      A，#data，rel   ;若 A≠data，（PC）←（PC）+3+rel，累加器中的内容不等于立即数，
                             ;则转移到偏移量所指向的地址，否则程序顺序执行

    CJNE      A，direct，rel  ;若 A≠（direct），（PC）←（PC）+3+rel，累加器中的内容不等于
                             ;直接地址单元的内容，则转移到偏移量所指向的地址，
                             ;否则程序顺序执行

    CJNE      Rn，#data，rel  ;若（Rn）≠data，（PC）←（PC）+3+rel，工作寄存器 Rn 中的内容不等
                             ;于立即数，则转移到偏移量所指向的地址，否则程序顺序执行

    CJNE      @Ri，#data，rel;若（（Ri））≠data，（PC）←（PC）+3+rel，工作寄存器 Ri 指向地址单元
                             ;中的内容不等于立即数，则转移到偏移量所指向的地址，
                             ;否则程序顺序执行
```

3. 减 1 条件转移指令

减 1 条件转移指令是把减 1 与条件转移两种功能结合在一起的指令，主要用于控制程序循环。如预先为寄存器或内部 RAM 单元赋值循环次数，则利用减 1 条件转移指令，以减 1 后是否为 0 作为转移条件，即可实现按次数控制循环。减 1 条件转移指令共有 2 条，下面分别介绍。

① 寄存器减 1 条件转移指令：

```
    DJNZ      Rn，rel
```

其功能为：寄存器内容减 1，如所得结果为 0，则程序顺序执行，如没有减到 0，则程序转移。具体表示如下：

Rn←（Rn）-1，若（Rn）≠0，则（PC）←（PC）+2+rel；若（Rn）=0，则（PC）←（PC）+2

② 直接寻址单元减 1 条件转移指令：

```
    DJNZ      direct，rel
```

其功能为：直接寻址单元内容减 1，如所得结果为 0，则程序顺序执行；如没有减到 0，则程序转移。具体表示如下：

（direct）←（direct）-1，若（direct）≠0，则（PC）←（PC）+3+rel；若（direct）=0，则（PC）←（PC）+3

【例 3.44】   把 2000H 开始的外部 RAM 单元中的数据送到 3000H 开始的外部 RAM 单元中，数据个数已在内部 RAM 35H 单元中。

```
         MOV    DPTR, #2000H      ;源数据区首址
         PUSH   DPL               ;源首址暂存堆栈
         PUSH   DPH
         MOV    DPTR, #3000H      ;目的数据区首址
         MOV    R2, DPL           ;目的首址暂存寄存器
         MOV    R3, DPH
LOOP:POP    DPH               ;取回源地址
         POP    DPL
         MOVX   A, @DPTR          ;取出数据
         INC    DPTR              ;源地址增量
         PUSH   DPL               ;源地址暂存堆找
         PUSH   DPH
         MOV    DPL, R2           ;取回目的地址
         MOV    DPH, R3
         MOVX   @DPTR, A          ;数据送到目的区
         INC    DPTR              ;目的地址增量
         MOV    R2, DPL           ;目的地址暂存寄存器
         MOV    R3, DPH
         DJNZ   35H, LOOP         ;数据未完，继续循环
         RET                      ;返回主程序
```

【例 3.45】   延时程序。

```
START:SETB  P1.1              ;P1.1←1
DL:   MOV   30H, #03H         ;（30H）←03H（置初值）
DL0:  MOV   31H, #0F0H        ;（31H）←F0H（置初值）
DL1:  DJNZ  31H, DL1          ;（31H）←（31H）－1，如（31H）不为零，则再转 DL1 执行，
                              ;如（31H）为零，则执行后面的指令
         DJNZ  30H, DL0          ;（30H）←（30H）－1，如（30H）不为零，则转 DL0 执行，
                              ;如（30H）为零，则执行后面的指令
         CPL   P1.1              ;P1.1 求反
         AJMP  DL                ;跳转到延时程序开始处，生成下一个波形
```

这段程序的功能是通过延时，在 P1.1 输出一个方波，可以通过改变 30H 和 31H 的初值来改变延时时间，实现改变方波的频率。

在工业控制程序中常常要进行一些多字节数据的算术运算，下面通过具体实例介绍多字节算术运算程序的编写方法。

【例 3.46】   编写 4 字节数据加法程序，实现（33H ~ 30H）+（43H ~ 40H），即将片内地址为 30H ~ 33H 单元的 4 字节数据（如 11223344H）与地址为 40H ~ 43H 单元的 4 字节数据（如 55667788H）相加，相加后的和存放到 30H 到 33H 单元中，如表 3.1 所示。不考虑最高位的进位。

表 3.1 存储器分配示意表

	地址	单元内容
	43H	88H
	42H	77H
加数	41H	66H
R1→	40H	55H
	…	…
	33H	44H
被加数	32H	33H
	31H	22H
R0→	30H	11H

解： 在单片机中，多字节加法运算是从加数与被加数的低字节开始，一个字节一个字节相加，高字节相加时必须考虑低字节相加时的进位，故用带进位的加法指令 ADDC。初始化时用 R0 指向被加数的首地址 30H，用 R1 指向加数的首地址 40H，用 R2 存放加数与被加数的字节数，即循环次数 4，通过 4 次循环完成 4 字节数据的加法任务。其流程图如图 3.21 所示。

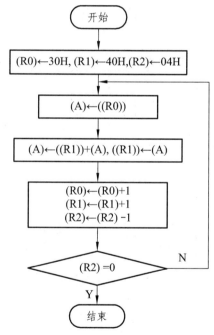

图 3.21 多字节加法运算程序流程图

源程序如下：

```
MAIN:   MOV    R0, #30H        ;循环初始化，地址指针赋初值，即（R0）←30H
        MOV    R1, #40         ;（R1）←40H
        MOV    R2, #04H        ;计数器赋初值，即（R2）←04H
        CLR    C               ;将 CY 清 0
LOOP:   MOV    A, @R0          ;循环体，做两个字节的带进位加法，（A）←（（R0））
        ADDC   A, @R1          ;（A）←（A）+（（R1））
        MOV    @R0, A          ;将和由累加器送到内存单元，即（（R0））←（A）
```

```
        INC    R0          ;循环修改，地址指针 R0 加 1
        INC    R1          ;R1 加 1
        DJNZ   R2，LOOP     ;计数器 R2 减 1，若 R2 非 0 则断续循环相加
LOP:    SJMP   LOP         ;R2 为 0，循环结束
```

对于 4 字节的减法程序，只要将上例程序中的 ADDC 指令改为 SUBB 指令即可。在 ADDC 指令之后加上 DAA 调整指令，则十六进制加法运算变为十进制加法运算。

在一些算法中，常要进行一系列数据的最大值或最小值的查找，下面通过实例介绍这类程序的编写方法。

【例 3.47】 设在片内数据存储地址为 30H～50H 单元中存放有 21H 个无符号数，求出其最大值，并存入 51H 单元中。

解：求最大数的方法是：先将第一个单元 30H 中的数据送入寄存器 B，再将 31H～50H 中的数依次与 B 中的数比较，若比 B 中数大，则将此数保留下来赋给 B，若比 B 中数据小，则不保留此数，再比较下一个数，直到比完为止。此时，B 中的数为最大数。最后，将 B 中的最大数送入 51H 单元。简单地说，求最大值的方法是：留下大的数，舍弃小的数。程序流程图如图 3.22 所示。

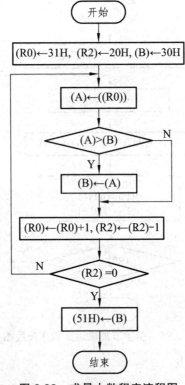

图 3.22 求最大数程序流程图

源程序如下：

```
MAIN:   MOV    R0，#31H      ;（R0）←31H
        MOV    R2，#20H      ;（R2）←20H
        MOV    B，30H        ;（B）←（30H）
LOOP:   MOV    A，@R0        ;（A）←（（R0））
```

	CJNE	A，B，NEXT	;将 A 中的数与 B 中的数相比较
NEXT:	JC	NEXT1	;若（CY）= 1，即（A）<（B），则转向 NEXT1
	MOV	B，A	;否则（A）>（B），则（B）←（A），将大数赋给 B
NEXT1:	INC	R0	;指针 R0 加 1，指向下一个单元
	DJNZ	R2，LOOP	;计数器 R2 减 1，非 0 则断续找最大值
	MOV	51H，B	;将最大值赋给 51H 单元
LOP:	SJMP	LOP	;

3.6.3　调用和返回指令

子程序是为了便于程序的编写，减少那些需反复执行的程序占用多余的地址空间而引入的程序分支。当需要用到它们时，就用一个调用命令使程序按调用的地址去执行，这就需要子程序的调用指令和返回指令。

调用指令在主程序中使用。而返回指令则应该是子程序的最后一条指令，执行完这条指令之后，程序返回主程序断点处继续执行。为保证正确返回，每次调用子程序时自动将下条指令地址保存到堆栈，返回时按先进后出原则把地址弹出到 PC 中，如图 3.23 所示。

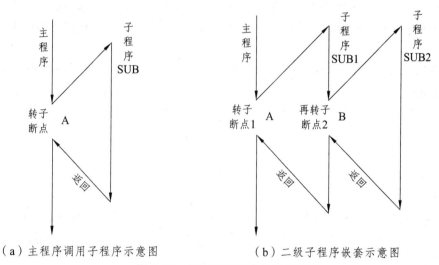

（a）主程序调用子程序示意图　　　　　　（b）二级子程序嵌套示意图

图 3.23　调用返回指令执行示意图

1. 绝对调用指令

指令格式如下：

　　ACALL　addr11

这条指令无条件地调用入口地址指定的子程序。指令执行时，PC 的内容加 2，获得下条指令的地址，并把这 16 位地址压入堆栈，栈指针加 2。然后，把指令中的 a10～a0 值送入 PC 中的 P10～P0 位，PC 的 P15～P11 不变，即

　　　　（PC）←（PC）+ 2

　　　　（SP）←（SP）+ 1，（SP）←（PC7～0）

（SP）←（SP）+1,（SP）←（PC15~8）

（PC10~0）←addr11

子程序的起始地址必须与 ACALL 后面一条指令的第一个字节在同一个 2 KB 区域的存储器内。指令的操作码与被调用的子程序的起始地址的页号有关。在实际使用时，addr11 可用标号代替，上述过程多由汇编程序去自动完成。应该注意的是，该指令只能调用当前指令 2 KB 范围内的子程序，这一点从调用过程也可发现。

【例 3.48】 设（SP）=70H，标号地址 HERE 为 0123H，子程序 SUB 的入口地址为 0345H，执行指令：

　　　　HERE:　ACALL　SUB
结果：（SP）=72H，堆栈区内（71H）=25H，（72H）=01H，（PC）=0345H。

2. 长调用指令

指令格式如下：

　　　　LCALL　addr16

这条指令执行时把 PC 的内容加 3，获得下一条指令首地址，并把它压入堆栈（先低字节后高字节），然后把指令的第二、第三字节（a15~a8，a7~a0）装入 PC 中，转去执行该地址开始的子程序。这条指令可以调用存放在存储器中 64 KB 范围内任何地方的子程序。指令执行后不影响任何标志。在使用该指令时 addr16 一般采用标号形式，上述过程多由汇编程序去自动完成。

【例 3.49】 设（SP）=70H，标号地址 START 为 0100H，标号 MIR 为 8100H，执行指令：

　　　　START:　LCALL　MIR
结果：（SP）=72H，（71H）=03H，（72H）=01H，（PC）=8100H。

3. 返回指令

返回指令共有 2 条，为子程序返回指令和中断返回指令。

① 子程序返回指令。

执行子程序返回指令时，从堆栈中自动取出断点地址送给程序计数器 PC，使程序在主程序断点处继续向下执行。该指令通常安排在子程序的末尾，使程序能从子程序返回到主程序。指令格式如下：

　　　　RET　　;子程序返回指令，此时（PC15~8）←（SP），（SP）←（SP）-1，（PC7~0）←（SP），
　　　　　　　　;（SP）←（SP）-1

② 中断返回指令。

这条指令的功能和 RET 指令相似,不同之处是:本指令清除了中断响应时被置 1 的 MCS-51 内部中断优先级寄存器的优先级状态。中断程序完成后，一定要执行一条 RETI 指令。执行这条指令后，CPU 将会把堆栈中保存的地址取出，送回 PC，那么程序就会从主程序的中断处继续往下执行。指令格式如下：

　　　　RETI　　;中断服务子程序返回指令，除具有 RET 功能外，还具有恢复中断逻辑的功能，
　　　　　　　　;需注意的是，RETI 指令不能用 RET 代替

3.6.4 空操作指令

空操作指令也是一条控制指令，即控制 CPU 不作任何操作，只消耗一个机器周期的时间。空操作指令是单字节指令，因此执行后 PC 加 1，时间延续一个机器周期。空操作指令常用于程序的等待或时间的延迟。指令格式如下：

```
NOP        ;PC←（PC）+1
```

3.7 MCS-51 单片机的位操作指令

位操作功能是 MCS-51 系列单片机的一个重要特征，这是出于实际应用需要而设置的。位变量也即开关变量，它是以位为单位进行操作的。在物理结构上，MCS-51 单片机有一个位处理机，它以进位标志作为累加位，以内部 RAM 可寻址的 128 位为存储位。由于 MCS-51 单片机有布尔处理机功能，所以也就有相应的位操作指令集，位操作指令共 17 条。

3.7.1 位数据传送指令

这组指令的功能是把由源操作数指出的布尔变量送到目的操作数指定的位中去。其中一个操作数必须为进位标志，另一个操作数可以是任何直接寻址位。该指令不影响其他寄存器和标志。指令格式如下：

```
MOV      C，bit           ;（CY）←（bit），某位数据送入 CY
MOV      bit，C           ;（bit）←（CY），CY 数据送入某位
```

【例 3.50】

```
MOV      C，06H           ;（CY）←（20H.6）
MOV      P1.0，C          ;（P1.0）←（CY）
```

【例 3.51】 设（CY）=1，（P3）=0C2H，（P1）=35H，执行下列指令后，（P1）、（P3）等于多少？

```
MOV      P1.3，C
MOV      C，P3.3
MOV      P1.2，C
```

解：
```
MOV      P1.3，C           ;（P1.3）←（CY）=1
MOV      C，P3.3           ;（CY）←（P3.3）=0
MOV      P1.2，C           ;（P1.2）←（CY）=0
```

执行 3 条指令后，（P1）=00111001，（P3）=11000010。

【例 3.52】 设（20H）=01111111=7FH，执行下列指令后，20H 单元内容为多少？

```
MOV      C，07H
MOV      00H，C
```

解：
```
MOV      C，07H           ;（CY）←（07H）=（20H.7）=0
MOV      00H，C           ;（20H.0）=（00H）←（CY）=0
```

执行 2 条指令后，（20H）=01111110=7EH。

3.7.2　位变量修改指令

这些指令对 CY 及可寻址位进行置位或复位操作，不影响其他标志。指令格式如下：

```
SETB    C        ;（CY）←1，清 CY
SETB    bit      ;（bit）←1，清某一位
CLR     C        ;（CY）←0，置位 CY
CLR     bit      ;（bit）←0，置位某一位
```

【例 3.53】

```
SETB    P1.7     ;（P1.7）←1
CLR     C        ;（CY）←0
CLR     27H      ;（24H.7）←0
```

【例 3.54】　编程将内部数据存储器 40H 单元的第 0 位和第 7 位置"1"，其余位取反。

解： 根据题意编制程序如下：

```
MOV     A, 40H
CPL     A
SETB    ACC.0
SETB    ACC.7
MOV     40H, A
```

3.7.3　位变量逻辑与、或指令

位运算都是逻辑运算，有与、或、非三种指令。

1. 位变量逻辑与

这组指令的功能是：如果源操作数的布尔值是逻辑 0，则进位标志清"0"否则进位标志保持不变。操作数前斜线"/"表示取寻址位的逻辑非值，但不影响本身值，也不影响别的标志。源操作数只有直接位寻址方式。指令格式如下：

```
ANL     C, bit   ;（CY）←（CY）∧（bit），
ANL     C, /bit  ;（CY）←（CY）∧（bit̄）
```

【例 3.55】　设 P1 为输入口，P3.0 用作输出线，执行下列命令：

```
MOV     C, P1.0   ;（CY）←（P1.0）
ANL     C, P1.1   ;（CY）←（CY）∧（P1.1）
ANL     C, /P1.2  ;（CY）←（CY）∧（P1.2̄）
MOV     P3.0, C   ;（P3.0）←（CY）
```

结果：（P3.0）=（P1.0）∧（P1.1）∧（$\overline{P1.2}$）。

2. 位变量逻辑或

这组指令的功能是：如果源操作数的布尔值为 1，则置位进位标志，否则进位标志 CY 保持原来状态。同样斜线"/"表示逻辑非。指令格式如下：

ORL　　　C，bit　　　　;（CY）←（CY）∨（bit）

ORL　　　C，/bit　　　　;（CY）←（CY）∨（$\overline{\text{bit}}$）

【例 3.56】　P1 口为输出口，执行下列指令：

MOV　　　C，00H　　　　;（CY）←（20H.0）

ORL　　　C，01H　　　　;（CY）←（CY）∨（20H.1）

ORL　　　C，02H　　　　;（CY）←（CY）∨（20H.2）

ORL　　　C，03H　　　　;（CY）←（CY）∨（20H.3）

ORL　　　C，04H　　　　;（CY）←（CY）∨（20H.4）

ORL　　　C，05H　　　　;（CY）←（CY）∨（20H.5）

ORL　　　C，06H　　　　;（CY）←（CY）∨（20H.6）

ORL　　　C，07H　　　　;（CY）←（CY）∨（20H.7）

MOV　　　P1.0，C　　　　;（P1.0）←（CY）

结果：内部 RAM 的 20H 单元中只要有一位为 1，则 P1.0 输出就为 1。

【例 3.57】　用位操作指令求如下逻辑方程：

P1.7 = ACC.0 ×（B.0+P2.1）+ $\overline{\text{P3.2}}$

解：程序如下：

MOV　　　C，B.0

ORL　　　C，P2.1

ANL　　　C，ACC.0

ORL　　　C，/P3.2

MOV　　　P1.7，C

3. 位变量逻辑非

该指令将操作数指出的位取反，不影响其他标志。指令格式如下：

CPL　　　C　　　　;（CY）←（$\overline{\text{CY}}$）

CPL　　　bit　　　　;（bit）←（$\overline{\text{bit}}$）

【例 3.58】

CPL　　　08H　　　　;（21H.0）←（$\overline{\text{21H.0}}$）

使用 80C51 单片机的位操作指令，可实现各种数字逻辑电路的功能，现举例说明。

【例 3.59】　编程实现图 3.24 所示逻辑电路的功能。

解：MOV　　　C，P1.1　　　;（C）←（P1.1）

ANL　　　C，P1.2　　　;（C）←（C）∧（P1.2）

MOV　　　20H.0，C　　　;（20H.0）←（C）

MOV　　　C，P1.3　　　;（C）←（P1.3）

ORL　　　C，/P1.4　　　;（C）←（C）∨（$\overline{\text{P1.4}}$）

ANL　　　C，/20H.0　　　;（C）←（C）∧（$\overline{\text{20H.0}}$）

MOV　　　P1.5，C　　　;（P1.5）←（C）

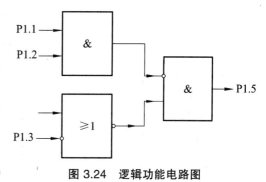

图 3.24　逻辑功能电路图

3.7.4　位变量条件转移指令

位变量条件转移指令以位的状态作为实现程序转移的判断条件，共 5 条，可分为 2 组。

① 以 C 状态为条件的转移指令：

    JC　　　　rel　　;（CY）=1 转移，（PC）←（PC）+2+rel，否则程序顺序执行，（PC）←（PC）+2

    JNC　　　rel　　;（CY）=0 转移，（PC）←（PC）+2+rel，否则程序顺序执行，（PC）←（PC）+2

② 以位状态为条件的转移指令：

    JB　　　bit, rel　　;位状态为 "1" 时转移

    JNB　　bit, rel　　;位状态为 "0" 时转移

    JBC　　bit, rel　　;位状态为 "1" 时转移，并使该位清 "0"

以位状态为条件的转移指令都是三字节指令，如果条件满足，（PC）←（PC）+3+rel，否则程序顺序执行，（PC）←（PC）+3。

【例 3.60】　编写程序完成下列要求。

$$若 (30H) \begin{cases} \geqslant (31H), & 则 (30H) - (31H) \rightarrow (32H) \\ < (31H), & 则 (30H) + (31H) \rightarrow (32H) \end{cases}$$

解：编写此题程序，应先用 30H 单元内容减去 31H 单元内容，然后根据 CY 中的值用判断转指令实现题意要求。程序流程图如图 3.25 所示。

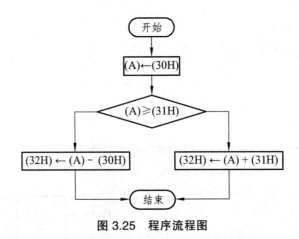

图 3.25　程序流程图

源程序如下：

```
MAIN:   MOV     A, 30H      ;（A）←（30H）
        CLR     C
        SUBB    A, 31H      ;（A）←（A）-（31H）
        JNC     NEXT        ;（30H）≥（31H），则转到 NEXT
        MOV     A, 30H      ;（A）←（30H）
        ADD     A, 31H      ;（A）←（A）+（31H）
NEXT:   MOV     32H, A      ;（32H）←（A）
LOP:    SJMP    LOP
```

【例 3.61】　编程实现如下分支函数，由自变量 X 求函数 Y 的值，自变量 X 存入 30H 单元，函数 Y 存入 31H 单元，地址单元及内容分配如下：

地址	内容
39H	10H
…	1EH
34H	00H
33H	00H
32H	00H
31H	0CH
30H	05H

$$Y=\begin{cases}2X-2; & X>5 \\ 2X+2; & X=5 \\ -5; & X<5\end{cases}$$

解：在计算机中负数一般用补码表示，所以当 X＜5 时，将其补码：$[-5]_{补码}$=100H－5=FBH 送入 Y 单元中。程序流程图如图 3.26 所示。

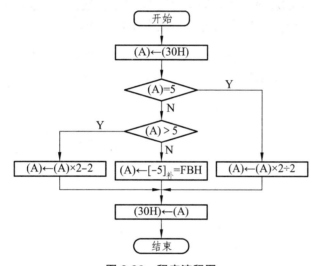

图 3.26　程序流程图

源程序如下：

MAIN:	MOV	A，30H	；（A）←（30H）=X
	CJNE	A，#05H，NEXT	；当（A）≠5 时转移到 NEXT 处执行
	RL	A	；当（A）=5 时，（A）←（A）×2
	ADD A，#02H		；（A）←（A）+2
	SJMP	L00	；转到 L00 处执行
NEXT:	JNC	L10	；当（A）>5 时转到 L10，当（A）<5 时顺序执行
	MOV	A，#0FBH	；（A）←$[-5]_{补码}$=100H－5=FBH
	SJMP	L00	；转 L00
L10:	RL	A	；（A）←（A）×2
	CLR	C	；（CY）←0
	SUBB	A，#02	；（A）←（A）－2

```
L00:    MOV    31H，A              ；（31H）←（A）
LOP:    SJMP   LOP
```

练习与思考

1. MCS-51 汇编语言有哪几种寻址方式？举例说明它们是怎样寻址的。

2. MCS-51 汇编语言中有哪些常用的指令？各起什么作用？

3. 编程将内部 RAM 20H 单元的内容传送给外部 RAM 2000H 单元。

4. 试说明下列各题中的两条指令有什么异同。

① MOV A，R1 与 MOV 0E0H，R1

② MOV A，P0 与 MOV A，80H

③ LOOP: SJMP 与 LOOP: SJMP $

5. 试编写 8 字节外部数据存储器到内部数据存储器的数据块传送程序，外部数据存储器地址范围为 40H～47H，内部数据存储器地址范围为 30H～37H。

第 4 章　单片机 C51 程序设计

随着单片机的广泛应用及单片机日益复杂化，单片机的开发应用逐渐引入了高级程序设计语言，以提高单片机移植性以及程序开发效率，C51 语言就是其中一种。对于习惯了汇编语言编程的人来说，高级语言的可控制性不好，不如汇编语言那样随心所欲。但是使用汇编语言会遇到很多问题，首先它的可读性和可维护性不强，特别是当程序没有很好地标注时代码的可重用性不强。而 C51 语言就可以很好地解决这些问题。针对 C51 语言的应用，本章将主要讲述 C51 语言的编程基础及 Keil C51 单片机程序开发。

应用 C51 语言编写程序具有以下优势：

- 不要求了解处理器的指令集，也不必了解存储器的结构。
- 寄存器分配和寻址方式由编译器管理，编程时不必考虑存储器的寻址。
- 可使用与人的思维更接近的关键字和操作函数。
- 可使用 C51 语言库文件的许多标准函数。
- 通过 C 语言的模块化编程技术，可以将已编制好的程序加到新的程序中。
- C51 语言编译器几乎适用于所有的目标系统,已完成的软件项目可以很容易地转移到其他微处理器和环境中。

4.1　C51 语言概述

C51 和 ANSI C 只在一些小的方面有差异，这些差异可以分成与编译器相关的差异和与缓冲相关的差异。

1. 宽字符

C51 不支持宽 16 位字符，而 ANSI C 支持宽 16 位字符。

2. 递归函数调用

递归函数必须用 return 函数属性声明。可重入函数可被递归调用，因为局部数据和参数保存在可重入堆栈中。通常不用 return 属性声明的函数对函数的局部数据使用静态存储段，对这些函数的递归调用会改写前面函数调用例程的局部数据。

3. 与库相关的差异

部分 ANSI C 标准库与 C51 库不同，具体如下：

（1）ANSI C 标准库与 C51 库相同的部分：

abs	cosh	isdjit	acos	exp	isgraph	asin	fabs	islower	atan
floor	isprint	atan2	fmod	ispunct	atof	free	isspace	atoi	getcbx
isupper	atoll	gets	isxdigit	calloc	isalnum	labs	cejl	isalpha	log
cos	iscntrl	log10	logjmp	sin	strrchr	malloc	sinh	strspn	mcmchr
sprintf	strstr	memcmp	sqrt	strtod	mcmcpy	srand	strtol	memmove	sscanf
strtoul	memset	sbcat	tan	modf	strchr	tanh	pow	strcmp	tolower
printf	strcpy	toupper	putchar	strcspn	va_arg	puts	strlen	va_end	rand
strncat	va_start	relloc	stmcmp	vprintf	scanf	strncpy	vsprintf	setjmp	strpbrk

（2）下面的 ANSI 标准库不在 C51 库中：

abort	freopen	remove	asctime	frexp	rename	atexit	fscanf	rewind	bsearch
fseek	setbuf	clearerr	fsetpos	setlocale	clock	fetll	setvbuf	ctime	fwrite
signal	difftime	getc	strcoll	div	getenv	strerror	exit	gmtime	strtime
fclosr	ldesp	strtok	feof	ldiv	strxfrm	ferror	localecony	system	fflush
localtime	time	fgets	mblen	tmpfile	fgetpos	mbstowcs	tmpnam	fgets	mbtowc
ungetc	fopen	mktime	vfprinf	fprintf	perror	wcstombs	fputc	putc	wctomb
fputs	qsort	fread	raise						

（3）下面的程序不包括在 ANSI 标准库中，但在 C51 库中：

acos517	_iror_	strops	asin517	log105l7	strrpbrk	atan517	log517	strrpos	atof517
lrol	strtod517	cabs	_lror_	tan517	_chkfloat_	memccpy	_testbit_	cos517	_nop_
Oascii	_crol_	printf517	toint	_cror_	scanf517	_tolower	exp517	sin517	_toupper
_getkey	sprintf5l7	ungetchar	init_mempool	sqrt517	_irol_	sscanf517			

4.2　C51 语言的基本语法

4.2.1　基本数据类型

数据在计算机内存中的存放情况由数据结构决定。C51 语言的数据结构是由数据类型决定的。数据类型可分为基本数据类型和复杂数据类型，复杂数据类型由基本数据类型构成。在标准的 C 语言中，基本数据类型包括 char、int、short、long、float 和 double，而在 C51 编译器中，int 和 short 相同。表 4.1 中列出了 Keil C51 编译器所支持的数据类型，下面具体说明其含义。

表 4.1　C51 基本数据类型

数据类型	长度	值域
unsigned char	单字节	0 ~ 255
signed char	单字节	− 128 ~ +127
unsigned int	双字节	0 ~ 65 535
signed int	双字节	− 32 768 ~ +32 767
unsigned long	4 字节	0 ~ 4 294 967 295
signed long	4 字节	− 2 147 483 648 ~ +2 147 483 647
float	4 字节	$\pm 1.175494E-38 \sim \pm 3.402823E+38$
*	1 ~ 3 字节	对象的地址
bit	位	0 或 1
str	单字节	0 ~ 255
str16	双字节	0 ~ 65 535
sbit	位	0 或 1

1. char（字符）

char 类型的长度是一个字节，通常用于定义处理字符数据的变量或常量。它分为无符号字符类型 unsigned char 和有符号字符类型 signed char 两种，默认值为 signed char 类型。

unsigned char 类型用字节中的所有位来表示数值，可以表达的数值范围是 0 ~ 255。

signed char 类型用字节中最高位表示数据的符号，"0" 表示正数，"1" 表示负数。负数用补码表示。它所能表示的数值范围是 − 128 ~ 127。unsigned char 常用于处理 ASCII 字符或处理小于或等于 255 的整型数。

2. int（整型）

int 类型的长度为两个字节，用于存放一个双字节数据。它分为有符号整型 signed int 和无符号整型 unsigned int 两种，默认值为 signed int 类型。signed int 表示的数值范围是 − 32 768 ~ +32 767。字符中最高位表示数据的符号，"0" 表示正数，"1" 表示负数。unsigned int 表示的数值范围是 0 ~ 65 535。

3. long（长整型）

long 类型的长度为 4 个字节，用于存放一个 4 字节数据。它分为有符号长整型 signed long 和无符号长整型 unsigned long 两种，默认值为 signed long 类型。signed long 表示的数值范围是 − 2 147 483 648 ~ +2 147 483 647。字节中最高位表示数据的符号，"0" 表示正数，"1" 表示负数。unsigned long 表示的数值范围是 0 ~ 4 294 967 295。

4. bit（位标量）

bit 是 C51 编译器的一种扩充数据类型，利用它可定义一个位标量，但不能定义位指针，也不能定义位数组。它的值是一个二进制位，不是 0 就是 1，类似于一些高级语言中的布尔类型中的真和假。

5. sfr（特殊功能寄存器）

sfr 也是一种扩充数据类型，占用一个内存单元，值域为 0～255。利用它可以访问 51 单片机内部的所有特殊功能寄存器。比如用 "sfr P1 = 0x90" 可定义 P1 端口寄存器的地址为 0x90。

6. sfr16（2 字节特殊功能寄存器）

sfr16 占用两个内存单元，值域为 0～65 535。sfr16 和 sfr 一样用于操作特殊功能寄存器，所不同的是它用于操作时占两个字节的寄存器，比如定时器 T0 和 T1。当然 sfr16 也可以像 sfr 一样用一个字节的方式访问，比如定时器 T2，可以分别以 TL2 和 TH2 进行访问。

7. sbit（可寻址位）

sbit 是 C51 语言中的一种扩充数据类型，利用它可以访问芯片内部 RAM 中的可寻址位或特殊功能寄存器中的可寻址位。比如先定义：

```
sfr   P1=0x90 ;        //因 P1 端口的寄存器是按位寻址的，所以可以这样定义
sbit  P1_1=P1^1;       //P1_1 为 P1 中的 P1.1 引脚
                       //同样可以用 P1.1 由地址去写，如 sbit   P1_1=0x91;
```

这样在以后的程序语句中就可以用 P1_1 来对 P 1.1 引脚进行读写操作了。

在 C51 中，为了用户处理方便，C51 编译器把 MCS-51 单片机的特殊功能寄存器和特殊位进行了定义，放在一个 "reg51.h" 或 "reg52.h" 的头文件中。当用户要使用时，只需要在使用之前用一条预处理命令 "#include <reg52.h>" 把这个头文件包含到程序中，然后就可以使用特殊功能寄存器和特殊位名称。

4.2.2　运算符和表达式

运算符就是完成某种特定运算的符号，按照不同的分类标准有不同分类方式。

运算符按其在表达式中所起的作用，可分为赋值运算符、算术运算符、增量与减量运算符、关系运算符、逻辑运算符、位运算符、复合运算赋值运算符、逗号运算符、条件运算符、指针和地址运算符、强制类型转换运算符和 sizeof 运算符等；

运算符按其在表达式小与运算对象的关系可分为单目运算符、双目运算符和三目运算符。单目是指需要一个运算对象，双目就是要求有两个运算对象，三目则是要求有 3 个运算对象。表达式则是由运算及运算对象所组成的具有特定含义的式子。

C51 是一种表达式语言，表达式后面加分号 ";" 就构成了一个表达式语句。掌握各个运算符的意义和使用规则，对于编写正确的 C51 语言程序是十分重要的。

1. 赋值运算符

在 C51 中"＝"的功能是给变量赋值，称之为赋值运算符。利用赋值运算符将一个变量与一个表达式连接起来的式子为赋值表达式。在表达式后面加";"，便构成了赋值语句。使用"＝"的赋值表达式具体格式为：

　　　　变量=表达式；

该语句的意义是先计算出表达式的值（右边），然后将值赋给变量（左边）。式中的"表达式"还可以是一个赋值表达式，即 C51 语言允许进行多重赋值，例如：

　　　　x=10;　　　　//将常数 10 赋给变量 x//

　　　　x=y=5;　　　 //将常量 5 同时赋给变量 x 和 y//

这些都是合法的赋值语句。在使用赋值运算符"＝"时应注意不要与关系运算符"=="混淆：运算符"＝"用来给变量赋值，运算符"=="用来进行相等关系运算。

2. 算术运算符

C51 中的算术运算符如表 4.2 所示。其中，单目运算符只有取正值和取负值的运算符，其他则都是双目运算符。

表 4.2　C51 算数运算符

符　号	含　义
+	加或取正值运算符
−	减或取负值运算符
*	乘运算符
/	除运算符
%	取余运算符

用算术运算符将运算对象连接起来的式子即为算术表达式。算术表达式的一般格式为：

　　表达式 1　算术运算符　表达式 2

例如：x+y/（a−b）、（a+b）*（x−y）都是合法的算术表达式。

C51 语言中规定了运算符的优先级和结合性。在求一个表达式的值时，要按运算符的优先级别进行运算。算术运算符中取负值（−）的优先级最低。需要时可在算术表达式中采用圆括号来改变运算符的优先级。例如，在计算表达式 x+y/（a−b）的值时，首先计算（a−b），然后计算 y/（a−b），最后计算 x+y/（a−b）。

如果在一个表达式中各个运算符的优先级别相同，则计算时按规定的结合方向进行。例如，计算表达式 x+y−z 的值，由于+和−优先级相同，计算时按"从左到右"的结合方向，先计算 x+y，再计算（x+y）−z。这种"从左到右"的结合方向称为"左结合性"。若计算时按"从右到左"的结合方向，先计算 x+y，再计算 z−（x+y），这种"从右到左"的结合方向称为"右结合性"。

3. 增量和减量运算符

C51 语言中除了基本的加减乘除运算符之外，还提供一种特殊的运算符：

```
++    //增量运算符
--    //减量运算符
```

增量和减量运算符是 C51 语言中一种特殊的运算符，它们的作用分别是对运算对象作加 1 和减 1 运算。例如：++i，i++，--j，j--等。

4. 关系运算符

C51 语言共提供了 6 种关系运算符，如表 4.3 所示。

表 4.3　C51 关系运算符

符　号	含　义
<	小于
<=	小于等于
>	大于
>=	大于等于
==	等于
!=	不等于

用关系运算符将两个表达式连接起来的式子称为关系表达式。关系表达式的一般形式如下：

　　　表达式 1　关系运算符　表达式 2

关系表达式的值只有两种可能，即"真"和"假"。如果运算结果是"真"，用数值"1"表示；如果运算结果是"假"，则用数值"0"表示。

5. 逻辑运算符

C51 语言提供了 3 种逻辑运算符："＆＆"（逻辑与）、"||"（逻辑或）和"!"（逻辑非）。逻辑表达式的一般形式为：

逻辑与：表达式 1&&表达式 2

逻辑或：表达式 1||表达式 2

逻辑非：! 条件式

逻辑运算符的优先级如图 4.1 所示。

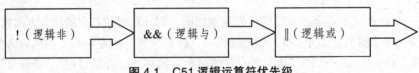

图 4.1　C51 逻辑运算符优先级

C51 语言编译系统在给出逻辑运算的结果时，用"1"表示真，用"0"表示假，但是在判断一个量是否是"真"时，以"0"代表"假"，而以"1"代表"真"。

进行逻辑与运算时，首先对条件式 1 进行判断，如果结果为真（非 0 值），则继续对条件式 2 进行判断，当结果也为真时，表示逻辑运算的结果为真（值为 1）；反之，如果条件式 1 的结果为假，则不再判断条件式 2，逻辑运算的结果为假（值为 0）。进行逻辑或运算时，只要两个条件式中有一个为真，逻辑运算的结果便为真（值为 1），只有当条件式 1 和条件式 2 均不成立时，逻辑运算的结果才为假（值为 0）。进行逻辑非运算时，对条件式的逻辑值直接取反。

6. 位运算符

位运算符是用来进行二进制运算的运算符，包括逻辑位运算符和移位运算符，如表 4.4 所示。

表 4.4   C51 位运算符

~	&	│	<<	>>
按位取反	按位与	按位或	左移	右移

位运算表达式的一般形式如下：

> 变量 1   位运算符   变量 2

位运算符也有优先级，如图 4.2 所示。

图 4.2   位运算符的优先级

7. 复合赋值运算符

复合赋值运算符就是在赋值运算符"="的前面加上其他运算符。如表 4.5 所示为 C51 语言的复合赋值运算符。

表 4.5   C51 复合赋值运算符

符　号	含　义
+=	加法赋值
>>=	右移位赋值
-=	减法赋值
&=	逻辑与赋值
*=	乘法赋值
│=	逻辑或赋值
/=	除法赋值
<<=	左移位赋值
^=	逻辑异或赋值
%=	取模赋值
~ =	逻辑非赋值

复合运算的一般形式为：

> 变量   复合赋值运算符   表达式

其含义就是变量与表达式先进行运算符所要求的运算，再把运算结果赋值给参与运算的变量。

8. 逗号运算符

在 C51 语言中，逗号是一种特殊的运算符，也就是逗号运算符，可以用它将两个或多个表达式连接起来，形成逗号表达式。逗号表达式的一般形式为：

表达式 1，表达式 2，表达式 3，…表达式 n

在程序运行时，用逗号运算符组成的表达式是从左到右计算出各个表达式的值，而整个用逗号运算符组成的表达式的值等于最右边表达式的值，也就是"表达式 n"的值。

9. 条件运算符

C51 语言中提供了唯一的一个三目运算符，即条件运算符，它将三个表达式连接起来构成条件表达式。条件表达式的一般形式如下：

逻辑表达式? 表达式 1：表达式 2

条件运算符的作用简单来说就是根据逻辑表达式的值选择使用表达式的值。当逻辑表达式的值为真（非 0 值）时，整个表达式的值为表达式 1 的值；当逻辑表达式的值为假（值为 0）时，整个表达式的值为表达式 2 的值。

10. 指针与地址运算符

C51 语言提供了两个特别的运算符：*用于取地址里的内容；& 用于取地址。取内容和取地址运算的一般形式分别为：

变量=*指针变量

指针变量=&目标变量

取内容运算是将指针变量所指向的目标变量的值赋给左边的变量。取地址运算是将目标变量的地址赋给左边的变量。

11. 强制类型转换运算符

C51 语言中的"（　）"就是强制类型转换运算符，它的作用是将表达式或变量的类型强制转换成所指定的类型。强制类型转换运算符的一般使用形式为：

（类型）表达式

显示类型转换在给指针变量赋值时特别有用，例如，预先在 8051 单片机外部数据存储器（xdata）中定义了一个字符型指针变量 px，如果想给这个指针变量赋一初值 0xB000，可以写成：px =（char　xdata *）0xB00。这种方法特别适合于用标示符来存取绝对地址。

12. Sizeof 运算符

C51 语言提供了一种用于求取数据类型、变量以及表达式的字节数的运算符：sizeof。该运算符的一般使用形式为：

sizeof（表达式）或 sizeof（数据类型）

4.3　C51 程序基本结构及基本语句

4.3.1　程序结构

C51 语言是一种结构程序设计语言，程序由若干模块组成，每个模块包含若干基本结构，每个基本结构中可以有若干语句。C51 语言有 3 种基本结构：顺序结构、选择结构和循环结构。

1. 顺序结构

顺序结构是最基本、最简单的结构，在这种结构中，程序由低地址到高地址依次执行。

2. 选择结构

选择结构可使程序根据不同的情况，选择执行不同的分支。在选择结构中，程序先对条件进行判断，当条件成立，即条件语句"真"时，执行一个分支，当条件不成立，即条件语句为"假"时，执行另一个分支。

在 C51 中，实现选择结构的语句为 if/else、if/else if 语句。另外，在 C51 中还支持多分支结构。多分支结构既可以通过 if 和 else if 语句嵌套实现，也可用 switch/case 语句实现。

3. 循环结构

在程序处理过程中，有时需要将某一段程序重复执行多次，这就需要循环结构来实现。循环结构就是能够使程序重复执行的结构。循环结构又分为两种：当（while）型循环结构和直到（do...while）型循环结构。

（1）当型循环结构：当条件 P 成立（为"真"）时，重复执行语句 A，直到条件不成立（为"假"）时才执行后面的程序。

（2）直到型循环结构：先执行语句 A，再判断条件 P，当条件成立（为"真"）时，重复执行语句 A，直到条件不成立（为"假"）时才执行后面的程序。

构成循环结构的语句主要有：while、do...while、for 和 goto 等。

以上各种结构中的语句，可以用单语句，也可以用复合语句。

4.3.2　if 语句

If 语句是 C51 中的一个基本条件选择语句，它通常有三种格式：

（1）if（表达式）{语句；}

（2）if（表达式）{语句 1；}else{语句 2；}

（3）if（表达式 1）{语句 1；}

　　else if（表达式 2）{语句 2；}

　　　else if（表达式 3）{语句 3；}

　　　　……

　　　else if（表达式 $n-1$）{语句 $n-1$；}

　　else {语句 n；}

【例 4.1】　if 语句的用法。

（1）if（x!=y）printf（"x=%d, y=%d\n", x, y）;

执行时，如果 x 不等于 y，则输出 x 的值和 y 的值。

（2）if（x>y）max=x;

　　　　else　max=y;

执行时，如 x>y 成立，则把 x 赋给最大值变量 max，如 x 大于 y 不成立，则把 y 赋给最大值变量 max，从而使 max 变量得到 x、y 中的大数。

（3）if（score>=90）printf（"your result is an A\n"）;

　　　else if（score>=80）printf（"your result is an B\n"）;

　　　　else if（score>=70）printf（"your result is an C\n"）;

　　　　　else if（score>=60）printf（"your result is an D\n"）;

　　　　　　else printf（"your result is an E\n"）;

执行后，能够根据分数 score 分别打出 A、B、C、D、E 五个等级。

4.3.3　switch/case 语句

if 语句通过嵌套可以实现多分支结构，但结构复杂。switch/case 语句是 C51 中提供的专门处理多分支结构的多分支语句。它的格式如下：

```
switch（表达式）
{
case　常量表达式 1: {语句 1; } break;
case　常量表达式 2: {语句 2; } break;
……
case　常量表达式 n: {语句 n; } break;
default: {语句 n+1; }
}
```

说明：

（1）switch 后面括号内的表达式，可以是整型或字符型表达式。

（2）当该表达式的值与某一"case"后面的常量表达式的值相等时，就执行该"case"后面的语句，然后遇到 break 语句退出 switch 语句。若表达式的值与所有 case 后的常量表达式的值都不相同，则执行 default 后面的语句，然后退出 switch 结构。

（3）每一个 case 常量表达式的值必须不同，否则会出现自相矛盾的现象。

（4）case 语句和 default 语句的出现次序对执行过程没有影响。

（5）每个 case 语句后面可以有"break"，也可以没有。有 break 语句，执行到 break 语句则退出 switch 结构，若没有，则会依次执行后面的语句，直到遇到 break 语句或结束。

（6）每一个 case 语句后面可以带一个语句，也可以带多个语句，还可以不带。语句可以用花括号括起，也可以不括。

（7）多个 case 语句可以共用一组执行语句。

【例 4.2】　switch/case 语句的用法：

将学生成绩划分为 A～E 五个等级，对应不同的百分制分数，要求根据不同的等级打印出对应的百分数。可以通过下面的 switch/case 语句实现。

```
switch ( grade )
{
    case  'A': printf ( "90~100\n" ) ;break;
    case  'B': printf ( "80~90\n" ) ;break;
    case  'C': printf ( "70~80\n" ) ;break;
    case  'D': printf ( "60~70\n" ) ;break;
    case  'E': printf ( "<60\n" ) ;break;
    default :printf ( "error\n" ) ;
}
```

4.3.4　while 语句

while 语句在 C51 中用于实现当型循环结构，它的格式如下：

while（表达式）

{语句；}/*循环体*/

while 语句中的表达式是能否循环的条件，后面的语句是循环体。当表达式为非 0（"真"）时，就重复执行循环体内的语句；当表达式为 0（"假"）时，则终止 while 循环，程序将执行循环结构之外的下一条语句。

它的特点是：先判断条件，后执行循环体。在循环体中对条件进行改变，然后再判断条件。如条件成立，则再执行循环体；如条件不成立，则退出循环；如条件最开始就不成立，则循环体一次也不执行。

【例 4.3】　通过 while 语句实现并计算并输出 1～100 的累加和。

```
#include <reg52.h>        //包含特殊功能寄存器库
#include <stdio.h>        //包含 I/O 函数库
void   main ( void )      //主函数
{
    int   i, s=0;         //定义整型变量 i 和 s
    i=1;
    while ( i<=100 )      //累加 1～100 之和在 s 中
    {
        s=s+i;
    i++;
    }
    printf ( "1+2+3+...+100=%d\n", s ) ;
    while ( 1 ) ;
}
程序执行的结果：
1+2+3+...+100=5050
```

4.3.5 do…while 语句

do…while 语句在 C51 中用于实现直到循环结构，它的格式如下：

```
do
{语句；}/*循环体*/
while（表达式）；
```

它的特点是：先执行循环体中的语句，后判断表达式。如表达式成立（"真"），则再执行循环体，然后又判断，直到表达式不成立（"假"）时，退出循环体，执行 do…while 结构的下一条语句。do…while 语句在执行时，循环体内的语句至少会被执行一次。

【例 4.4】 通过 do…while 语句实现计算并输出 1~100 的累加和。

```
#include <reg52.h>            //包含特殊功能寄存器库
#include <stdio.h>            //包含 I/O 函数库
void   main（void）           //主函数
{
int   i，s=0;                 //定义整型变量 i 和 s
i=1;
do                           //累加 1~100 之和在 s 中
{
    s=s+i;
    i++;
} while（i<=100）;
printf（"1+2+3+…+100=%d\n"，s）;
while（1）;
}
程序执行的结果：
1+2+3+…+100=5050
```

4.3.6 for 语句

在 C51 语言中，for 语句是使用最灵活、用得最多的循环控制语句，同时也最为复杂。它可以用于循环次数已经确定的情况，也可以用于循环次数不确定的情况。它完全可以代替 while 语句，功能最为强大。它的格式如下：

```
for（表达式 1；表达式 2；表达式 3）
{语句；}/*循环体*/
```

for 语句后面带 3 个表达式，它的执行过程如下：

（1）先求解表达式 1 的值。

（2）求解表达式 2 的值，如表达式 2 的值为真，则执行循环体中的语句，然后执行步骤（3）；如表达式 2 的值为假，则结束 for 循环，转到最后一步。

（3）若表达式 2 的值为真，则执行完循环体中的语句后，求解表达式 3，然后转到步骤 4。

（4）转到步骤（2）继续执行。

（5）退出 for 循环，执行下面的一条语句。

在 for 循环中，一般表达式 1 为初值表达式，用于给循环变量初值；表达式 2 为条件表达式，对循环变量进行判断；表达式 3 为循环变量更新表达式，用于给循环变量的值进行更新，使循环变量能不满足条件而退出循环。

【例 4.5】　用 for 语句实现计算，并输出 1～100 的累积和。

```
#include <reg52.h>          //包含特殊功能寄存器库
#include <stdio.h>          //包含 I/O 函数库
void   main（void）         //主函数
{
    int   i, s=0;          //定义整型变量 i 和 s
    for（i=1;i<=100;i++）
    s=s+i                  //累加 1～100 之和在 s 中
    printf（"1+2+3+...+100=%d\n", s）；
    while（1）；
}
程序执行的结果：
1+2+3+...+100=5050
```

4.3.7　循环的嵌套

在一个循环体中又包含一个完整的循环结构，便称为循环的嵌套。外面的循环称为外循环，里面的循环称为内循环。如果在内循环的循环体内又包含循环结构，就构成了多重循环。

在 C51 中，允许三种循环结构相互嵌套。

【例 4.6】　用嵌套结构构造一个延时程序。

```
void delay（unsigned int x）
{
    unsigned char j;
    while（x--）
    {for（j=0;j<125;j++）;}
}
```

这里，用内循环构造一个基准的延时，调用时通过参数设置外循环的次数，这样就可以形成各种延时关系。

4.3.8　break 和 continue 语句

break 和 continue 语句通常用于循环结构中，用来跳出循环结构。但是二者又有所不同，下面分别介绍。

1. break 语句

前面已介绍过用 break 语句可以跳出 switch 结构，使程序继续执行 switch 结构后面的一条语句。使用 break 语句还可以从循环体中跳出循环，提前结束循环而接着执行循环结构下面的语句。它不能用在除了循环语句和 switch 语句之外的任何其他语句中。

【例 4.7】　下面一段程序用于计算圆的面积，当计算到面积大于 100 时，由 break 语句跳出循环。

```
for（r=1;r<=10;r++）
{
    area=pi*r*r;
    if（area>100）    break;
    printf（"%f\n"，area）;
}
```

2. continue 语句

continue 语句用在循环结构中，用于结束本次循环。执行到 continue 语句时，跳过循环体中 continue 下面尚未执行的语句，直接进行下一次是否执行循环的判定。

continue 语句和 break 语句的区别在于：continue 语句只是结束本次循环而不是终止整个循环；break 语句则是结束循环，不再进行条件判断。

【例 4.8】　输出 100～200 间不能被 3 整除的数。

```
for（i=100;i<=200;i++）
{
    if（i%3= =0）continue;
    printf（"%d"，i）;
}
```

在程序中，当 i 能被 3 整除时，执行 continue 语句，结束本次循环，跳过 printf（）函数；当 i 不能被 3 整除时，执行 printf（）函数。

4.3.9　return 语句

return 语句一般放在函数的最后位置，用于终止函数的执行，并控制程序返回调用该函数时所处的位置。返回时还可以通过 return 语句带回返回值。return 语句格式有两种：

① return;

② return（表达式）;

如果 return 语句后面带有表达式，则要计算表达式的值，并将表达式的值作为函数的返回值。若不带表达式，则函数返回时将返回一个不确定的值。通常我们用 return 语句把调用函数取得的值返回给主调用函数。

4.4　函　数

在程序设计过程中，对于较大的程序一般采用模块化结构。通常将其分为若干个子程序模块，每个子程序模块完成一种特定的功能。在 C51 中，子程序模块是用函数来实现的。在前面我们介绍了 C51 程序由一个主函数和若干个子函数组成，每个子函数完成一定的功能。在一个程序中只能有一个主函数，主函数不能被调用。程序执行时从主函数开始，到主函数最后一条语句结束。子函数可以被主函数调用，也可以被其他子函数或其本身调用，形成子程序嵌套。在 C51 中，系统提供了丰富的功能函数，存放于标准函数库中供用户调用。如果用户需要的函数没有包含在函数库中，用户也可以根据需要自己定义函数以便使用。

4.4.1　函数的定义

用户用 C51 语言进行程序设计时，既可以使用系统提供的标准库函数，也可以使用用户自己定义的函数。对于系统提供的标准库函数，用户使用时需在之前通过预处理命令#include 将对应的标准函数库包含到程序开始处。而对于用户自定义函数，在使用之前必须对它进行定义，定义之后才能调用。

函数定义的一般格式如下：

　　函数类型　函数名（形式参数表）[reentrant][interrupt　m][using　n]

　　形式参数说明

　　{

　　　局部变量定义

　　　函数体

　　}

1. 函数类型

函数类型说明了函数返回值的类型。它可以是前面介绍的各种数据类型，用于说明函数最后的 return 语句返回值的类型。如果一个函数没有返回值，函数类型可以不写。实际处理中，这时一般把它的类型定义为 void。

2. 函数名

函数名是用户为函数取的名字，以便调用函数时使用。自定义函数的命名规则与变量的命名规则一样。

3. 形式参数表

形式参数表用于列举在主调函数与被调用函数之间进行数据传递的形式参数。在函数定义时形式参数的类型必须说明，可以在形式参数的位置说明，也可以在函数名后面、函数体前面进行说明。如果函数没有参数传递，在定义时，形式参数可以没有或用 void，但括号不能省。

4. reentrant 修饰符

在 C51 中，这个修饰符用于把函数定义为可重入函数。所谓可重入函数就是允许被递归调用的函数。函数的递归调用是指当一个函数正被调用尚未返回时，又直接或间接调用函数本身。一般的函数不能做到这样，只有重入函数才允许递归调用。在 C51 中，当函数被定义为重入函数，C51 编译器编译时将会为重入函数生成一个模拟栈，通过这个模拟栈来完成参数传递和局部变量存放。关于重入函数，注意以下几点：

（1）用 reentrant 修饰的重入函数被调用时，实参表内不允许使用 bit 类型的参数。函数体内也不允许存在任何关于位变量的操作，更不能返回 bit 类型的值。

（2）编译时，系统为重入函数在内部或外部存储器中建立一个模拟堆栈区，称为可重入栈。重入函数的局部变量及参数被放在重入栈中，使重入函数可以实现递归调用。

（3）在参数的传递上，实际参数可以传递给间接调用的重入函数。无重入属性的间接调用函数不能包含调用参数，但是可以使用定义的全局变量来进行参数传递。

5. interrupt m 修饰符

interrupt m 是 C51 函数中非常重要的一个修饰符，这是因为中断函数必须通过它进行修饰。在 C51 程序设计中经常用中断函数实现系统实时性，提高程序处理效率。

在 C51 程序设计中，当函数定义时用了 interrupt 修饰符，系统编译时把对应函数转化为中断函数，自动加上程序头段和尾段，并按 MCS-51 系统中断的处理方式自动把它安排在程序存储器中的相应位置。在该修饰符中，m 的取值为 0 ~ 31，对应的中断情况如下：

0——外部中断 0；

1——定时器/计数器 T0；

2——外部中断 1；

3——定时器/计数器 T1；

4——串行口中断；

5——定时器/计数器 T2；

其他值预留。

编写 MCS-51 中断函数时应注意如下事项：

（1）中断函数不能进行参数传递，如果中断函数中包含任何参数声明都将导致编译出错。

（2）中断函数没有返回值，如果企图定义一个返回值将得不到正确的结果。建议在定义中断函数时将其定义为 void 类型，以明确说明没有返回值。

（3）在任何情况下都不能直接调用中断函数，否则会产生编译错误。因为中断函数的返回是由 8051 单片机的 RET1 指令完成的，RET1 指令影响到 8051 单片机的硬件中断系统。如果在没有实际中断情况下直接调用中断函数，RET1 指令的操作结果会产生一个致命的错误。

（4）如果在中断函数中调用了其他函数，则被调用函数所使用的寄存器必须与中断函数相同，否则会产生不正确的结果。

（5）C51 编译器对中断函数进行编译时会自动在程序开始和结束处加上相应的内容。在程序开始处，对 ACC、B、DPH、DPL 和 PSW 入栈，结束时出栈。中断函数未加 using n 修饰符的，开始时还要将 R0 ~ R1 入栈，结束时出栈。如中断函数加 using n 修饰符，则在开始将 PSW 入栈后还要修改 PSW 中的工作寄存器组选择位。

（6）C51 编译器从绝对地址 8*m*+3 处产生一个中断向量，其中 *m* 为中断号，也即 interrupt 后面的数字。该向量包含一个到中断函数入口地址的绝对跳转。

（7）中断函数最好写在文件的尾部，并且禁止使用 extern 存储类型说明，以防止其他程序调用。

【例 4.9】　编写一个用于统计外中断 0 的中断次数的中断服务程序。

```
extern  int  x;
void  int 0（　）  interrupt  0  using 1
{
    x++;
}
```

6. using　*n* 修饰符

MCS-51 单片机有 4 个工作寄存器组，每组有 8 个寄存器，分别用 R0 ~ R7 表示。修饰符 using　*n* 用于指定本函数内部使用的工作寄存器组，其中的 *n* 取值 0 ~ 3，表示寄存器组号。

对于 using　*n* 修饰符的使用，应注意以下几点：

① 加入 using　*n* 修饰符后，C51 编译器在编译时自动在函数的开始处和结束处加入以下指令。

```
PUSH  PSW                          ;标志寄存器入栈
MOV  PSW，#与寄存器组号 n 相关的常量    ;常量值为（psw&0XET）&n*8
……
POP  PSW                          ;标志寄存器出栈
```

② using *n* 修饰符不能用于有返回值的函数，因为 C51 函数的返回值是放在寄存器中的，如寄存器组改变了，返回值就会出错。

4.4.2　函数的调用与声明

1. 函数的调用

函数调用的一般形式如下：

函数名（实参列表）；

对于有参数的函数调用，若实参列表包含多个实参，则各个实参之间用逗号隔开。主调函数的实参与形参的个数应该相等，类型一一对应。实参与形参的位置一致。调用时实参按顺序一一把值传递给形参。在 C51 编译系统中，实参表求值顺序为从左到右。如果调用的是无参数函数，则实参也不需要，但是圆括号不能省略。

函数调用方式有以下三种：

（1）函数语句。把被调用函数作为主调函数的一个语句。

（2）函数表达式。函数被放在一个表达式中，以一个运算对象的方式出现。这时的被调用函数要求带有返回语句，以返回一个明确的数值参加表达式的运算。

（3）函数参数。被调用函数作为另一个函数的参数。

C51 中，在一个函数中调用另一个函数，要求被调用函数必须是已经存在的函数，可以是库函数，也可以是用户自定义函数。如果是库函数，则要在程序的开头用#include 预处理命令将被调用函数的函数库包含到文件中；如果是用户自定义函数，在使用时，应根据定义情况作相应的处理。

2. 自定义函数的声明

在 C51 程序设计中，如果一个自定义函数的调用在函数的定义之后，在使用函数时可以不对函数进行说明；如果一个函数的调用在定义之前，或调用的函数不在本文件内部，而是在另一个文件中，则在调用之前需对函数进行声明，指明所调用的函数在程序中有定义或在另一个文件中，并将函数的有关信息通知编译系统。函数的声明是通过函数的原型来指明的。

在 C51 中，函数原型一般形式如下：

[extern]　函数类型　函数名（形式参数表）；

函数声明的格式与函数定义时函数的首部基本一致，但函数的声明与函数的定义不一样。函数的定义是对函数功能的确立，包括指定函数名、函数值类型、形参及类型和函数体等，它是一个完整的函数单位。而函数的声明是把函数的名字、函数类型以及形参的类型、个数和顺序通知编译系统，以便调用函数时系统进行对照检查。函数的声明后面要加分号。

如果声明的函数在文件内部，则声明时不用 extern。如果声明的函数不在文件内部，而在另一个文件中，声明时需带 extern，指明使用的函数在另一个文件中。

【例 4.10】 函数的使用。

```
#include <reg52.h>              //包含特殊功能寄存器库
#include <stdio.h>              //包含 I/O 函数库
void   main（void）            //主函数
{
    int   a, b;                //定义整型变量 i 和 s
    SCON=0x52;                 //串口初始化
    TMOD=0x20;
    TH1=0xF3;
    TR1=1;
    scanf（"please input a, b:%d, %d", &a, &b）;
    printf（"\n"）;
    printf（"max is :%d\n", max（a, b））;
    while（1）;
}
    int max（int x, int y）
{
    int z;
    z=（x>=y?x:y）;
    return（z）;
}
```

【例 4.11】　外部函数的使用。

```
/*程序 serial_initial.c*/
#include <reg52.h>           //包含特殊功能寄存器库
#include <stdio.h>           //包含 I/O 函数库
void    serial_initial（void）   //主函数
{
   SCON=0x52;               //串口初始化
   TMOD=0x20;
   TH1=0xF3;
   TR1=1;
}
/*程序 y1.c*/
#include <reg52.h>           //包含特殊功能寄存器库
#include <stdio.h>           //包含 I/O 函数库
extern    serial_initial（）；
void    main（void）          //主函数
{
   int   a，b;               //定义整型变量 i 和 s
   serial_initial（）；         //串口初始化
   scanf（"please input a，b:%d，%d"，&a，&b）；
   printf（"\n"）；
   printf（"max is :%d\n"，max（a，b））；
   while（1）；
}
```

在上面两个例子中，例 4.10 主函数使用了一个在后面定义的函数 max（），在使用之前用函数原型"int   max（int x，int y）；"进行了声明。例 4.11 的程序 y1.c 中调用了一个在另一个程序 serial_initial.c 中定义的函数 serial_initial（），则在调用之前对它进行了声明，且声明时前面加了 extern，指明该函数是另外一个程序文件中的函数，是一个外部函数。

注意：输入/输出对串口的初始化往往采用这种方式。在以后的例子中，通常直接调用串口初始化函数对串口初始化。

4.4.3　函数的嵌套与递归

1. 函数的嵌套

在 C51 语言中，函数的定义是相互平行、相互独立的。在函数定义时一个函数体内不能包含另一个函数，即函数不能嵌套定义。但是一个函数的调用过程中可以调用另一个函数，即允许函数嵌套调用函数。C51 编译器通常依靠堆栈来进行参数传递，由于 C51 的堆栈设在片内 RAM 中，而片内 RAM 的空间有限，因而嵌套的深度比较有限，一般在几层以内。如果层数过多，就会导致堆栈空间不够而出错。

2. 函数的递归

递归调用是嵌套调用的一种特殊情况。如果在调用一个函数过程中又出现了直接或间接调用该函数本身，则称为函数的递归调用。

在函数的递归调用中要避免出现无终止的自身调用，应通过条件控制结束递归调用，使得递归的次数有限。

4.5　C51 构造数据类型

前面介绍了 C51 语言中字符型、整型、浮点型、位型和寄存器型等基本数据类型。另外，C51 语言中还提供指针类型和由基本数据类型构造的组合数据类型。组合数据类型主要有：数组、结构、共同体和枚举等。

4.5.1　数　组

数组是一组有序数据的集合，数组中的每一个数据都属于同一数据类型。数组中的各个元素可以用数组名和下标来唯一确定。根据下标的个数，数组分为一维数组、二维数组和多维数组。数组在使用之前必须先进行定义。数组可分为整型数组、字符数组等。不同的数组在定义、使用上基本相同，这里仅介绍用得最多的一维数组和字符数组。

1. 一维数组

一维数组只有一个下标，定义的形式如下：

数据类型说明符　　数组名[常量表达式][={初值 1，初值 2，…}]

各部分说明如下：

（1）"数据类型说明符"说明了数组中各个元素存储的数据的类型。

（2）"数组名"是整个数组的标识符，它的命名方法与变量的命名方法相同。

（3）"常量表达式"要求取值为整型常量，必须用方括号"[　]"括起来，用来说明该数组的长度，即该数组元素的个数。

（4）"初值部分"用于给数组元素赋值。这部分在定义数组时属于可选项。对数组元素赋值，可以在定义时赋值，也可以定义之后赋值。在定义时赋值，后面需带等号，初值需用花括号括起来，括号内的初值两两之间用逗号隔开。可以对数组的全部元素赋值，也可以只对部分元素赋值。初值为 0 的元素可以只用逗号占位而不写初值 0。

例如：

```
unsigned  char  x[5];
unsigned  int  y[3]={1, 2, 3};
```

第一句定义了一个无符号字符数组，数组名为 x，数组中的元素个数为 5。

第二句定义了一个无符号整型数组，数组名为 y，数组中元素个数为 3。定义的同时给数组中的 3 个元素赋值，分别为 1、2、3。

需要注意的是，C51 语言中数组的下标是从 0 开始的，因此上面第一句定义的 5 个元素分别是 x[0]、x[1]、x[2]、x[3]、x[4]，第二句定义的 3 个元素分别是 y[0]=1、y[1]=2、y[2]=3。

C51 语言规定，在引用数组时只能逐个引用数组中的各个元素，而不能一次引用整个数组，但如果是字符数组则可以一次引用整个数组。

2. 字符数组

字符数组中的每一个元素都用来存放一个字符，也可以用字符数组来存放字符串。字符数组的定义同一般数组相同，只是在定义时把数组类型定义为 char 型。

例如：

```
char string1[10];
char string2[20];
```

上面定义了两个字符数组，分别定义了 10 个元素和 20 个元素。

和 C 语言一样，C51 语言中的字符数组用于存放一组字符或字符串。存放字符时，一个字符占一个数组元素。而存放字符串时，由于 C 语言中规定字符串以 "\0" 作为结束符，也要占一个元素位置，因而定义数组长度比字符长度大 1。

只存放一般字符的字符数组的赋值与使用方法和一般的数组完全相同，只能逐个元素进行访问。而存放字符串的字符数组，既可以对字符数组的元素逐个进行访问，也可以对整个数组进行处理。对整个数组进行访问时是按字符串的方式处理的，赋值时可以直接用字符串对字符数组赋值，也可以以字符输入的形式对字符数组赋值。输出时可以按字符串形式输出。按字符串形式输入/输出时，格式字符用%s，字符数组用数组名。

4.5.2　指　针

指针是 C51 语言中的一个重要概念。指针类型数据在 C51 语言程序中使用十分普遍，正确地使用指针类型数据，可以有效地表示复杂的数据结构；可以动态地分配存储器，直接处理内存地址。

1. 指针的概念

了解指针的基本概念，先要了解数据在内存中的存取和读取方法。

在 C51 语言中，可以通过地址来访问内存单元的数据。C51 语言作为一种高级程序设计语言，数据通常是以变量的形式进行存放和访问的。对于变量，在一个程序中定义了一个变量，编译器在编译时就在内存中给这个变量分配一定的字节单元进行存储，如为整型变量（int）分配 2 个字节单元，为浮点型变量（float）分配 4 个字节单元，为字符型变量分配 1 个字节单元等。在使用变量时应分清两个概念：变量名和变量的值。前一个是数据的标识，后一个是数据的内容。变量名相当于内存单元的地址，变量的值相当于内存单元的内容。对于内存单元的数据访问方式有两种，对于变量也有两种访问方式：直接访问方式和间接访问方式。

对于变量的访问，我们大多数时候是直接给出变量名。例如：printf（"%d"，a），直接给出变量 a 的变量名来输出变量 a 的内容。在执行时，根据变量名得到内存单元的地址，然后从内存单元中取出数据按指定的格式输出。这就是直接访问方式。

有时，要存取变量 a 中的值时，可以先将变量 a 的地址放在另一个变量 b 中。访问时先找到变量 b，从变量 b 中取出变量 a 的地址，然后根据这个地址从内存单元中取出变量 a 的值。这就是间接访问方式。在这里，从变量 b 中取出的不是所访问的数据，而是访问数据（变量 a 的值）的地址，这就是指针，变量 b 称为指针变量。

关于指针，应注意两个基本概念：变量的指针和指向变量的指针变量。变量的指针就是变量的地址。对于变量 a，如果它所对应的内存单元地址为 2000H，它的指针就是 2000H。指针变量是指一个专门用来存放另一个变量地址的变量，它的值是指针。上面变量 b 中存放的是变量 a 的地址，变量 b 中的值是变量 a 的指针，变量 b 就是一个指向变量 a 的指针变量。

如上所述，指针实质上就是各种数据在内存单元的地址。在 C51 语言中，不仅有指向一般类型变量的指针，还有指向各种组合类型变量的指针。在本书中我们只讨论指向一般变量的指针的定义与引用，对于指向组合类型的指针，大家可以参考其他相关书籍学习它的使用。

2. 指针变量的定义

在 C51 语言中，使用指针变量之前必须对它进行定义。指针变量的定义与一般变量的定义类似，定义的一般形式为：

　　　　数据类型说明符　　　[存储器类型]　　　*指针变量名；

数据类型说明符说明了该指针变量所指向的变量的类型。一个指向字符型变量的指针变量不能用来指向整型变量，反之，一个指向整型变量的指针变量不能用来指向字符型变量。

存储器类型是可选项，它是 C51 编译器的一种扩展。如果带有此选项，指针被定义为基于存储器的指针；无此选项时，指针被定义为一般指针。这两种指针的区别在于它们占用存储器空间大小不同。一般指针在内存中占用 3 个字节，第一个字节存放该指针存储器类型的编码（由编译时编译模式的默认值确定），第二和第三个字节分别存放该指针的高位和低位地址偏移量。存储器类型的编码值如表 4.6 所示。

表 4.6　存储器类型的编码值

存储器类型	idata	xdata	pdata	data	code
编码值	1	2	3	4	5

例如：存储器类型为 data、地址值为 0x1234 的指针变量在内存中的表示如表 4.7 所示。

表 4.7　0x1234 的指针变量在内存中的表示

字节地址	+0	+1	+2
内容	0x4	0x12	0x34

如果指针变量被定义为基于存储器的指针，则该指针的长度可为 1 个字节（存储器类型选项为 idata、data、pdata 的片内数据存储单元）或 2 个字节（存储器类型选项为 code、xdata 的片外数据存储单元或程序存储器单元）。

下面是几个指针变量定义的例子：

```
int  *  p1;              /*定义一个指向整型变量的指针变量 p1*/
char  *  p2;             /*定义一个指向字符变量的指针变量 p2*/
char    data  *  p3;     /*定义一个指向字符变量的指针变量 p3，该指针访问的数据
```

在片内数据存储器中，该指针在内存中占一个字节*/

float　　　xdata　　　*　p4；　　/*定义一个指向字符变量的指针变量 p4，该指针访问的数据在片外数据存储器中，该指针在内存中占两个字节*/

3. 指针变量的引用

指针变量是存放另一变量地址的特殊变量，指针变量只能存放地址。使用指针变量时注意两个运算符：&和*。这两个运算符在前面已经介绍过，其中"&"是取地址运算符，"*"是指针运算符。通过取地址运算符"&"可以把一个变量的地址送给指针变量，使指针变量指向该变量；通过指针运算符"*"可以实现通过指针变量访问它所指向的变量的值。

指针变量经过定义之后可以像其他基本类型变量一样引用。例如：

Int　　　x，* px，* py；　　　　/*变量及指针变量定义*/

px=&x；　　　　　　　　　　/*将变量 x 的地址赋给指针变量 px，使 px 指向变量 x*/

*px=5；　　　　　　　　　　/*等价于 x=5*/

py=px；　　　　　　　　　　/*将指针变量 px 中的地址赋给指针变量 py，使指针变量 py 也指向 x*/

4.6　Keil C51 编程基础

4.6.1　简单的 C51 程序介绍

在学会使用汇编语言后，学习 C51 语言编程是一件比较容易的事，下面将通过实例介绍使用 C51 语言编程的方法。

例 4.12 使用 89S52 单片机作为主芯片，这种单片机属于 80C51 系列，其内部有 8 KB 的 FLASH ROM，可以反复擦写，并有 ISP 功能，支持在线下载，非常适于做实验。89S52 的 P1 引脚上接 8 个发光二极管，P3.2 ~ P3.4 引脚上接 4 个按钮开关，任务是让接在 P1 引脚上的发光二极管按要求发光。

【例 4.12】　让接在 P1.0 引脚上的 LED 发光。

```
#include "reg51.h"
sbit P1_0=P1^0；
void main（）
{    P1_1=0；
}
```

下面来分析一下这个 C 语言程序包含了哪些信息。

1)"文件包含"处理

程序的第一行是一个"文件包含"处理。所谓"文件包含"是指一个文件将另外一个文件的内容全部包含进来，所以这里的程序虽然只有 4 行，但 C 编译器在处理的时候却要处理几十或几百行语句。这里程序中包含 REG51.h 文件的目的是使用 P1 这个符号，即通知 C 编译器，程序中所写的 P1 是指 80C51 单片机的 P1 端口而不是其他变量。这是如何做到的呢？

打开 reg51.h 可以看到这样的一些内容：

```
/*------------------------------------------------------------------------
REG51.H

Header file for generic 80C51 and 80C31 microcontroller.
Copyright （c）1988-2001 Keil Elektronik GmbH and Keil Software，Inc.

All rights reserved.
------------------------------------------------------------------------*/
/*   BYTE Register   */
sfr P0 = 0x80;
sfr P1= 0x90;
sfr P2= 0xA0;
sfr P3= 0xB0;
sfr PSW= 0xD0;
sfr ACC= 0xE0;
sfr B= 0xF0;
sfr SP= 0x81;
sfr DPL= 0x82;
sfr DPH= 0x83;
sfr PCON = 0x87;
sfr TCON = 0x88;
sfr TMOD = 0x89;
sfr TL0= 0x8A;
sfr TL1= 0x8B;
sfr TH0= 0x8C;
sfr TH1= 0x8D;
sfr IE= 0xA8;
sfr IP= 0xB8;
sfr SCON = 0x98;
sfr SBUF = 0x99;

/*   BIT Register   */
/*      PSW         */
sbit CY= 0xD7;
sbit AC= 0xD6;
sbit F0= 0xD5;
sbit RS1= 0xD4;
sbit RS0= 0xD3;
sbit OV = 0xD2;
```

```
    sbit P= 0xD0;


/*   TCON   */
    sbit TF1= 0x8F;
    sbit TR1= 0x8E;
    sbit TF0= 0x8D;
    sbit TR0= 0x8C;
    sbit IE1= 0x8B;
    sbit IT1= 0x8A;
    sbit IE0= 0x89;
    sbit IT0= 0x88;


/*      IE      */
    sbit EA= 0xAF;
    sbit ES = 0xAC;
    sbit ET1= 0xAB;
    sbit EX1= 0xAA;
    sbit ET0= 0xA9;
    sbit EX0= 0xA8;


/*      IP      */
    sbit PS= 0xBC;
    sbit PT1= 0xBB;
    sbit PX1= 0xBA;
    sbit PT0= 0xB9;
    sbit PX0= 0xB8;


/*      P3      */
    sbit RD= 0xB7;
    sbit WR= 0xB6;
    sbit T1= 0xB5;
    sbit T0= 0xB4;
    sbit INT1 = 0xB3;
    sbit INT0 = 0xB2;
    sbit TXD = 0xB1;
    sbit RXD = 0xB0;


/*   SCON   */
    sbit SM0= 0x9F;
```

```
sbit SM1= 0x9E;
sbit SM2= 0x9D;
sbit REN= 0x9C;
sbit TB8= 0x9B;
sbit RB8= 0x9A;
sbit TI= 0x99;
sbit RI= 0x98;
```

熟悉 80C51 内部结构的读者不难看出，这里都是一些符号的定义，即规定符号名与地址的对应关系。注意其中有一行为 "sfr P1= 0x90;"，即定义 P1 与地址 0x90 对应，P1 口的地址就是 0x90（0x90 是 C 语言中十六进制数的写法，相当于汇编语言中写 90H）。

从这里还可以看到一个频繁出现的词：sfr。sfr 并非标准 C 语言的关键字，而是 Keil 为能直接访问 80C51 中的 SFR 而提供的一个新的关键词。其用法是：

　　sfrt　　变量名=地址值

2）符号 P1_0

在 C 语言里，如果直接写 P1.0，C 编译器并不能识别，而且 P1.0 也不是一个合法的 C 语言变量名，所以得给它另起一个名字。这里起的名为 P1_0，可是 P1_0 是不是就是 P1.0 呢？我们可以这么认为，但 C 编译器并不这么认为，所以必须给它们建立联系。这里使用了 Keil C 的关键字 sbit 来定义。sbit 的用法有三种：

① sbit 位变量名 = 地址值
② sbit 位变量名 = SFR 名称^变量位地址值
③ sbit 位变量名 = SFR 地址值^变量位地址值

如定义 PSW 中的 OV 可以用以下三种方法：

sbit OV=0xd2　　　//0xd2 是 OV 的位地址值
sbit OV=PSW^2　　//其中 PSW 必须先用 sfr 定义好
sbit OV=0xD0^2　　//0xD0 就是 PSW 的地址值

因此这里用 "sfr P1_0=P1^0;" 就是定义用符号 P1_0 来表示 P1.0 引脚，也可以用 P10 一类的名字，只要下面程序中也随之更改就行了。

从上面的分析我们了解了部分 C51 语言的特性，下面再看一个稍复杂的例子。

【例 4.13】　让接在 P1.0 引脚上的 LED 闪烁发光。

```
#include "reg51.h"
#define uchar unsigned char
#define uint   unsigned int
sbit   P1_0=P1^0;
/*延时程序 由 Delay 参数确定延迟时间*/
void mDelay（unsigned int Delay）
{    unsigned int i;
for（    ; Delay>0 ; Delay--）
{    for（i=0;i<124;i++）
```

```
    {;}
    }
    }
void   main（）
{    for（  ;   ;   ）
    {
        P1_0=!P1_0;          //取反 P1.0 引脚
        mDelay（1000）;}
    }
```

程序分析：这里 mDelay（1000）并不是由 Keil C 提供的库函数，即用户不能在任何情况下写这样一行程序以实现延时。mDelay 这个名称是由编程者自己确定的，可自行更改，但一旦此处更改了名称，main（）函数中的名称也要做相应的更改。mDelay 后面有一对括号，括号里有数据"1000"，这个数据被称为"参数"，用它可以在一定范围内调整延时时间的长短。这里用 1000 来要求延时时间为 1000 毫秒。这一点必须通过 mDelay 这段程序来实现。

4.6.2　Keil C51 开发工具介绍

Keil C51 是美国 Keil Software 公司出品的 51 系列兼容单片机 C 语言软件开发系统，提供了包括 C 编译器、宏汇编、连接器、库管理和一个功能强大的仿真调试器等在内的完整开发方案，通过一个集成开发环境（μVision）将这些部件组合在一起。运行 Keil 软件需要 Windows 98、Windows NT、Windows 2000、Windows XP 等操作系统。使用 Keil C51 进行项目开发的步骤如下：

① 创建 C 语言或汇编语言的源程序；

② 编译或汇编源文件；

③ 纠正源文件中的错误；

④ 从编译器和汇编器连接目标文件；

⑤ 测试连接的应用程序。

上述开发过程用方框图表示，则如图 4.3 所示。首先用μVision/51IDE 创建源文件。然后，编译器或汇编器处理源文件并创建浮动目标文件。目标文件可通过 LIB51 库管理器创建库。库是一个有特定格式及顺序的目标模块程序集。连接器可对其进行处理。目标文件和库文件通过连接器创建一个绝对目标模块。绝对目标文件或模块是没有浮动代码的目标文件。绝对目标文件中的所有代码都有固定的位置。由连接器创建的绝对目标文件可用于编程 EPROM 或其他存储器件。绝对目标模块也可和 dScope-51 调试器/模拟器或电路内部仿真器一起使用。

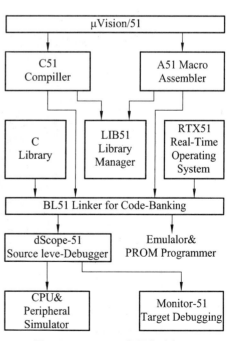

图 4.3　Keil C 开发周期方框图

dScope-51 调试器/模拟器对于快速可靠的高级语言程序的调试非常理想。调试程序包括一个高速模拟器和一个目标调试器，可对整个 8051 系统包括片内外围功能进行仿真。通过装载特殊的 I/O 驱动器，可对不同的 8051 派生器件的外围功能进行仿真，和 Monitor-51 相连后，调试程序甚至可以在目标硬件上达到源程序级的仿真。

4.7　Keil C51 开发实例

下面通过一个简单的实例来学习 Keil C51 软件的使用方法：AT89C51 单片机控制 LED 发光，要求当按下与 P1.2 连接的按钮时，P1.1 控制的发光二极管点亮，否则，P1.0 控制的发光二极管点亮。

4.7.1　启动软件

启动 Keil C51 软件后，屏幕如图 4.4 所示，几秒钟后出现如图 4.5 所示编辑界面。

图 4.4　Keil C51 启动界面

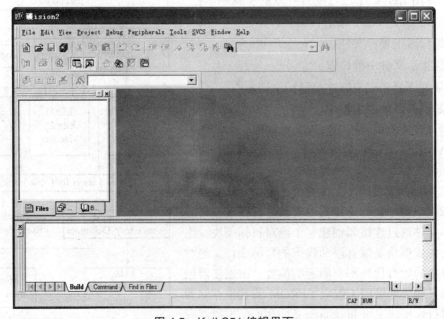

图 4.5　Keil C51 编辑界面

4.7.2　建立新工程

（1）执行菜单命令【Project】→【New Project】，如图 4.6 所示。

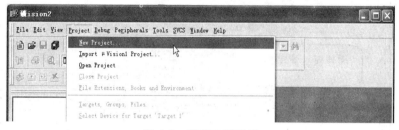

图 4.6　新建工程项目

（2）选择新建工程的保存路径，输入工程文件的名字，如"P1 口的应用"，然后点击【保存】按钮，如图 4.7 所示。

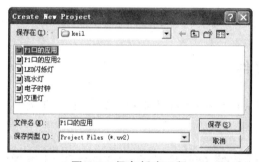

图 4.7　保存新建工程

（3）这时会弹出一个对话框，要求用户选择单片机的型号。此处可以根据使用的单片机类型来选择，Keil C51 几乎支持所有 51 内核的单片机。在这里选择应用较广泛的 Atmel 公司的 89C51。选择 89C51 之后，右边栏出现对这个单片机的基本说明，如图 4.8 所示。之后点击【确定】按钮即可。

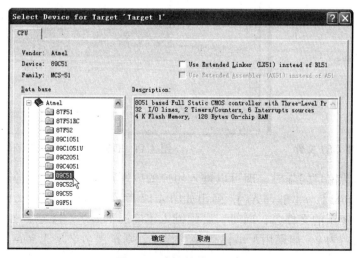

图 4.8　选择单片机型号

（4）完成以上步骤后，屏幕如图 4.9 所示。

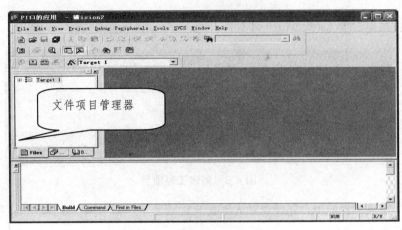

图 4.9　Keil C51 工作窗口

至此，新建工程完成，下面开始编写程序。

4.7.3　建立 C51 文件

（1）执行菜单命令【File】→【New】选项，如图 4.10 所示。此时编程界面变为如图 4.11 所示，可以编辑输入源文件。

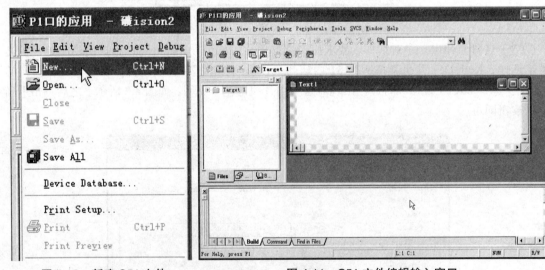

图 4.10　新建 C51 文件　　　　图 4.11　C51 文件编辑输入窗口

当光标在编辑窗口闪烁时，即可以键入用户的应用程序。建议首先保存该空白的文件。执行菜单命令【File】→【Save As】，弹出如图 4.12 所示对话框，在"文件名"栏右侧的编辑框中，键入欲使用的文件名，同时，必须键入正确的扩展名。注意，如果用 C51 语言编写程序，则扩展名为.c；如果用汇编语言编写程序，则扩展名必须为.asm。然后，单击【保存】按钮。

图 4.12 保存 C51 文件

（2）回到编辑界面后，在文件项目管理器中，左键单击"Target 1"前面的"＋"号，然后在"Source Group 1"上单击右键，弹出如图 4.13 所示菜单。

图 4.13 添加 C51 文件到工程文件

单击【Add Files to Group'Source Group 1'】，弹出如图 4.14 所示添加 C51 文件到工程文件里的对话框。这里选择前面新建的"P1 口的应用.c"文件。

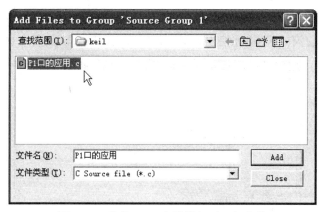

图 4.14 选择 C51 文件添加到工程文件

添加完成后，"Source Group 1"文件夹中多了一个子项，即"P1 口的应用.c"，如图 4.15所示。

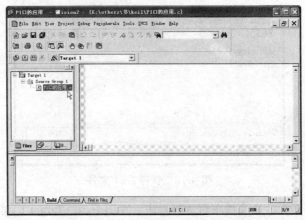

图 4.15　C51 文件已添加到工程文件

（3）输入如下 C 语言源程序：

```
#include "reg51.h"                    //包含文件
#define    uint unsigned int
#define    uchar unsigned char
 sbit    DIPswitch=P1^2;
 sbit    blueLED=P1^0;
 sbit    greenLED=P1^1;
 void    main（void）                 //主函数
    {
     P1=0XFF;
     while （1）
      if（DIPswitch==1）              //按键闭合
        {blueLED=0;greenLED=1;}
      else                            //按键打开
        {greenLED=0;blueLED=1;}
    }
```

　　在输入上述程序时，Keil C51 会自动识别关键字，并以不同的颜色提示用户加以注意。这样会使用户少犯错误，有利于提高编程效率。程序输入完毕后，如图 4.16 所示。

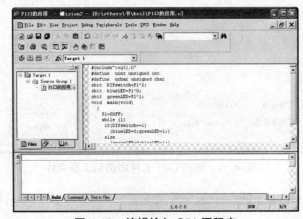

图 4.16　编辑输入 C51 源程序

4.7.4　编译调试 C51 文件

（1）执行菜单命令【Project】→【Built Target】（或者使用快捷键 F7），开始编译文件。编译成功后，执行菜单命令【Project】→【Start/Stop Debug Session】（或者使用快捷键 Ctrl+F5），屏幕如图 4.17 所示。

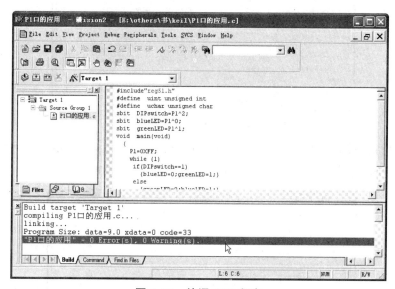

图 4.17　编译 C51 程序

（2）调试程序：执行菜单命令【Debug】→【Go】（或者使用快捷键 F5），然后再执行菜单命令【Debug】→【Stop Running】（或者使用快捷键 Esc）。

4.7.5　输出 Hex 文件

（1）执行菜单命令【Project】→【Options for Target 'Target 1'】，如图 4.18 所示。

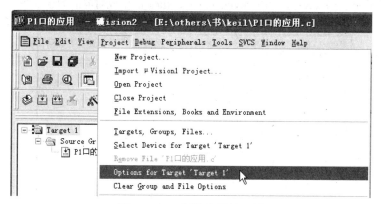

图 4.18　工程输出属性设置

（2）单击【Target】标签页，可以看到【Xtal（MHz）】选项。该选项可以根据实际仿真 AT89C51 芯片时钟频率进行相应设置，如图 4.19 所示。

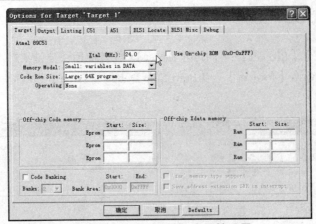

图 4.19　单片机时钟频率属性设置

（3）单击【Output】标签页，选中【Create HEX File】选项，使程序编译后产生 HEX 代码，供下载器软件使用，把程序下载到 AT89S51 单片机中，如图 4.20 所示。

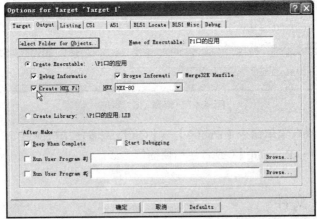

图 4.20　输出 HEX 文件设置

（4）执行菜单命令【Project】→【Rebuild all target files】，生成对应的 Hex 文件，如图 4.21 所示。

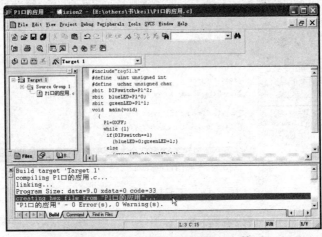

图 4.21　重新执行输出 HEX 文件

练习与思考

1. 简述 C51 语言和汇编语言的异同。

2. 哪些变量类型是 MCS-51 单片机直接支持的？

3. 简述 C51 语言对 MCS-51 单片机特殊功能寄存器的定义方法。

4. 简述 Keil C51 集成开发环境的特点。

5. 在 8051 系统中，已知振荡频率是 12 MHz，用定时器/计数器 T0 实现 P1.1 产生周期为 2 s 的方波，试编程实现。

第 5 章   Protel 99SE 电路设计

随着新技术和新材料的出现，电子工业得到了蓬勃发展。各种大规模集成电路的出现使电路板变得越来越复杂，从而使越来越多的电路板设计工作已经无法单纯依靠手工来完成，计算机辅助电路设计已经成为电路板设计制作的必然趋势。Protel 正是在这样的大环境下产生和发展的。该软件经历了从 Protel for DoS 到 Protel 99SE 的发展历程，还推出了 Protel DXP、Protel 2004 和 Altium Designer 6.0 等版本。

在 Protel 系列产品中，Protel 99SE 以其强大的功能、方便快捷的设计模式和人性化的设计环境，赢得了众多电路板设计人员的青睐，成为当前电路板设计软件的主流产品，是目前影响最大、用户最多的电子线路设计软件包之一。Protel 99SE 最主要的特点就是将电路原理图编辑、电路功能仿真测试、PLD 设计及印制电路板设计等功能融为一体，从而实现了电子设计的自动化。

在正式开始学习 Protel 99SE 之前，读者先要对电路板有个粗略的了解，为后面的学习奠定基础。

5.1   认识电路板

通常意义上所说的电路板就是印制电路板，即完成了印制线路或印制电路加工的板子。具体来讲，一张完整的电路板应当包括一些具有特定电气功能的元器件和建立起这些元器件电气连接的铜箔、焊盘及过孔等导电图件。

5.1.1   电路板分类

根据工作层面的多少可将电路板分为单面板、双面板和多层板 3 类。

（1）单面板（single sided board）：仅一个面上有导电图形的印制电路板，如图 5.1 所示。单面板中只有一个面需要进行光绘等制造工艺处理。根据用户的具体设计要求，需要处理的面可能是顶层（top layer），也可能是底层（bottom layer）。元器件一般在没有导电图形的一面，以便于焊接。

单面板的制造成本比其他类型电路板要低得多。然而由于电路板的所有走线都必须放置在一个面上，因此单面板的布线相对来说比较困难，只适用于比较简单的电路设计。

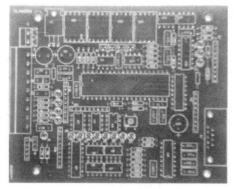

图 5.1 单面板

（2）双面板（double sided board）：两面都有导电图形的印制电路板，如图 5.2 所示。双面板在电路板的两个面上都进行布线。这两个面分别为顶层（Top Layer）和底层（Bottom Layer）。顶层和底层间主要通过过孔进行电气连接，两层之间为绝缘层。因为双面都可以走线，所以布线的难度大大降低了，因而其使用非常广泛。

图 5.2 双面板

（3）多层板（multilayer printed board）：由 3 层或 3 层以上的导电图形层与其间的绝缘材料层相隔离、层压后结合而成的印制电路板，其各层间的导电图形按要求互连。多层板的特点是多层结构、层间导通、对位精准度要求。图 5.3（a）所示是多层板的结构示意图。图 5.3（b）所示是一张设计好的多层板。在电路设计中，多层板一般指的是 4 层或 4 层以上的印制电路板。随着电子技术的飞速发展，芯片的集成度越来越高，多层板的应用也越来越广泛。

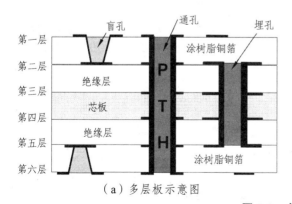

（a）多层板示意图   （b）设计好的多层板

图 5.3 多层板

5.1.2　电路板的工作层面、图件和电气构成

在绘制电路板的过程中，通常要用到许多工作层面。不同的工作层面具有不同的功能，例如：顶层印刷层用来绘制元器件的外形、放置元器件的序号和注释等；顶层和底层信号层则用来放置导线，以构成一定的电气连接；多层面则用来放置焊盘和过孔等导电图件。

电路板上的图件包括两大类，即导电图件和非导电图件。导电图件主要包括焊盘、过孔、导线、多边形填充和矩形填充等，非导电图件主要包括介质、抗蚀剂、阻焊图形等。图 5.4 所示为一个电路板的 PCB（Printed Circuit Board，印刷电路板）文件，该电路板上的导电图件主要有焊盘、过孔、导线和矩形填充等。下面分别介绍这些图件的功能。

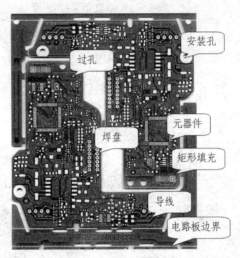

图 5.4　PCB 电路板

安装孔：主要用来将电路板固定到机箱上。图 5.4 中所示的安装孔是用焊盘制作的。

焊盘：用于安装和焊接元器件引脚的金属化孔。

过孔：用于连接顶层、底层或中间层导电图件的金属化孔。

元器件：这里指的是元器件封装，一般由元器件的外形和焊盘组成。

导线：用于连接具有相同电气特性网络的铜箔。

矩形填充：一种矩形的连接铜箔，其功能与导线的相同，用于将具有相同电气特性的网络连接起来。

电路板边界：定义在机械层和禁止布线层上的电路板的外形尺寸。制板商最后就是按照这个外形对电路板进行裁剪的，因此，用户所设计的电路板上的图件不能超过该边界。

5.1.3　电路板的电气连接方式

电路板的电气连接方式主要有两种，即板内互连和板间互连。电路板内的电气构成主要包括两部分，即电路板上具有电气特性的点（包括焊盘、过孔以及由焊盘的集合组成的元器件）和将这些点互连的连接铜箔（包括导线、矩形填充和多边形填充）。具有电气特性的点是电路板上的实体，而连接铜箔是将这些点连接到一起实现特定电气功能的手段。

　　总的来说，通过连接铜箔将电路板上具有相向电气特性的点连接起来实现一定的电气功能，然后再将无数的电气功能集合便构成了整块电路板。

　　以上介绍的电路板电气构成属于电路板内的互连，还有一种电气连接是属于板间互连的。板间互连是指多块电路板之间的电气连接，主要采用接插件或者接线端子来实现连接。

5.2　电路板设计的基本步骤

　　电路板设计过程就是将电路设计思路转化为可以制作电路板文件的过程，步骤如图 5.5 所示。

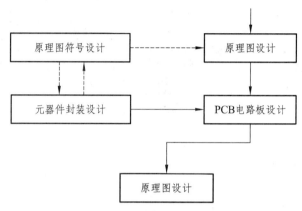

图 5.5　电路板设计的基本步骤

　　（1）原理图设计。在设计电路板之前，往往需要先设计原理图，为 PCB 电路板的设计做准备。所谓原理图设计就是将设计的思路或草图变成规范的电路图，为电路板设计准备电路连接和元器件封装。

　　（2）原理图符号设计。在设计原理图的过程中，常常会遇到有的原理图符号在系统提供的原理图库中找不到的情况，这时就需要用户自己动手设计原理图符号。

　　（3）PCB 电路板设计。在准备好网络标号和元器件封装之后，就可以进行 PCB 电路板设计了。电路板设计是在 PCB 编辑器中完成的，其主要任务是按照一定的要求对电路板上的元器件进行布局，然后用导线将相应的电路连接起来。

　　（4）元器件封装设计。设计电路板时经常会用到一些异形的、不常用的元器件，这些元器件封装在系统提供的元器件封装库中是找不到的，因此需要用户自己进行设计。

　　需要说明的是，元器件封装与原理图符号是相互对应的。在一个电路板设计中，一个原理图符号一定有与之对应的元器件封装，并且该原理图符号中的引脚与实际元器件封装中具有相同序号的焊盘是一一对应的。

　　（5）送交制板商。电路板设计好后，将设计文件导出并送交制板商，制作出满足设计要求的电路板。

5.3　电路板类型的选择

　　用户在选择电路板的类型时要从电路板的可靠性、工艺性和经济性等方面综合考虑，尽量从这几个方面的最佳结合点出发来选择电路板的类型。

印制电路板的可靠性是影响电子设备和仪器可靠性的重要因素。从设计角度考虑，影响印制电路板可靠性的首要因素是所选印制电路板的类型，即印制电路板是单面板、双面板，还是多层板。国内外长期实践证明，印制电路板的类型越复杂，可靠性就越低。各类型印制电路板的可靠性由高到低的顺序是单面板→双面板→多层板，多层板的可靠性会随着层数的增加而降低。

在设计印制电路板的整个过程中，设计人员应当始终考虑印制电路板的制造工艺要求和装配工艺要求，以便于后面的制造和装配操作。在布线密度较低的情况下，可考虑设计成单面板或双面板，而在布线密度很高、制造困难较大且可靠性不易保证的情况下，则应考虑设计成印制导线宽度和间距都比较大的多层板。对于多层板层数的选择，同样既要考虑可靠性，又要考虑制造和安装的工艺性。

印制电路板设计人员也应当把产品的经济性纳入到设计范畴中，这在商品竞争激烈的今天尤为必要。印制电路板的经济性与印制电路板的类型、基材选择、制造工艺方法和技术要求等内容密切相关。就电路板类型而言，其成本递增的顺序一般也是单面板→双面板→多层板。但是在布线密度高到一定程度时，与其将电路板设计成复杂的、制造困难的双面板，倒不如设计成较为简单的、低层次的多层板，这样也可以降低成本。

5.4　Protel 99SE 简介

5.4.1　Protel 99SE 的优越性

Protel 99SE 是一个全面、集成、全32位的电路设计系统，它提供了电路设计时从概念到成品过程中所需要的一切工具——原理图设计，建立可编程逻辑器件，直接进行电路混合信号仿真，进行 PCB 设计和布线并保持电气连接和布线规则，检查信号完整性，生成一整套加工文件。

Protel 99SE 的优越性的根本在于采用了 3 种技术：SmartDoc、SmartTool 和 SmartTeam。这些技术把产品开发的 3 个方面有机地结合到一起，即将技术人员、由设计人员建立的文件和建立文件的工具三者合为一体。

1. SmartDoc 技术

SmartDoc 技术重新定义了文档集成和文档管理，将所有文件都存储在一个独立的、集成的综合设计数据库中，包括原理图、PCB、输出文件、材料清单以及其他设计文件（如手册、费用表、机械图等），这样就很容易对它们进行有效管理。

2. SmartTool 技术

SmartTool 技术的基础是 Client/Server（客户端/服务器）结构。SmartTool 把所有设计工具（原理图设计、电路仿真、PLD 设计、PCB 设计、自动布线、信号完整性分析以及文件管理器）都集成到一个独立、直观的设计管理器界面上。

3. SmartTeam 技术

SmartTeam 技术允许设计组联合设计，设计组的所有成员可同时访问一个设计数据库的综合信息，还可同时更改通告，此外，还可以同时进行文件锁定保护，确保整个设计组的工作协调。

5.4.2 Protel 99SE 的工作界面

在启动 Protel 99SE 应用程序的过程中，屏幕上将弹出 Protel 99SE 的启动画面，如图 5.6 所示，接下来系统便会打开 Protel 99SE 的主窗口。

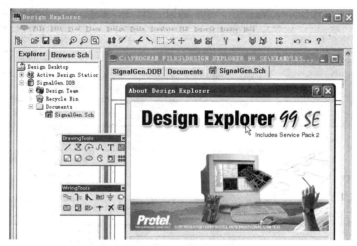

图 5.6 Protel 99SE 启动画面

Protel 99SE 的主窗口界面如图 5.7 所示，读者可以从中领略到 Protel 99SE 的 Windows 操作风格和人性化的操作界面。该窗口主要包含菜单栏、工具栏、浏览器管理器、工作窗口、命令行和状态栏等 6 个部分。

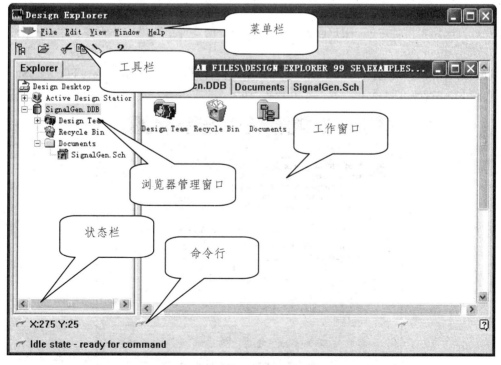

图 5.7 Protel 99SE 的主窗口界面

5.4.3　设计文件类型

Protel 99SE 中所涉及的各类设计文件是靠不同的文件扩展名区分的。为了让读者熟悉设计过程中遇到的各种设计文件，现将 Protel 99SE 的主要设计文件类型列于表 5.1 中。

表 5.1　Protel 99SE 设计文件类型

文档扩展名	类型说明
.ddb	设计数据库文件
.bk*	自动备份文件
.lib	元件库文件
.net	网络表文件
.pcb	印刷电路板文件
.pld	可编程逻辑器件描述文件
.prj	项目文件
.rep	报告文件
.sch	原理图文件
.txt	文本文件

5.4.4　Protel 99SE 的文件存储方式

在进行电路板设计之前，用户应该对 Protel 99SE 的文件组织结构和管理方法有一个大致的了解。

Protel 99SE 系统为用户提供了两种可选择的文件存储方式，即 Windows File System（文档方式）和 MS Access Database（数据库方式），如图 5.8 所示。

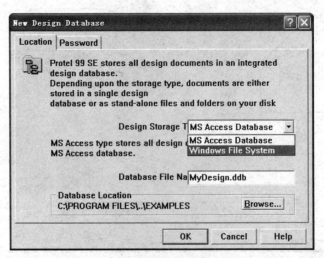

图 5.8　两种文件存储方式

Windows File System：当选择以文档方式存储电路板设计文件时，系统将会首先创建一个文件夹，然后将所有的设计文件存储在该文件夹下。系统在存储设计文件时，不仅存储一个集成数据库文件，而且会将数据库文件中的所有设计文件都独立地存储在该文件夹下。

MS Access Database：当选择以数据库方式存储电路板设计文件时，系统只在用户指定的硬盘空间上存储一个设计数据库文件。

不管选用哪一种文件存储方式，Protel 99SE 都使用设计浏览器来组织设计文档，即在设计浏览器下创建文件，并将所有设计文件都存储在一个设计数据库文件中。

5.5　启动常用的编辑器

下面介绍如何通过创建一个新的设计数据库文件、原理图设计文件、原理图库设计文件、PCB 电路板设计文件和元器件封装库设计文件来启动相应的编辑器。此外，用户也可以使用类似的方法来启动其他类型的编辑器，当然也可以通过打开已有的设计文件来启动编辑器。

5.5.1　创建设计数据库文件

Protel 99SE 采用设计数据库的方式来组织和管理设计文件，将所有的设计文档和分析文档都放在一个设计数据库文件中进行统一管理。设计数据库文件相当于一个文件夹，在该文件夹系统下可以创建新的设计文件，也可以创建下一级文件夹。这种管理方法在设计一个大型的电路系统时非常实用，设计者在设计电路板的过程中应当掌握这种分门别类的管理方法。下面介绍如何创建一个新的设计数据库文件。

创建一个新的设计数据库文件的步骤如下：

（1）启动 Protel 99SE，打开设计浏览器。

（2）执行菜单命令【File】→【New】，打开【New Design Database】（新建设计数据库文件）对话柜。

（3）在【Database File Name】（设计数据库文件名称）文本框中输入设计文件的名称，本例将文件命名为"MyDesign1.ddb"。

（4）单击 Browse... 按钮，打开【Save As】（存储文件）对话框，然后将存储位置定位到指定的磁盘空间上，如图 5.9 所示。

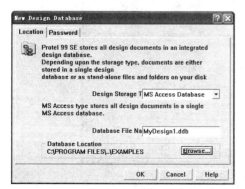
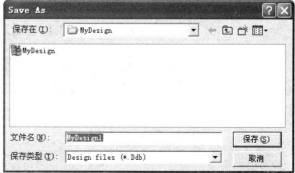

图 5.9　新建设计数据库

（5）单击 保存(S) 按钮，回到新建设计数据库文件对话框，确认各项设置无误后单击 OK 按钮，即可创建一个新的设计数据库文件，结果如图 5.10 所示。

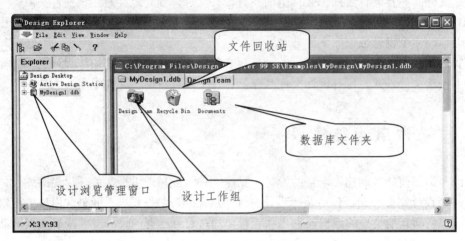

图 5.10　新建设计数据库浏览窗口

5.5.2　新建原理图设计文件

启动原理图编辑器的方法非常简单，新建一个原理图设计文件或者打开已有的原理图设计文件，就能启动原理图编辑器。下面介绍如何新建一个原理图设计文件。

（1）双击图 5.10 所示窗口中的 Documents 图标，打开该文件夹，将新建的原理图设计文件存放在该文件夹下。

（2）执行菜单命令【File】→【New...】，打开【New Document】（新建设计文件）对话框，如图 5.11 所示。

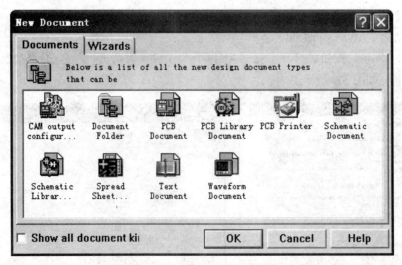

图 5.11　新建设计文件对话框

（3）在新建设计文件对话框中单击 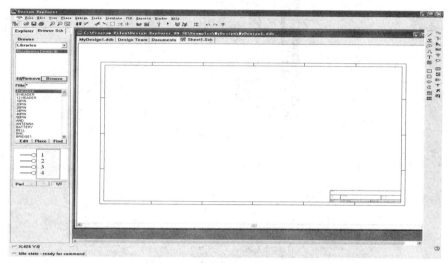 图标，然后再单击 OK 按钮或者直接双击该图标，即可完成新的原理图文件的创建，结果如图 5.12 所示。

图 5.12　原理图设计界面

5.5.3　启动 PCB 电路板编辑器

在完成了电路板原理图的设计之后，就要将网络表和元器件封装导入 PCB 电路板编辑器中进行电路板的设计，这时需要启动 PCB 电路板编辑器。其方法同启动原理图编辑器的方法一样，新建一个 PCB 设计文件或者打开一个已经存在的 PCB 设计文件，即可启动 PCB 电路板编辑器。下面介绍如何新建 PCB 设计文件。

（1）执行菜单命令【File】→【New...】，打开新建设计文件对话框。

（2）在新建设计文件对话框中单击 图标，选中新建元器件封装库设计文件选项，然后单击 OK 按钮，系统将会新建一个元器件封装库设计文件。

5.5.4　文件自动存盘功能

电路板的设计过程往往很长，如果在设计过程中遇到一些突发事件，如停电、运行程序出错等，就会造成在进行的设计工作被迫终止而又无法存盘，使得已经完成的工作全部丢失。为了避免这种情况发生，就需要在设计过程不断存盘。

Protel 99SE 具有文件自动存盘功能，通过对自动存盘参数进行设置，就可以满足文件备份的要求。这样既保证了设计文件的安全性，又省去了许多麻烦。下面介绍如何设置文件自动存盘参数。

（1）单击菜单栏上左上角的 按钮，在弹出的菜单命令中选取【Preferences...】（系统参数），如图 5.13 所示。

图 5.13　系统参数设置

（2）上一步操作结束后，系统弹出【Preferences】（系统参数设置）对话框，如图 5.14 所示。

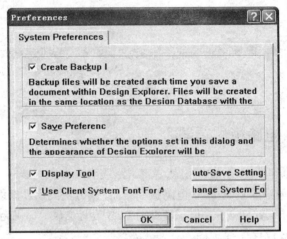

图 5.14　系统参数设置对话框

（3）在【Preference】对话框中选中【Create Backup Files】选项前的复选框，即可启用文件备份功能。

（4）点击【Auto-Save Settings】按钮，打开自动存盘参数设置对话框，如图 5.15 所示。

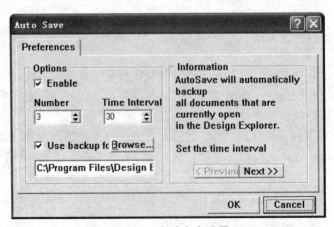

图 5.15　自动存盘设置

该对话框中各选项参数的意义如下：

【Enable】：选中该选项前的复选框，表示启用自动存盘功能，并可在后面的选项框中设定自动存盘的间隔时间。用户一旦启用了自动存盘功能，并且设定了相应的存储间隔时间，则系统将会在用户指定的时间内自动对当前工作窗口中激活的设计文件进行存盘。

【Number】：设计文件自动存盘的数目。系统提供的存盘数目最多可达 10 份。用户可以在文本框中直接输入数字或单击文本框后面的增加或减少按钮来设置该选项。

【Time Interval】：自动存盘操作的间隔时间，单位为分钟。其设置方法与自动存盘数目的设置方法相同。

【Use backup folder】：选中该选项前的复选框，然后单击 **Browse...** 按钮，可以指定设计文件自动存盘的目录。如果不选中该项，则系统将会把文件存储到数据库文件所在的目录之下。一旦启用了自动存盘功能，系统就会在设定的时间间隔内自动将设计浏览器中处于打开状态的设计文件自动保存到指定目录下，其文件名的后缀分别为"BKl"、"BK2"等。

5.5.5　设计数据库文件的加密

Protel 99SE 引入了权限管理的概念，设计者可以对设计数据库文件进行加密操作，以防止图纸泄密。

设置访问密码的步骤如下：

（1）执行菜单命令【File】→【New Design】，打开新建设计数据库对话框。

（2）单击【Password】选项卡，打开设置设计数据库文件访问密码对话框。在该对话框中选中【Yes】选项，然后在【Password】文本框中输入需要设定的密码，在【Confirm Password】文本框中开次输入上述密码进行确认，如图 5.16 所示。

（3）单击 OK 按钮，即可完成设计数据库文件访问密码的设置。

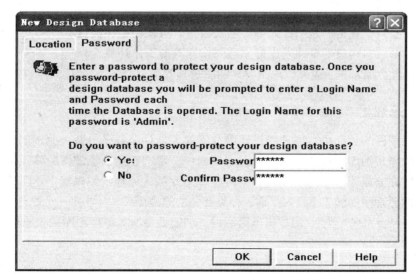

图 5.16　设置访问密码保护

5.6　绘制电路原理图

原理图设计的任务是将电路设计人员的设计思路用规范的电路语言描述出来，为电路板的设计提供元器件封装和网络表连接。设计一张正确的原理图是完成具备指定功能的 PCB 电路板设计的前提条件，原理图正确与否直接关系到后面制作的电路板能否正常工作。此外，电路板设计还应当本着整齐、美观的原则，能清晰、准确地反映设计者意图，方便日常交流。因此，绘制原理图是非常重要的。

5.6.1　设计原理图的基本流程

在正式介绍原理图设计之前，为了让读者对原理图设计有个大致的了解，这里先介绍设计原理图的基本流程。

电路板设计主要包括两个阶段，即原理图设计阶段和 PCB 设计阶段。原理图设计是在原理图编辑器中完成的，而 PCB 设计则是在 PCB 编辑器中进行的。只有原理图设计完成并经过编译、修改无误之后，才能进行 PCB 设计。设计原理图的基本流程如图 5.17 所示。

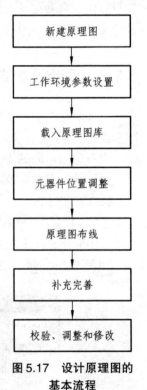

图 5.17　设计原理图的基本流程

1. 新建原理图设计

在前面已提到 Protel 99SE 中文件的组织结构，所有的电路板设计文件都包含在设计数据库文件中。因此在新建原理图设计之前，应当先创建一个设计数据库文件，然后在该设计数据库文件下新建原理图设计文件。

2. 工作环境参数设置

工作环境参数设置指的是图纸大小、电气栅格、可视栅格和捕捉栅格等的设置。它们构成了设计者进行原理图设计时的工作环境，只有这些参数设置合理，才能提高原理图设计的质量和效率。

3. 载入原理图库

在绘制原理图的过程中，原理图设计中放置的元器件全部来自载入原理图编辑器中的原理图库。如果原理图库没有被载入原理图编辑器中，那么在绘制原理图时将无法找到所需的元器件。因此在绘制原理图之前，应当先将原理图库载入原理图编辑器中。需要注意的是，Protel 99SE 的原理图库涵盖了众多厂商、种类齐全的原理图库，并非每一个原理图库在原理图的设计过程中都会用到，因此，应根据电路图设计的需要将所需原理图库载入原理图编辑器中。

4. 放置元器件

所谓放置元器件就是从载入编辑器的原理图库中选择所需的各种元器件，并将其逐一放置到原理图设计中，然后根据电气连接的设计要求和整齐美观的原则，调整元器件的位置。一般来说，在放置元器件的过程中，需要同时完成对元器件的编号、添加封装形式和定义元器件的显示状态等操作，以便为布线工作打好基础。

5. 原理图布线

原理图布线是指在放置完元器件后，用具有电气意义的导线、网络标号和端口等图件将元器件连接起来，使各元器件之间具有特定的电气连接关系，能够实现一定电气功能的过程。

6. 补充完善

在原理图设计基本完成之后，可以在原理图上做一些相应的说明、标注和修饰，以增强原理图的可读性和整齐美观性。

7. 校验、调整和修改

完成原理图的设计和调整之后，可以利用 Protel 99SE 提供的各种校验工具，根据设定规则对原理图设计进行检验，然后再对其进行进一步的调整和修改，以保证原理图正确无误。

5.6.2　Protel 99SE 电路设计案例

下面通过绘制一个使用 8051 单片机和可编程芯片 8255A 控制数码管，实现电子时钟基本功能的电路，介绍 Protel 99SE 功能及使用方法。

1. 新建原理图设计文件

（1）执行菜单命令【File】→【New】，打开【New Design Database】（新建设计数据库文件）对话柜，如图 5.18 所示。

图 5.18　新建设计数据库文件

双击 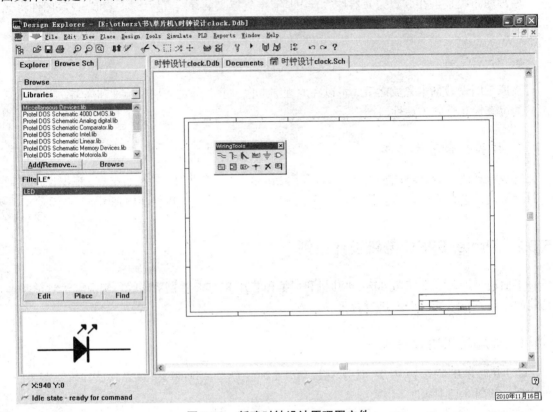 图标，打开该文件夹，将新建的原理图设计文件放置在该文件夹下。

（2）执行菜单命令【File】→【New】，在新建的设计数据库文件中新建一个原理图设计文件。在新建设计文件对话框中单击 图标，然后再单击 ▭ OK ▭ 按钮，即可完成新的原理图文件的创建，结果如图 5.19 所示。

图 5.19　新建时钟设计原理图文件

（3）执行菜单命令【File】→【Save】，保存原理图设计文件。这样，设计数据库文件和原理图设计文件就创建完成了。

2. 工作环境参数设置

工作环境参数设置包括图纸选项和一些参数的设置。与设计电路原理图关系密切的参数包括图纸的大小和方向、电气栅格、可视栅格以及捕捉栅格等。本节将对这些参数的设置进行详细介绍。

1）定义图纸外观

设置图纸的外观参数可按照以下步骤进行：

（1）执行菜单命令【Design】→【Option...】，打开设置图纸属性对话框。

（2）设置图纸尺寸。一般情况下，如果原理图设计得不是太复杂，可以选择标准 A4 图纸。在【Standard Style】（标准图纸格式）下拉列表中选择 "A4" 即可，如图 5.20 所示。

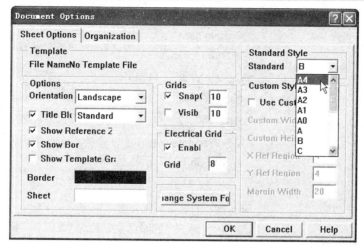

图 5.20　设置图纸尺寸

Protel 99SE 提供的标准图纸有以下几种：

- 公制：A0、A1、A2、A3、A4。
- 英制：A、B、C、D、E。
- Oracd 图纸：OracadA、OracadB、OracadC、OracadD、OracadE。
- 其他：Letter、Legal、Tabloid。

（3）设定图纸方向。对图纸方向的设定是在图 5.21 所示窗口的【Options】（选项）区域中完成的。该区域中包括图纸方向的设定、标题栏的设定及边框底色的设定等几部分。单击【Orientation】（方向）选项右边的按钮，在弹出的下拉列表中选择【Landscape】（水平）选项或【Portrait】（垂直）选项即可将图纸的方向设定为水平或垂直方向。

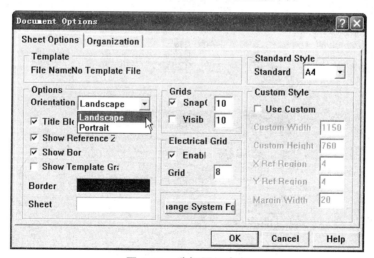

图 5.21　选择图纸方向

2）自定义图纸外形

在绘制原理图的过程，如果系统提供的图纸类型不能满足原理图设计需要，则可以自定义图纸的外形。自定义图纸外形的方法是：选中图 5.22 所示【Use Custom】（自定义图纸）复选框，然后在各选项后的文本框中输入相应的位即可，默认单位为 mil（1 mil = 0.025 4 mm）。

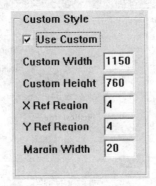

图 5.22　自定义图纸外形

3. 载入原理图库

　　绘制原理图的过程就是将具有实际元器件电气关系的图件放置到原理图图纸上，并用具有电气特性的导线或者网络标号等将这些元器件连接起来的过程。具有实际元器件电气关系的图件在 Protel 设计系统中一般被称为原理图符号，这些符号是代表二维空间内元器件引脚电气分布关系的符号。为了便于对原理图符号的管理，Protel 将所有元器件按制造厂商和元器件的功能进行分类，将具有相同特性的原理图符号存放在一个文件中。原理图库文件就是存储原理图符号的文件。

　　绘制原理图时首先要做的就是放置元器件的原理图符号。常用的元器件原理图符号可以在 Protel 99SE 的原理图库中找到。在放置元器件时只需在原理图库中调用所需的原理图符号即可，而不需要逐个绘制元器件符号。比较常用的原理库文件有"Miscellaneous Devices.ddb"以及"Protel DOS Schematic Libraries.ddb"等。如 8051 单片机就在"Protel DOS Schematic libraries.ddb"元件库的第四个子库"Intel"中。另外，在查找元器件时，也可以使用 Find 命令。

　　下面介绍如何在原理图编辑器中载入原理图库。

　　（1）单击【Browse Sch】标签页，将原理图编辑器管理窗口切换到浏览原理图管理窗，如图 5.23 所示。

图 5.23　【Browse Sch】标签页

（2）单击【Add/Remove】按钮，打开载入原理图库对话框，将"Miscellaneous Devices.ddb"以及"Protel DOS Schematic Libraries.ddb"库进行加载操作，如图 5.24 所示。

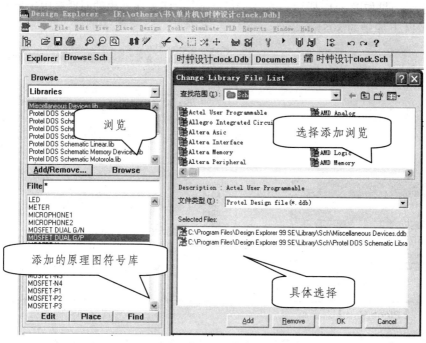

图 5.24　载入原理图库对话框

添加库文件后，可以在【Filter】栏里输入相关信息查找元器件。例如，选中"Miscellaneous Devices.lib"，输入"R*"后按回车键，系统会自动检索出在"Miscellaneous Devices.lib"中所有以 R 开头的元器件。

4. 放置元器件

在将原理图库载入原理图编辑器中后，就可以从原理图库中调用元器件并将其放置到图纸上了。

放置元器件的方法主要有 3 种：

① 利用菜单命令放置元器件；

② 利用快捷键"P/P"放置元器件；

③ 利用原理图符号浏览栏放置元器件。

下面对放置元器件的方法进行详细介绍。

首先放置 8051 单片机，方法如下：

方法 1：利用原理图符号浏览栏放置元器件 8051。选择元器件库"Protel DOS Schematic Intel.Lib"，双击后在元器件列表中选择 8051，然后单击 **Place** 按钮可以放置所选元器件，如图 5.25 所示。

方法 2：利用菜单命令或快捷键放置元器件。

（1）执行菜单命令【Place】/【Part...】（或者单击工具栏的 ⊅

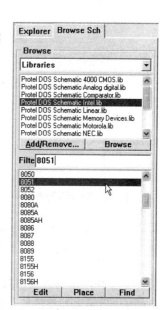

图 5.25　放置元器件 8051

按钮或按下快捷键 "P/P"），弹出【Place Part】对话框，如图 5.26 所示。

（2）在对话框中输入原理图符号的【Lib Ref】（名称）、【Designator】（序号）和【FootPrint】（元器件封装），结果如图 5.27 所示。单击【Browse】按钮，在弹出的对话框中选择 Protel DOS Schematic Intel.Lib 库中的 8051 元器件。

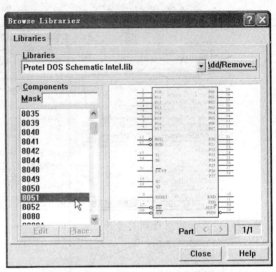

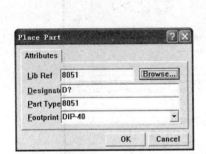

图 5.26 【Place Part】对话框

图 5.27 放置元器件库浏览

（3）单击 **OK** 按钮回到原理图工作窗口，此时光标上将带着一个元器件，如图 5.28 所示。

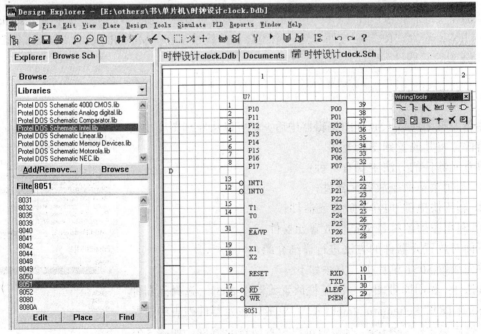

图 5.28 原理图设计工作窗口

（4）在图纸的适当位置单击鼠标左键，即可放置一个元器件，单击鼠标右键或者按下键盘 Esc 键可以结束元器件放置操作。

（5）重复以上步骤，即可放置所有元器件。

对于本章要绘制的使用 8051 单片机与可编程外设接口芯片 8255A 控制数码管，实现电子时钟基本功能的电路，依次在原理图中继续添加：地址锁存器 74LS373，属于"Protel DOS Schematic TTL.lib"元器件库；可编程并行 I/O 接口芯片 8255A，属于"Intel Peripheral.Lib"元器件库；电阻"RES2"、按键"SW-PB"、数码管"DPY_7-SEG"，都属于"Miscellaneous Devices.ddb"元器件库。

如果不知道所绘元器件属于哪一个库，可以进行元器件查找添加，操作方法如下：

① 如图 5.29 所示，点击 **Find** 按钮，弹出元器件查找窗口，如图 5.30 所示。

图 5.29　元器件查找

图 5.30　元器件查找添加

② 在【By Library Reft】栏中输入要查询的元器件名，如输入地址锁存器 74LS373，选择 Protel 安装的默认库文件路径后回车，Protel 自动对所有元器件库进行查找匹配，找到后可点击 **Place** 按钮将所查询元器件在原理图中进行放置操作。

下面继续在原理图中添加元器件。选择"Protel DOS Schematic TTL.lib"，放置地址锁存器 74LS373，如图 5.31 所示。

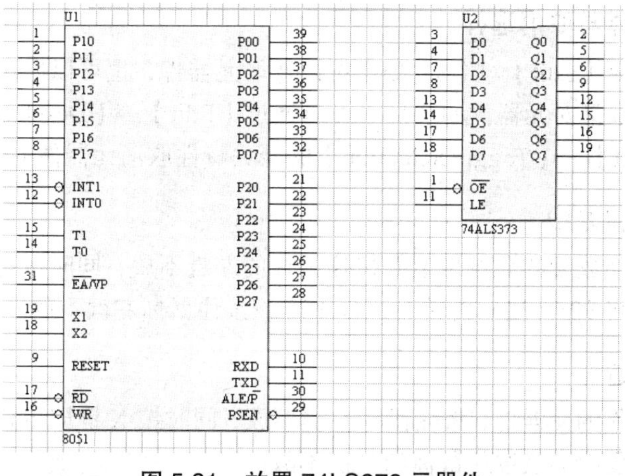

图 5.31　放置 74LS373 元器件

在上图的基础上选择"Intel Peripheral.Lib"元器件库，放置可编程并行 I/O 接口芯片 8255A。再选择"Miscellaneous Devices.ddb"元器件库，放置电阻"RES2"、按键"SW-PB"、数码管"DPY_7-SEG"，如图 5.32 所示。所有元器件放置完成后如图 5.33 所示。

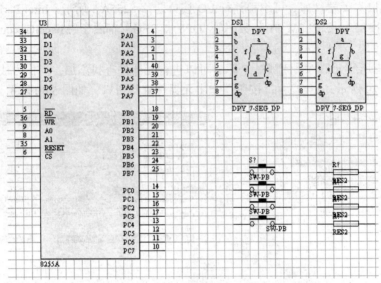

图 5.32　放置电子时钟其他控制元器件

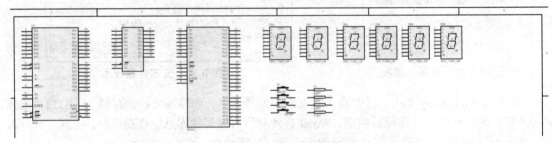

图 5.33　电子时钟元器件放置图

5. 元器件基本操作

1）元器件的选择与取消选择

通过执行菜单命令【Edit】→【Select】可以选取元器件，也可以采用鼠标左键框选的方式选取元器件。如果要取消对元器件的选择，可以通过【Edit】→【Deselect】菜单中的对应命令或利用菜单命令【Edit】→【Toggle Selection】的开关特性取消元器件的选中状态。

2）元器件的旋转方法

将光标移动到已经放置的元器件上并按住鼠标的左键不放，同时按键盘空格键即可将该元器件沿逆时针方向旋转 90°。注意旋转的过程中应该按住鼠标左键不放。

3）水平翻转元器件

用光标选中待操作的元器件，按住鼠标左键不放，同时按 X 键即可将该元器件水平翻转一次。注意，翻转的过程中应该按住鼠标的左键不放。

4）垂直翻转元器件

用光标选中待操作的元器件，按住鼠标左键不放，同时按 Y 键即可将该元器件垂直翻转一次。注意，翻转的过程中应该按住鼠标的左键不放。

5）编辑元器件

选择要改变大小或属性的元器件，点击【Edit】按钮，便可以对元器件属性进行修改，如图 5.34 所示。

图 5.34　元器件属性编辑

6）删除元器件

在放置元器件的过程中或者是在放置完元器件之后，设计者如果觉得元器件的类型不相符或数目过多，可以将这些元器件从原理图中删除。方法是：按住鼠标左键不放，然后拖动鼠标，用拖出的选框框住所要删除的一个或多个元器件，松开鼠标左键，此时待删除器件全部被选中，按下键盘 Delete 键+Ctrl 键可以进行元器件删除操作。图 5.35 所示为用鼠标框选电阻 R1 和 R2进行删除操作例子，选中后再按下键盘 Delete 键+Ctrl 键可以进行元器件删除操作。

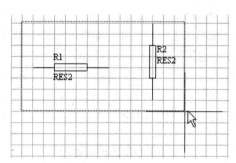

图 5.35　元器件框选删除

6. 设置元器件的属性

调整好元器件位置后，接下来就要对各个元器件的属性进行设置，这项工作就是 PCB 设计的基础。元器件的属性主要包括元器件的序号、封装形式和元器件型号等。

设置元器件的属性通常有以下几种方法：

① 直接用鼠标双击元器件，在弹出的属性对话框中设置该元器件的属性。

② 利用菜单命令设置元器件的属性。

③ 当元器件处于放置状态时，按 Tab 键，弹出元器件属性设置对话框，如图 5.36 所示。

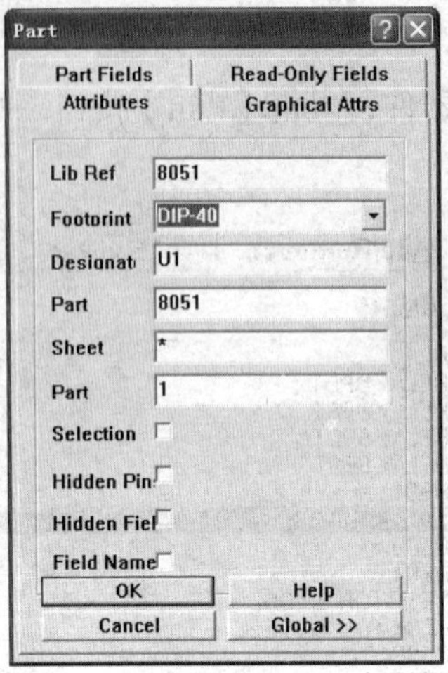

图 5.36　元器件属性设置对话框

【LibRef】（元器件名称）：设置元器件在原理图库中的名称（不允许修改）。

【FootPrint】（元器件封装）：设置元器件封装。由于该接插件在元器件封装库中的封装名称为"DIP40"，因此本例将该选项设置为"DIP40"。

【Designator】（元器件序号）：设置元器件序号。本例设定为"UI"，其他采用系统默认设置即可。

7. 绘图工具的使用

在原理图库文件创建完成之后，就可以在原理图库编辑器中制作原理图符号了。不过在正式制作原理图符号之前，还要介绍一个非常有用的工具栏——绘图工具栏。Protel 99SE 提供了功能强大的绘图工具栏（SchLib Drawing Tools）。使用绘图工具栏不仅可以方便地在图纸上绘制直线、曲线、圆弧和矩形等图形，还可以放置元器件的引脚，添加元器件和元器件的子件等。总之，利用绘图工具栏可以方便地执行绘制原理图符号的命令，大大简化了原理图符号的制作过程。需要注意的是，利用绘图工具绘制的图形主要起标注作用，不含有任何电气含义（原理图库编辑器中的放置元器件引脚工具除外），这是绘图工具与放置工具（Wiring）的根本区别。

绘图工具栏如图 5.37 所示，其中各按钮的功能如下：

图 5.37　绘图工具栏

／——绘制直线；　　　　　　　　——绘制多边形；

——绘制椭圆弧； 　　　　　　　——绘制贝塞尔曲线；

T——添加文字注释；　　　　　　　圖——创建文本框架；

▢——绘制矩形；　　　　　　　　　▢——绘制圆角矩形；

◯——绘制满圆；　　　　　　　　　◁——绘制饼图；

▣——粘贴图片；　　　　　　　　　▦——设置阵列粘贴图件。

下面以绘制直线和多边形为例，来学习绘图工具栏的基本用法。通过绘制直线和多边形等绘图工具可以将前面的设计原理图中已经放置的元器件进行连接。

1）绘制直线

绘制直线工具主要用来绘制原理图符号的外形，比如电阻原理图符号的边框。它不具有任何电气意义，只是表示实际元器件的外形。

（1）单击绘图工具栏中的 ╱ 按钮或执行绘制直线命令，将变为"十"字形状的光标移动至适当位置，单击鼠标左键或者按下回车键，确定直线的起点。然后移动鼠标光标，会发现一条线段随着光标移动。在直线转折的位置单击鼠标左键，确定直线的转折点。然后移动光标到适当的位置再次单击鼠标左键，确定第一条线段的终点，即可完成这条折线的绘制。此时系统仍处于绘制直线命令状态，单击鼠标右键或按 Esc 键即可退出该命令状态。

（2）直线属性的设置：鼠标左键双击已经绘制的直线，将弹出直线属性设置窗口，如图 5.38 所示。

图 5.38　直线属性设置

【Line】：设置线宽。单击下拉按钮，可以在下拉菜单中选择【Smallest】（很细）、【Small】（细）、【Medium】（中）和【Large】（宽）等不同粗细的直线。

【Line】：设置线型。单击下拉按钮，可以在下拉菜单中选择【Solid】（实线）、【Dashed】（虚线）、和【Dotted】（点线）等不同的线型。

【Color】：设定直线线条颜色。

2）绘制多边形

单击绘图工具栏中的 ◺ 按钮或执行绘制多边形命令，每单击鼠标左键或按回车键一次，就可以确定多边形的一个顶点，最后单击鼠标右键或按 Esc 键，即可完成多边形的绘制。

8. 原理图布线

在调整好元器件在图纸上的位置并设置好元器件属性后，就可以开始在原理图上布线了。所谓原理图布线，就是在放置好的各个相互独立的元器件之间，按照设计要求，通过放置导线、网络标识、电源/接地符号和总线等建立起电气连接关系。

导线连接是将元器件引脚与引脚之间通过导线直接连通，是最常用的一种布线手段。网络标号同样具有电气连接意义，相同网络标号的引脚之间实际是相连的，只不过其间没有导线。电源/接地符号从根本上讲，是一类特殊的网络标号，只不过为了满足电路图的表达习惯，赋予了它们特定的形状。总线有别于前面三种图件，它是没有电气连接意义的。引入总线的目的是简化图纸的绘制，使图纸简洁、清晰。

对电路原理图进行布线的方法主要有 3 种：

① 利用放置工具栏（Wiring Tools）进行布线；

② 利用菜单命令进行布线；

③ 利用快捷键进行布线。

在介绍原理图布线操作之前，首先介绍放置工具栏。

1）放置工具栏

原理图放置工具栏如图 5.39 所示，各个按钮的作用如下：

图 5.39　放置工具栏

📉——放置导线；　　　　　　　📉——放置总线；

📉——放置总线分支；　　　　　Net1——放置网络标号；

📉——放置接地信号；　　　　　📉——放置元器件；

📉——制作方块电路盘；　　　　📉——制作方块电路盘输入/输出端口；

📉——制作电路输入/输出端口；　📉——放置电路接点；

📉——设置忽略电路法则测试；　📉——设置 PCB 布线规则。

2）布　线

在放置好元器件的基础上，下面进行电路图布线设计。具体步骤如下：

（1）单击放置工具栏中的 📉 按钮，执行绘制导线命令。

（2）将"十"字形光标移动到二极管的引脚上，单击鼠标左键确定导线的起始点，如图 5.40 所示。注意，导线的起始点一定要设置在元器件的引脚上，否则导线与元器件并没有电气连接关系。图 5.40 中鼠标指针处出现的黑色实心圆点标志"●"就是当前系统捕获的电气节点，此时绘制的导线将以该处作为起点。

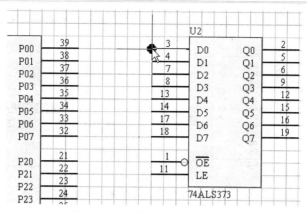

图 5.40　布线确定导线的起点

（3）确定导线的起始点后移动鼠标光标，开始绘制导线。将线头拖到电阻 R1 上方的引脚上，单击鼠标左键确定该段导线的终点。同样，导线的终点也一定要设置在元器件的引脚上。单击鼠标右键或按 Esc 键，即可完成该条导线的绘制，如图 5.41 所示。

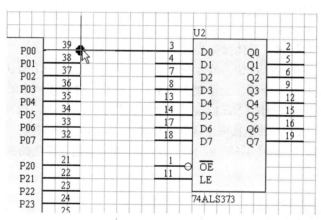

图 5.41　布线确定导线的终点

（4）如果需要转折，可在转折处单击鼠标左键来确定导线的位置，每转折一次都要单击一次。另外，在绘制过程中可以连续按下 Space 键可以变换导线转折方向。

3）放置电源及接地符号

电源和接地符号可以通过电源及接地符号工具栏（Power Object）来放置。系统为设计者提供了 12 种不同形状的电源和接地符号。执行菜单命令【View】→【Toolbars】→【Power Objects】，出现如图 5.42 所示电源元器件。

图 5.42　放置电源及接地符号

选择 VCC 和接地元器件放置到数字时钟设计的原理图中，如图 5.43 所示。

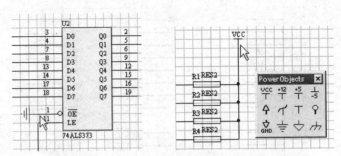

图 5.43　电子时钟设计放置电源及接地符号

4）放置网络标号

一般在以下情况下使用网络标号来代替导线连接：

① 总线连接时表示各导线之间的连接关系。

② 为了简化原理图，在线路距离比较远或过于复杂时，为简化走线而使用网络标号。

③ 在层次原理图中，需要表示模块之间的连接时必须使用网络标号。

下面采用网络标号将本章电子时钟设计中的 8051 单片机的 19 引脚与 18 引脚分别与晶振的左、右两个引脚连接起来，具体操作步骤如下：

（1）单击工具栏中的 **Net1** 按钮，或者执行命令菜单【Place】→【NetLabel】。

执行完放置网络标号命令后，光标变为"十"字形状，并出现一个随光标移动而移动的虚线方框。此时按下 Tab 键，弹出【Net Label】（网络标号属性）对话框，如图 5.44 所示。在【Net】（网络标号）栏输入"X1"，其他选项使用默认设置，单击【OK】按钮。

（2）将虚线框移动到 8051 的第 19 引脚（X1）上方，当出现黑色的圆点后，单击鼠标左键确认，即可将网络标号"粘贴"上去，如图 5.45 所示。

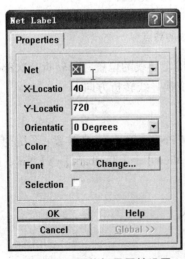

图 5.44　网络标号属性设置

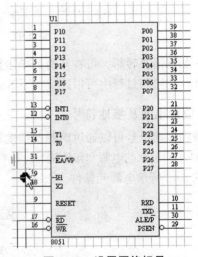

图 5.45　设置网络标号

（3）设置完一个网络标号后，系统仍会处于放置状态，此时可以继续放置，或者单击鼠标右键或按 Esc 键退出网络标号放置的命令状态。

（4）重复上面的操作，为 8051 的第 18 引脚（X2）放置名称为"X2"的网络标号，如图 5.46 与图 5.47 所示。

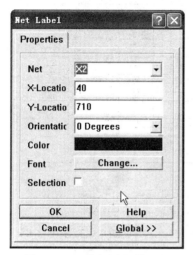

图 5.46　网络标号属性设置

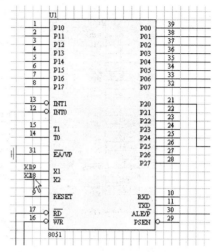

图 5.47　设置网络标号

（5）下面使用同样的方法为晶振 Y1 左、右引脚设置网络标号 X1、X2，使其与单片机 8051 的 19、18 引脚建立电气连接关系，如图 5.48 所示。

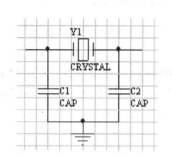
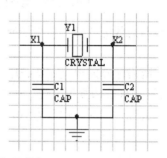

图 5.48　设置晶振网络标号

注意，尽管使用网络标号可以减少画导线的麻烦，但也正因为如此而使原理图上相应的电气连接关系变得很不直观。特别是在较为复杂的电路原理图中，如果网络标号数量过多，会使图纸可读性变差。

根据上述方法放置网络标号后，结果如图 5.49 所示。

5）放置总线

总线是对多条具有同性质的信号线的称呼。在实际的电子设备中，常见的数据线、地址线都是总线。在电路原理图中，使用总线来绘图，可以有效地减少图中导线的数量，使图纸更加清晰易懂。

但是，总线不能代替导线，因为两者存在着本质的区别。总线本身并不具备电气连接意义，而需要由总线接出的单一导线上的网络标号来完成电气意义上的连接。这一点设计者一定要注意。

使用总线代替一组导线时，通常需要与总线分支相配合。

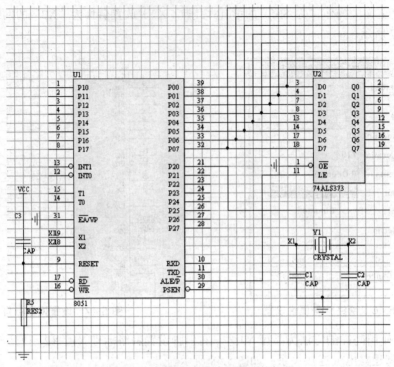

图 5.49　电子时钟设计设置网络标号

下面利用总线与总线分支将本章电子时钟设计中的 8255A 与 6 个数码管相连接,具体步骤如下:

(1)根据之前网络标号的放置方法,建立网络标号电气连接特性。在本例中利用 8255A 的 PA 口对 8 个数码管进行段选数据发送,所以将 8255A 的 PA 口依次设置网络标号 A0 ~ A7, 6 个数码管的 8 个引脚也依次对应设置为 A0 ~ A7,如图 5.50 所示。

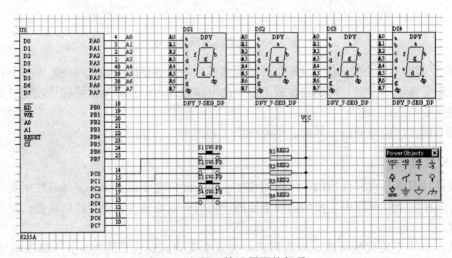

图 5.50　数码管设置网络标号

(2)执行菜单命令【Place】→【Bus】或者使用工具栏中的 ⌐ 按钮,在适当的位置单击鼠标左键以确定总线的起点,如图 5.51 所示。

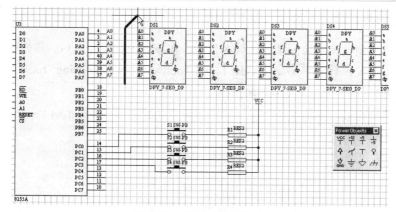

图 5.51　确定总线的起点

（3）移动光标开始画线，在每一个转折点处单击鼠标左键可以确认绘制的这一线段。在末尾处单击鼠标左键确认整个总线绘制结束，如图 5.52 所示。

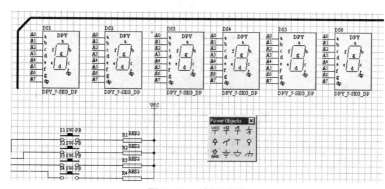

图 5.52　绘制总线

（4）画总线的分支线。

执行菜单命令【Place】→【Bus Entry】或者单击放置工具栏中　按钮，光标会变成"十"字形并带有总线分支"/"或"\"。用户可以根据需要改变分支总线方向，只要在命令状态下按空格键即可。绘制总线的分支线结束后如图 5.53 所示。

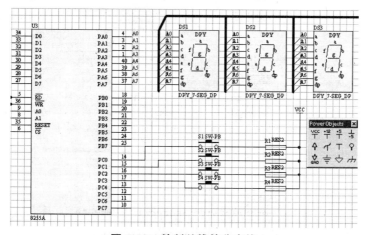

图 5.53　绘制总线的分支线

9. 添加注释文字

为了达到方便调试、增加图纸可读性等目的，在原理图布线完成后，还要根据需要添加一定的注释文字。通过执行菜单命令【View】→【Toolbars】→【Drawing Tools】或者单击画图工具栏的 ▦ 按钮，可以进行文字添加操作。

在进行上述操作后，光标变为"十"字形，按下 Tab 键，弹出【Text Fram】（文本框属性）对话框，如图 5.54 所示。

图 5.54　注释文本属性设置

单击【Text】（文本）选项后的 Change... 按钮，系统弹出【Edit TextFram Text】（编辑文本框）编辑窗口。实际上该窗口是一个简单的文本编辑器，用户在它内部可以进行文本编辑。输入结束后单击【OK】按钮即可，如图 5.55 所示。

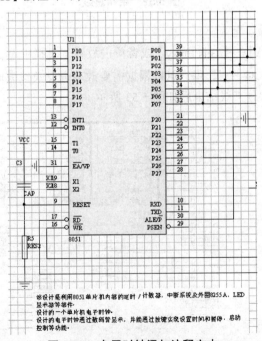

图 5.55　电子时钟添加注释文本

经过上面的操作后，电子时钟原理图绘制完毕，如图 5.56 所示。

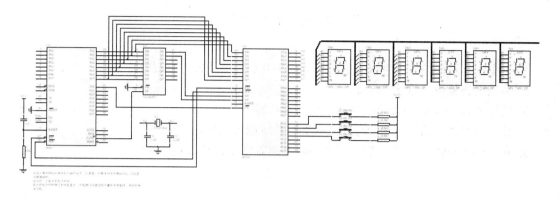

图 5.56　电子时钟 Protel 电路原理图

10. 打印输出图纸

电路原理图绘制完毕并检查正确无误后，除了应当在计算机中进行必要的文件保存外，往往还要将电路原理图打印机输出，以便设计人员进行检查、参考和存档等。打印输出步骤如下：

（1）确认已经安装好打印机，执行菜单命令【File】→【Setup Print...】，或直接在主菜单栏中单击 🖶 按钮，系统弹出【Schematic Printer Setup】（原理图打印设置）对话框，如图 5.57 所示。

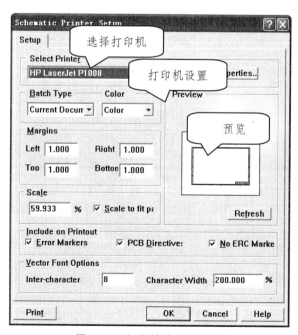

图 5.57　打印输出图纸设置

（2）设置好相关参数，执行菜单命令【File】→【Print】即可打印输出。

练习与思考

1. 根据工作层面的多少可以将电路板分为哪几类？简述每种类型的特点。
2. 简述电路板设计的基本步骤。
3. 简述 Protel 99SE 包含哪些功能模块及其功能。
4. 什么是总线？总线与导线有什么区别？总线能否代替导线？
5. 在 Protel 99SE 设计中，进入元件编辑界面需要经过哪几个步骤？

第 6 章　Proteus 电子仿真软件

　　开发单片机系统硬件投入比较大，在具体的工程实践中，如果因为方案有误而要重新进行相应的开发设计,就会浪费比较多的时间和经费。英国 Labcenter Eelectronics 公司推出的 Proteus 套件，可以对基于微控制器的设计连同所有的周围电子器件一起仿真，用户甚至可以实时采用诸如 LED/LCD、键盘、RS-232 终端等动态外设模型来对设计进行交互仿真。Proteus 套件目前在单片机的教学过程中，已越来越受到重视，并被提倡应用于单片机数字实验室的构建之中。Proteus 支持的微处理器包括 8051 系列、AVR 系列、PIC 系列、HC11 系列、ARM7/LPC2000 系列以及 Z80 等。

　　Proteus7 Professional 软件主要包括 ISIS7 Professional 和 ARES7 Professional。其中 ISIS7 Professional 用于绘制原理图并可进行电路仿真（APICE 仿真），ARES7 Professional 用于 PCB 设计。本书重点介绍 ISIS7 Professional 的主要用法。

　　在 PC 上安装 Proteus 软件后，即可完成单片机系统原理图电路绘制、PCB 设计，更为重要的是可以与 μ Vision3 IDE 工具软件结合进行编程仿真调试。本章以 Proteus7 Professional 为例介绍 Proteus 在单片机系统设计中的应用。

6.1　Proteus7　Professional 界面介绍

　　运行 ISIS7 Professional 后，系统启动界面如图 6.1 所示。几秒之后进入 Proteus ISIS 编辑环境，出现如图 6.2 所示工作界面。

图 6.1　Proteus 启动界面

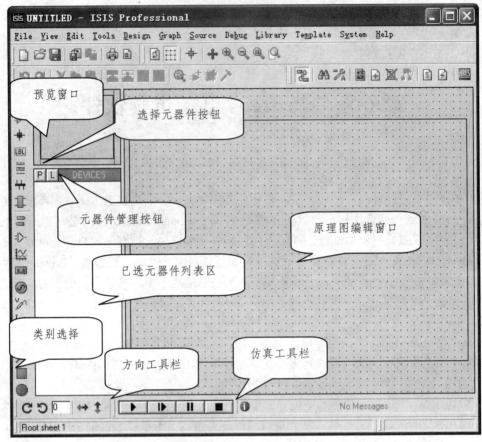

图 6.2   ISIS7 Professional 工作界面

ISIS 大部分操作与 Windows 的操作类似。下面简单介绍其各部分的功能。

1. 原理图编辑窗口（The Editing Window）

顾名思义，它是用来绘制原理图的。蓝色方框内为可编辑区，元器件要放在该区域。与其他 Windows 应用软件不同，这个窗口是没有滚动条的，可以用左上角的预览窗口来改变原理图的可视范围。

2. 预览窗口（The Overview Window）

它可以显示两个内容：在元器件列表中选择一个元器件时，它会显示该元器件的预览图；当鼠标焦点落在原理图编辑窗口时（即放置元器件到原理图编辑窗口后或在原理图编辑窗口中单击鼠标后），会显示整张原理图的缩略图，并会显示一个绿色的方框，绿色方框里面的内容就是当前原理图窗口中显示的内容，因此，可以用鼠标在上面单击来改变绿色方框的位置，从而改变原理图的可视范围。

3. 模型选择工具栏（Mode Selector Toolbar）

（1）主要模型（Main Modes）功能如下：

▶——即时编辑元器件参数（先单击该图标再单击要修改的元件）；

　——选择元器件（Components）（默认选择）；

　——放置连接点；

　——放置标签（相当于网络标号）；

　——放置文本；

　——用于绘制总线；

　——放置子电路。

（2）配件（Gadgets）功能如下：

　——终端接口（Terminala），有 V_{CC}、地、输出、输入等接口；

　——器件引脚，用于绘制各种引脚；

　——仿真图表（Graph），用于各种分析，如 Noise Analysis；

　——录音机；

　——信号发生器（Generator）；

　——电压探针，使用仿真图表时要用到；

　——电流探针，使用仿真图表时要用到；

　——虚拟仪表，包括示波器等。

（3）2D 图形（2D Graphics）功能如下：

　——画各种直线；

　——画各种方框；

　——画各种圆；

　——画各种弧形；

　——画各种多边形；

　——画各种文本；

　——画符号；

　——画原点等。

4. 元器件列表区（The Object Selector）

用于挑选元器件（Components）、终端接口（Terminals）、信号发生器（Generators）、仿真图表（Graph）等。例如，选择"元器件（Components）"，单击 P 按钮会打开挑选元器件对话框，选择了一个元器件后（单击了【OK】按钮之后），该元器件会在列表中显示，以后要用到该元器件时，只需要在元器件列表中选择即可。

5. 方向工具栏（Orientation Toolbar）

　——旋转，旋转角度只能是 90 的整数倍；

　——翻转，水平翻转和垂直翻转。

使用方法：先右键单击所选元件，再选择相应的旋转图标。

6. 仿真工具栏

仿真工具栏各控制按钮的功能由左向右分别为：运行、单步运行、暂停、停止。

6.2　绘制电路原理图

下面通过一个简单的实例——AT89C51 单片机控制 LED 发光，来说明 Proteus 绘制原理图的过程。

该实例实现如下功能：当按下与 P1.2 连接的按钮时，P1.1 控制的发光二极管点亮，否则，P1.0 控制的发光二极管点亮。

ISIS 7 Professional 绘制原理图步骤如下：

（1）执行菜单命令【File】→【New Design】，新建一个 DEFAULT 模板，保存文件名为"P1口的应用（一）.DSN"，如图 6.3 所示。

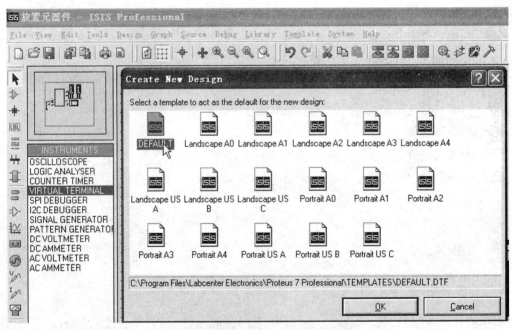

图 6.3　创建新设计——P1 口的应用

（2）将所需元器件添加到对象选择器窗口。

单击挑选元器件按钮 P 后，在弹出的【Pick Devices】窗口中，使用搜索引擎，在【Keywords】栏中分别输入 AT89C51、BUTTON、CAP、CRYSTAL、RES、LED-BIGY 和 LED-BIBY，在搜索结果【Results】栏中找到该对象，并将其添加到已选元器件列表区中，如图 6.4 所示。在器件选择按钮中单击 P 按钮，或执行菜单命令【Library】→【Pick Device/Symbol】，添加如表 6.1 所示的元件。注意，在 ISIS 中，单片机的型号必须与在 Keil 中选择的型号完全一致。

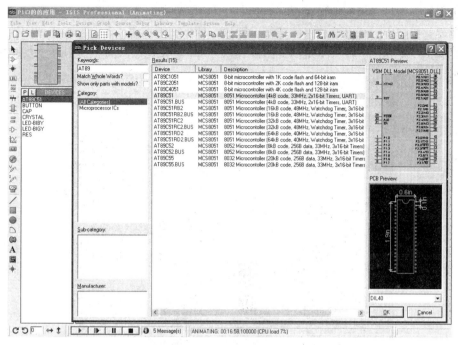

图 6.4　选择元器件

表 6.1　本实例所用元器件

中文名	软件中的代号	中文名	软件中的代号
单片机	AT89C51	瓷片电容	CAP（30 pF）
晶振	CRYSTAL（12 MHz）	电阻	RES
按钮	BUTTON	发光二极管	LED-BIBY
发光二极管	LED-BIGY		

　　将 AT89C51、BUTTON、CAP、CRYSTAL、RES、LED-BIGY 和 LED-BIBY 全部查找选择后，此时已经选择的元器件设备出现在已选元器件列表窗口中，如图 6.5 所示。

图 6.5　已选元器件列表

（3）放置元器件至图形编辑窗口。

在对象选择器中，单击要放置的元件，在该元件名上出现蓝色条，再在原理图编辑窗口中单击就放置了一个元件。将 AT89C51、BUTTON、电容、电阻、LED 放置到图形编辑窗口，如图 6.6 所示。

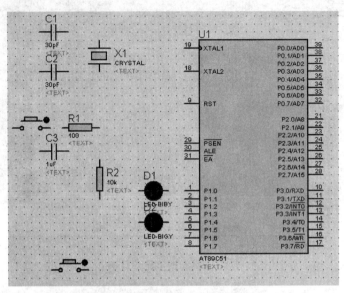

图 6.6　在图形编辑窗口放置元器件

（4）添加电源和接地引脚。

单击绘图工具栏中的 Inter-sheet Terminal 按钮 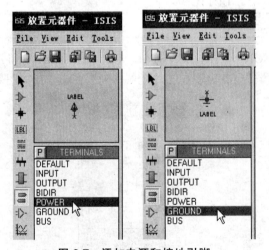，在对象选择器窗口选中对象 POWER 和 GROUND，如图 6.7 所示，将其放置到图形编辑窗口。

图 6.7　添加电源和接地引脚

（5）放置总线至图形编辑窗口。

单击绘图工具栏中的总线按钮 ，使之处于选中状态。将鼠标置于图形编辑窗口，完成元器件之间的连线（Wiring Up Components on the Schematic）。在此过程中请注意：当线路发生交叉时，若出现实心小黑圆点，表明导线接通，否则表明导线无接通关系。当然，也可以通过绘制工具栏中的连接点按钮 ，完成两交叉线的接通。

另外，在此过程中，也可以给导线添加标签。单击绘图工具栏中的导线标签按钮 ，在图形编辑窗口中，完成导线或总线的标注。在此过程中，电压探针名默认为"？"。当电压探针的连接点与导线或者总线连接后，电压探针名自动更改为已标注的导线名、总线名或者与该导线连接的设备引脚名。完成布线后的电路如图 6.8 所示。

在布线过程中，应注意：

① 当鼠标的指针靠近对象的连接点时，鼠标的指针旁会出现一个"×"号，表明总线可以接至该点；

② 在绘制多段连续总线时，只需要在拐点处单击鼠标左键，其他步骤与绘制一段总线相同。

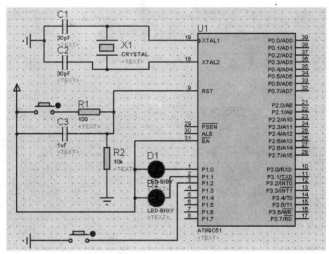

图 6.8　完成布线后的电路图

（6）设置电容、电阻参数。

左键双击各元件，设置电容 C1、C2、C3 及电阻 R1、R2 对应元器件参数，完成电路图的设计，如图 6.9、图 6.10 所示。

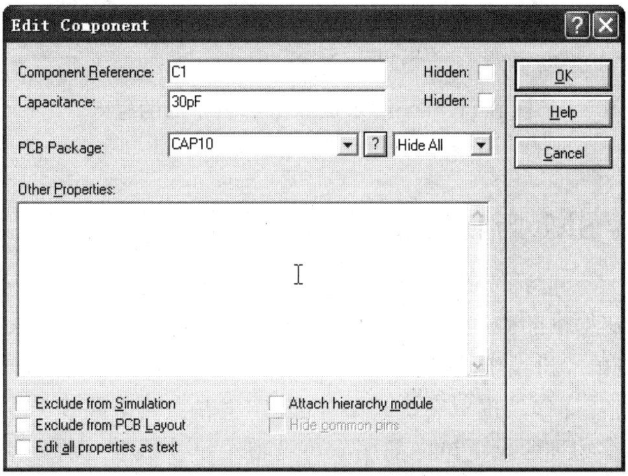

图 6.9　设置电容参数

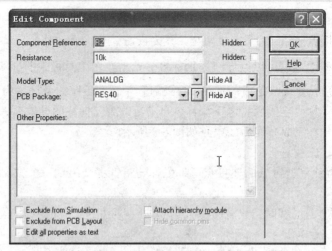

图 6.10　设置电阻参数

经过元器件选择、绘制、布线、元器件参数设置后，AT89C51 单片机控制 LED 发光的 Proteus 原理图已经绘制完毕，如图 6.11 所示。

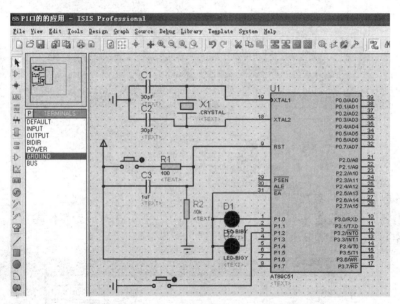

图 6.11　Proteus 原理图——P1 口的应用

6.3　Proteus VSM 与 μVision2 的联调

Proteus VSM 能够提供的 CPU 仿真模型有 ARM7、PIC、Atmel AVR、Motorola HCXX 及 8051/8052 系列。支持单片机系统的仿真是 PROTEUS VSM 的一大特色。VSM 的全称为 Virtual System Modelling，直接译作"虚拟系统模型"，其定义是：将电路模型、动态外设以及微处理器的仿真结合起来，在物理原型调试之前用于仿真整个单片机系统的一种设计方法。对动态外设的支持是 Proteus 在区别于其他等仿真软件最直接的地方。VSM 为用户提供了一个实时交互的环境，在仿真的过程中，用户可以用鼠标去点击开关和按钮，微处理器根据输入的信号做出相应的中断响应，同时输出运算的结果到显示终端。整个过程与真实的硬件调是极其相似的，在动态外设支持下的实时输入和输出为实验者呈现了一个最接近现实的调试环境。

　　Proteus VSM 将源代码的编辑和编译整合到同一设计环境中，这样使得用户可以在设计中直接编辑代码，并可容易地查看到用户对源程序修改后对仿真结果的影响。但对于 80C51/80C52 系列，目前 Proteus VSM 只嵌入了 8051 汇编器，尚不支持高级语言的调试。但 Proteus VSM 支持第三方公司开发环境的 IDE，目前支持的第三方 80C51 IDE 有：IAR Embedded Workbench、Keil μVision IDE。本书以 Keil μVision2 IDE 为例介绍 Proteus VSM 与 Keil μVision2 IDE 的联调。

　　对于 Proteus 6.9 或更高的版本，在安装盘里有 vdmagdi 插件，或者可以到 Labcenter 公司下载该插件。安装该插件后即可实现与 Keil μVision3 IDE 的联调。

　　下面的叙述是假定已经安装了如下软件：Proteus 7 Professional、Keil μVision2 IDE、vdmagdi.exe。

6.3.1　Proteus VSM 设置

　　进入 Proteus 的 ISIS，打开一个原理图文件（如在上节所绘制电路原理图文件 80C51 VSM.DSN）。接着执行菜单命令【Debug】→【Use Remote Debug Monitor】，如图 6.12 所示，便可实现 μVision3 IDE 与 Proteus 连接调试。

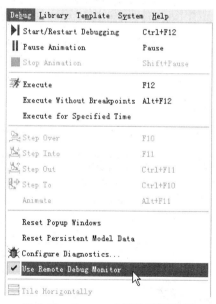

图 6.12　Proteus VSM 联调设置

6.3.2　Keil μVision2 IDE 设置

1. 设置 Option for Target/Debug 选项

打开 Keil μVision2，建立或打开一个工程，此处假设打开前面在 Keil 中编程的项目——P1

口的应用。执行菜单命令【Project】→【Options for Target 1】，在弹出的窗口中单击【Debug标签页】，执行如图 6.13 所示。

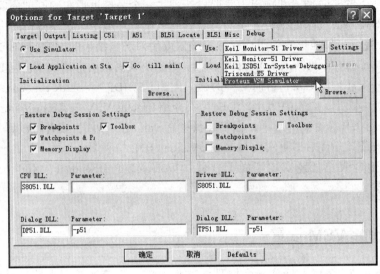

图 6.13　Keil μVision2 IDE 联调设置

在该对话框中，在右栏上部的下拉菜单里选中【Proteus VSM Simulator】，并选中【Use】单选按钮。如果所调试的 Proteus 文件不是装在本机上，要单击【Setting】按钮，设置通信接口。在 Host 后面默认是本机 IP 地址 127.0.0.1。如果使用的不是同一台计算机，则需要在这里添上另一台计算机的 IP 地址（另一台计算机也应安装 Proteus），在 Port 后面添加 8000。设置好的情形如图 6.13 所示，最后单击【OK】按钮即可。

2. 设置 Option for Target/Output 选项

在同一窗口打开 Output 标签页，选中【Create HEX File】选项，如图 6.14 所示。

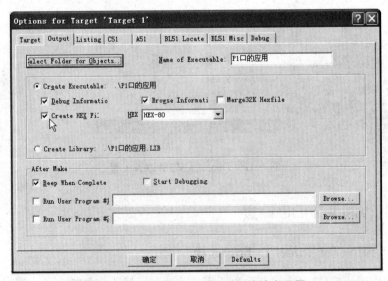

图 6.14　Keil μVision2 IDE 文件输出设置

执行菜单命令【 File 】→【 Save Design 】，保存联调设置，然后点击 Proteus ISIS 界面左下角的 ▶ 按钮，即进入仿真状态。

另外，在 Keil μVision2 环境下，首先按 F7 键产生该项目的 HEX 文件，然后单击进入 μVision2 调试模式。为了在 Proteus VSM 环境下能观察到程序连续运行情况，单击取消目前项目中所有断点。单击或按 F5 键进入全速运行，然后切换到 Proteus VSM 环境，可以在 Proteus VSM 环境中看到同 Keil μVision2 环境中调试运行窗口完全一致的运行画面，此时 Proteus VSM 的运行完全依赖于外部调试器μVision2。

6.4　Proteus 仿真实例——P1 口的应用

I/O 端口是单片机与外围器件或外部设备实现控制和信息交换的桥梁。51 系列单片机有 4 个双向 8 位 I/O 口 P0 ~ P3，共 32 根 I/O 引线。每个双向 I/O 口都包含一个锁存器（专用寄存器 P0 ~ P3）、一个输出驱动器和输入缓冲器。

P1 口为准双向 I/O 口，每一位口线都能独立作为输入/输出线。本实例将设计程序，当按下按钮时，P1.1 控制发光二极管点亮，否则，P1.0 控制发光二极管点亮。该仿真实例的 Proteus 原理图绘制在上一节已经详细阐述，如图 6.15 所示。

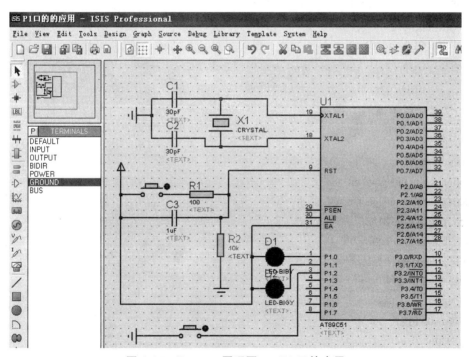

图 6.15　Proteus 原理图——P1 口的应用

6.4.1　程序设计

本实例程序流程图如图 6.16 所示。

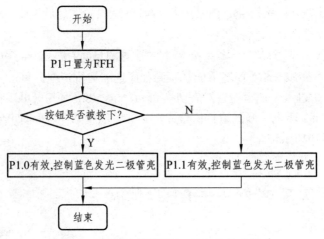

图 6.16　程序流程图——P1 口的应用

1）汇编源程序

```
        ORG     0030H
        MOV     A，#0FFH
        MOV     P1，2，LOOP1
LOOP：  CLR     P1.0
        LCALL   EXIT
LOOP：  CLR     P1.1
EXIT：  NOP
        END
```

2）C 语言源程序

```
/*P1 口的应用*/
#include"reg51.h"
#define    uint unsigned int
#define    uchar unsigned char
sbit    DIPswitch=P1^2;
sbit    blueLED=P1^0;
sbit    greenLED=P1^1;
void    main（void）
  {
    P1=0XFF;
    while （1）
      if（DIPswitch==1）
        {blueLED=0;greenLED=1;}
      else
        {greenLED=0;blueLED=1;}
  }
```

6.4.2　Keil C 程序编写

打开 Keil 程序，执行菜单命令【Project】→【New Project】，创建 "P1 口的应用" 项目，并选择单片机型号为 Atmel 公司的 AT89C51。操作过程如图 6.17 所示。

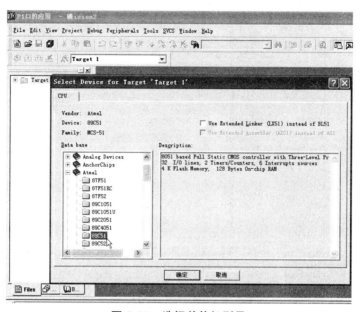

图 6.17　选择单片机型号

执行菜单命令【File】→【New】，创建文件，输入汇编（或 C 语言）源程序，保存为 "P1 口的应用.ASM" 或 "P1 口的应用.C"。在文件项目管理窗口中右键单击文件组，选择【Add Files to Group 'Sourc Group1'】，将源程序 "P1 口的应用.ASM"（或 "P1 口的应用.C"）添加到项目中，如图 6.18 所示。

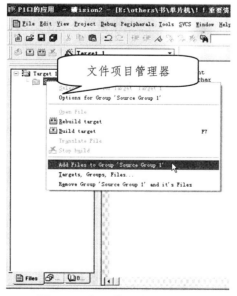

图 6.18　源文件添加到项目中

添加完项目文件后，再进行项目的编译、链接，如图 6.19 所示。

图 6.19　项目编译、链接

执行菜单命令【Project】→【Options　for Target 'Target 1'】，在弹出的对话框中选择【Output】选项卡，选中【Create HEX File】复选框，如图 6.20 所示。接着在【Debug】选项卡选中【Use: Proteus VSM Simulator】选项，如图 6.21 所示。

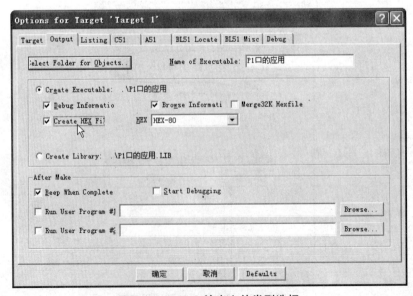

图 6.20　Keil C 输出文件类型选择

图 6.21　Keil C 联调设置

执行菜单命令【Project】→【Build Target】，编译源程序。如果编译成功，则在【Output Window】窗口中显示没有错误，并创建了"P1 口的应用.HEX"文件。执行结果如图 6.22 所示。

```
#include"reg51.h"
#define  uint unsigned int
#define  uchar unsigned char
sbit  DIPswitch=P1^2;
sbit  blueLED=P1^0;
sbit  greenLED=P1^1;
void  main(void)
  {
    P1=0XFF;
    while (1)
     if(DIPswitch==1)
       {blueLED=0;greenLED=1;}
     else
       {greenLED=0;blueLED=1;}
  }
```

```
Build target 'Target 1'
compiling P1口的应用.c...
linking...
Program Size: data=9.0 xdata=0 code=33
creating hex file from "P1口的应用"...
"P1口的应用" - 0 Error(s), 0 Warning(s).
```

图 6.22　P1 口的应用实例执行输出

6.4.3　Proteus VSM 与 μVision2 的联调

打开 Proteus ISIS 编辑环境，在已绘制好原理图的 Proteus ISIS 菜单栏中，执行菜单命令【Debug】→【Use Remote Debug Monitor】，使 Proteus 与 Keil 真正连接起来，以便于它们联合调试，如图 6.23 所示。

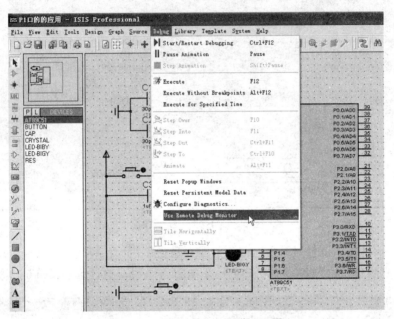

图 6.23　Proteus VSM 联调设置

在 Proteus ISIS 原理编辑窗口中选中 AT89C51，双击左键，打开【Edit Component】对话窗口。在【Program File】栏中，选择先前用 Keil 生成的"P1 口的应用.hex"文件，如图 6.24 所示。

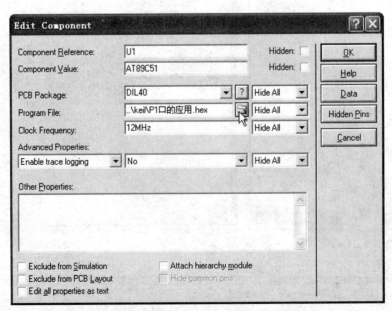

图 6.24　Proteus VSM 联调选择 Keil C 输出的 Hex 文件

执行菜单命令【File】→【Save Design】，保存刚才的设计。然后点击 Proteus ISIS 界面左下角的 ▶ 按钮，进入仿真状态。未按下与 P1.2 连接的按钮时，与 P1.0 连接的 LED 灯 D1 亮，此时如果按下与 P1.2 连接的按钮，则与 P1.1 连接的 LED 灯 D2 发亮，这与我们在 Keil 中程序设计的功能完全符合。未按下按钮时，运行结果如图 6.25 所示，蓝色发光二极管 D1 发亮。按下按钮时，绿色发光二极管 D2 发亮，如图 6.26 所示。

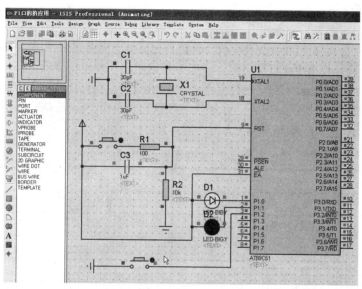

图 6.25　Proteus VSM 联调——发光二极管 D1 发亮

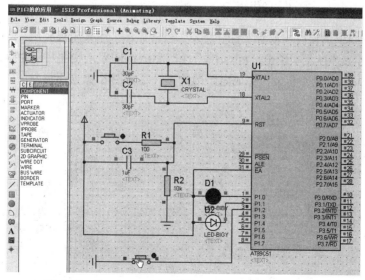

图 6.26　Proteus VSM 联调——发光二极管 D2 发亮

6.5　Proteus 仿真实例——闪烁灯

某单片机系统的控制要求为：

① 正常情况下，8 个发光二极管常亮。

② 按下 K1 时，第 1 个和第 8 个发光二极管闪烁，闪烁间隔时间为 1 s。

③ 按下 K2 时，8 个发光二极管闪烁，闪烁间隔时间为 2 s。

④ 发光二极管由单片机 P0 口控制。

6.5.1　硬件设计

在 Proteus 中有 4 种不同颜色的发光二极管，为显示不同颜色可使用 4 种发光二极管。同 P0 口内部结构可知，作为 I/O 口使用时，需加上拉电阻，在此采用排阻。

打开 ISIS 7 Professional 软件，执行菜单命令【File】→【New Design】，新建一个 DEFAULT 模板，保存文件名为"闪烁灯.DSN"。在器件选择按钮中单击 P ，或执行菜单命令【Library】→【Pick Device/Symbol】，添加如表 6.2 所示的元件。

表 6.2　本实例所用元器件

中文名	软件中的代号	中文名	软件中的代号
单片机	AT89C51	瓷片电容	CAP（30 pF）
晶振	CRYSTAL（12 MHz）	电解电容	CAP-ELEC
电阻	RES	按钮	BUTTON
发光二极管	LED-BIRG	发光二极管	LED-BIBY
开关	SWITCH	排阻	RESPACK-8
发光二极管	LED-BIGY	发光二极管	LED-YELLOW

在 ISIS 原理图编辑窗口中放置元件，发光二极管显示采用共阳极接法。接着单击工具箱中的 ▤ 图标，在对象选择器中单击"POWER"和"GROUND"，放置好元件后，布好线。左键双击各元件，设置相应元件参数，完成电路图的设计，如图 6.27 所示。

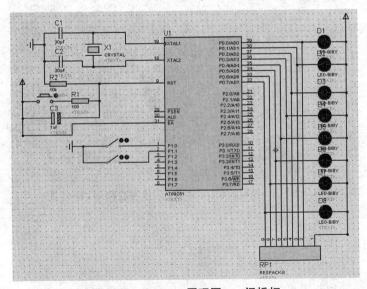

图 6.27　Proteus 原理图——闪烁灯

6.5.2 程序设计

该实例程序流程图如图 6.28 所示。

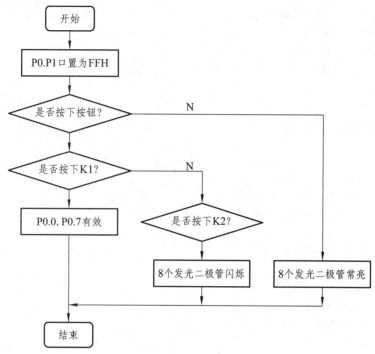

图 6.28 程序流程图——闪烁灯

1）汇编源程序

```
            ORG      0030H
            MOV      A，#0FFH
            MOV      P1，A
            MOV      P0，A
MAIN：      JB       P1.0，LOOP1
            CPL      P0.0
            CPL      P0.7
            LCALL    DELAY
            SJMP     NEXT
LOOP1：     JB       P1.1，LOOP2
            MOV      P0，#00H
            LCALL    DELAY
            LCALL    DELAY
            MOV      P0，#00H
            LCALL    DELAY
            LCALL    DELAY
            SJMP     NEXT
```

```
LOOP2:   MOV     P0, #00H
NEXT:    SJMP    MAIN
DELAY:   MOV     R7, #10
DE1:     MOV     R6, #200
DE2:     MOV     R5, #248
         DJNZ    R5, $
         DJNZ    R6, DE2
         DJNZ    R7, DE1
         RET
         END
```

2）C 语言源程序

```c
/*闪烁灯*/
#include"reg51.h"
#define  uint unsigned  int
#define  uchar unsigned  char
sbit    DIPswitch1=P1^0;
sbit    DIPswitch2=P1^1;
sbit    redLED1=P0^0;
sbit    blueLED1=P0^1;
sbit    greenLED1=P0^2;
sbit    rellowLED1=P0^3;
sbit    redLED2=P0^4;
sbit    blueLED2=P0^5;
sbit    greenLED2=P0^6;
sbit    rellowLED2=P0^7;
void delay （void）
  {uint i;
     for （i=0;i<35530;i++）;
   }
void main（void）
  {   P0=0X00;
      delay（）;
      P1=0XFF;
while（1）
{    if （DIPswitch1==0）
          {redLED1= ~ redLED1;
            rellowLED2= ~ rellowLED2;
          delay（）;}
        else if （DIPswitch2==0）
          {P0= ~ P0;}
          else {P0=0x00;}
    }
  }
```

6.5.3　调试与仿真

（1）打开 Keil 软件，执行菜单命令【Project】→【New Project】，创建"闪烁灯"项目，并选择单片机型号为 AT89C51。

（2）执行菜单命令【File】→【New】，创建文件，输入汇编（或 C 语言）源程序，保存为"闪烁灯.ASM"或"闪烁灯.C"。在文件项目管理窗口中右键单击文件组，选择【Add Files to Group 'Source Group1'】，将源程序"闪烁 LED.C"添加到项目中。

（3）执行菜单命令【Project】→【Options for Target 'Target 1'】，在弹出的对话框中选择【Output】选项卡，选中【Create HEX File】复选框。接着在【Debug】选项卡选中【Use: Proteus VSM Simulator】选项。

（4）执行菜单命令【Project】→【Build Target】，编译源程序。如果编译成功，则在【Output Window】窗口中显示没有错误，并创建了"闪烁灯 LED.HEX"文件。

6.5.4　Proteus VSM 与 μVision2 的联调

在已绘制好原理图的 Proteus ISIS 菜单栏中，执行菜单命令【Debug】→【Use Remote Debug Monitor】，使 Proteus 与 Keil 真正连接起来，以便于它们联合调试。

在 Proteus ISIS 原理编辑窗口选中 AT89C51，双击左键，打开【Edit Component】对话窗口。在【Program File】栏中，选择先前用 Keil 生成的"闪烁灯 LED.hex"文件。

选择好 Hex 文件后，执行菜单命令【File】→【Save Design】，保存刚才的设计。然后点击 Proteus ISIS 界面左下角的 ▶ 按钮，进入仿真状态。没有按下任何开关时，8 个发光二极管全亮，运行结果如图 6.29 所示。

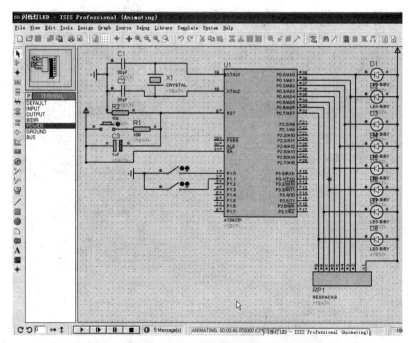

图 6.29　Proteus VSM 联调开关未按下时仿真结果

按下开关 K1（与 P1.0 相连的开关）时，P0.0 和 P0.7 灯闪烁，运行结果如图 6.30 所示。

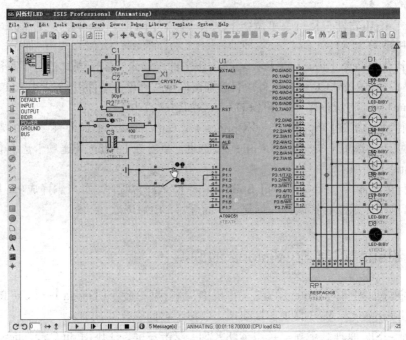

图 6.30　Proteus VSM 联调——开关 K1 按下时仿真结果

当按下开关 K2（与 P1.1 相连的开关）时，8 个发光二极管全部同时亮，然后同时灭，交替闪烁。仔细观察发现，其闪烁间隔时间比按下开关 K1 时的闪烁间隔时间要长 1 倍。图 6.31 所示为 8 个发光二极管全亮，图 6.32 所示为 8 个发光二极管全灭，仿真时交替闪烁。

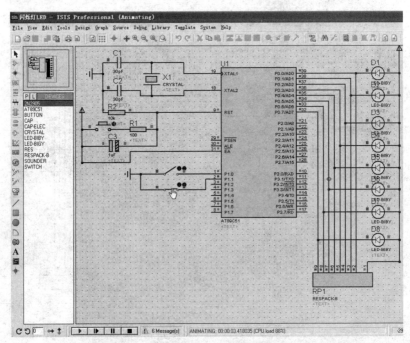

图 6.31　Proteus VSM 联调——开关 K2 按下时 8 个灯全亮

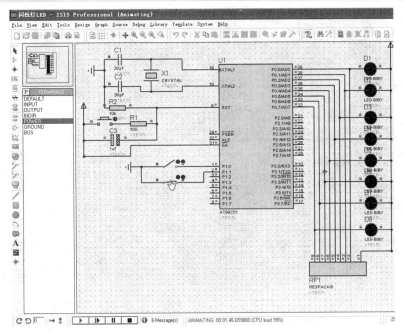

图 6.32　Proteus VSM 联调——开关 K2 按下时 8 个灯全灭

6.6　Proteus 仿真实例——流水灯

本实例使用单片机 P0 口实现 8 个 LED 的流水灯控制，让 LED 灯由低位到高位逐个点亮。

6.6.1　硬件设计

利用单片机的 P0 口控制 8 个 LED，其电路与图 6.27 类似，但在此电路中需要设置开关。打开 ISIS 7 Professional 软件，执行菜单命令【File】→【New Design】，新建一个 DEFAULT 模板，保存文件名为"流水灯.DSN"。在器件选择按钮中单击 P ，或执行菜单命令【Library】→【Pick Device/Symbol】，添加如表 6.3 所示的元件。

表 6.3　本实例所用元器件

中文名	软件中的代号	中文名	软件中的代号
单片机	AT89C51	瓷片电容	CAP（30 pF）
电解电容	CAP-ELEC	发光二极管	LED-BIBY
电阻	RES	晶振	CRYSTAL（12 MHz）
按钮	BUTTON	排阻	RESPACK-8

在 ISIS 原理图编辑窗口中放置元件，再单击工具箱中的"元件终端"图标，在对象选择器中单击"POWER"和"GROUND"，放置好元件后，布好线。左键双击各元件，设置相应元件参数，完成电路图的设计，如图 6.33 所示。

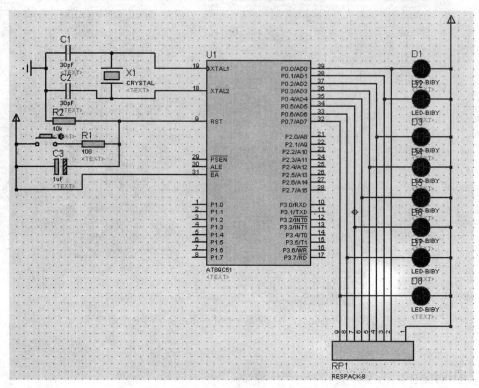

图 6.33　Proteus 原理图——流水灯

6.6.2　程序设计

流水灯又称为跑马灯，可使用循环移位指令实现。流水灯程序流程图如图 6.34 所示。

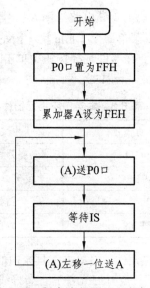

图 6.34　程序流程图——流水灯

1）汇编源程序

```
           ORG    0030H
MAIN :  MOV   P0, #0FFH
           MOV   P1, #0FFH
           MOV   P2, #0FFH
           MOV   A, #0FFH
MAIN2:  MOV   P0, A
           ACALL  DELAY
           RL  A
           AJMP  MAIN2
DELAY:  MOV   R7, #10
DE1:      MOV   R6, #200
DE2:      MOV   R5, #248
           DJNZ   R5, $
           DJNZ   R6, DE2
           DJNZ   R7, DE1
           RET
           END
```

2）C 语言源程序

```
/*流水灯实验*/
#include <reg51.h>
#define uchar unsigned char
#define uint unsigned int

void delay（uchar n）;
uchar i;
void main（void）
{   SP=0x50;
    P0=0xFF;         //初始化灯 LED 全灭
    i=0x01;
    while（1）
    { P0=～i;         //LED 由低位到高位逐个点亮
      delay（100）;
       i=i<<1;        //移位
        if（i==0x00）i=0x01;
    }
}
void delay（uchar n）
{ int i, j;
  for（i=0;i<n;i++）
  for（j=0;j<n;j++）;
}
```

6.6.3　调试与仿真

（1）打开 Keil 软件，执行菜单命令【Project】→【New Project】，创建"流水灯"项目，并选择单片机型号为 AT89C51。

（2）执行菜单命令【File】→【New】创建文件，输入汇编（或 C 语言）源程序，保存为"流水灯.ASM"或"流水灯.C"。在文件项目管理窗口中右键单击文件组，选择【Add Files to Group 'Source Group1'】，将源程序"流水灯.C"添加到项目中。

（3）执行菜单命令【Project】→【Options for Target 'Target 1'】，在弹出的对话框中选择【Output】选项卡，选中【Create HEX File】复选框。接着在【Debug】选项卡选中【Use: Proteus VSM Simulator】选项。

（4）执行菜单命令【Project】→【Build Target】，编译源程序。如果编译成功，则在【Output Window】窗口中显示没有错误，并创建了"流水灯.HEX"文件。

6.6.4　Proteus VSM 与 μVision2 的联调

在已绘制好原理图的 Proteus ISIS 菜单栏中，执行菜单命令【Debug】→【Use Remote Debug Monitor】，使 Proteus 与 Keil 真正连接起来，以便于它们联合调试。

在 Proteus ISIS 原理图编辑窗口中选中 AT89C51，双击左键，打开【Edit Component】对话窗口，在【Program File】栏中，选择先前用 Keil 生成的"流水灯.hex"文件。

选择好 Hex 文件后，执行菜单命令【File】→【Save Design】，保存刚才的设计。然后点击 Proteus ISIS 界面左下角的 ▶ 按钮，进入仿真状态。初始化 8 个发光二极管全灭，延时后，首先 P0.0 点亮发光二极管，如图 6.35 所示。

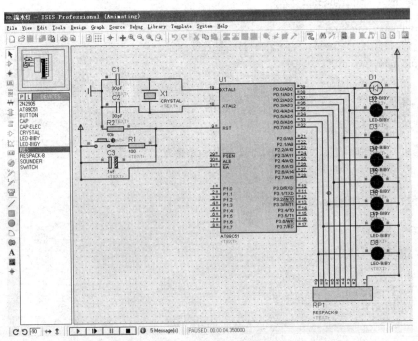

图 6.35　Proteus VSM 联调——发光二极管 D1 发亮

延时 1 s 后，发光二极管 D1 熄灭，然后 P0.1 点亮发光二极管 D2，如图 6.36 所示。同样，等待 1 s 后 D2 熄灭，P0.2 点亮发光二极管 D3，……，P0.7 点亮发光二极管 D8 等待 1 s 后 D7 熄灭，P0.0 点亮发光二极管 D1，……，如此循环。

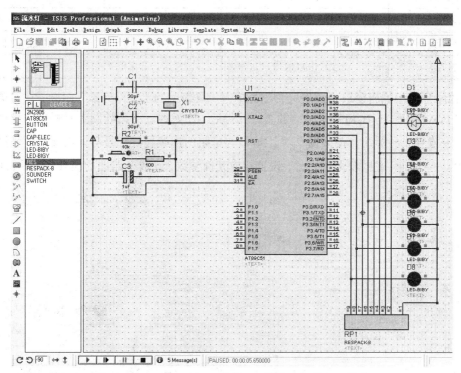

图 6.36　Proteus VSM 联调——发光二极管 D2 发亮

6.7　Proteus 仿真实例——模拟交通信号灯

使用单片机 P0 口模拟交通灯控制。模拟控制就是以红、绿、黄色 4 组 12 个发光二极管表示交通信号灯。本设计是十字路口交通灯控制，所以依据实际交通灯的变化情况和规律，给出如下需求：初始状态 0 为东西方向红灯亮，南北方向红灯亮；然后转状态 1，东西方向绿灯亮，南北方向红灯亮；过一段时间转状态 2，东西方向绿灯灭，黄灯闪烁几次，南北方向仍然红灯亮；再转状态 3，南北方向绿灯亮，东西方向红灯亮；过一段时间转状态 4，南北方向绿灯灭，黄灯闪几次，延时几秒，东西方向仍然红灯亮；最后循环至状态 1。

6.7.1　硬件设计

利用单片机的 P0 口控制 4 组交通灯，利用排阻与布线匹配方法实现布线。

打开 ISIS 7 Professional 软件，执行菜单命令【File】→【New Design】，新建一个 DEFAULT 模板，保存文件名为 "流水灯.DSN"。在器件选择按钮中单击 P ，或执行菜单命令【Library】→【Pick Device/Symbol】，添加如表 6.4 所示的元件。

表 6.4　本实例所用元器件

中文名	软件中的代号	中文名	软件中的代号
单片机	AT89C51	瓷片电容	CAP 30pF
电解电容	CAP-ELEC	交通信号灯	TRAFFIC LIGHT
电阻	RES	晶振	CRYSTAL 12 MHz
排阻	RESPACK-8		

　　在 ISIS 原理图编辑窗口中放置元件，再单击工具箱中的"元件终端"图标，在对象选择器中单击"POWER"和"GROUND"，放置好元件后，布好线。单击绘图工具栏中的导线标签按钮 LBL ，完成导线的标注。在该设计中，P0 口与排阻的连接导线标号与 4 组交通信号灯之间的导线标号一一对应。左键双击各元件，设置相应元件参数，完成电路图的设计，如图 6.37 所示。

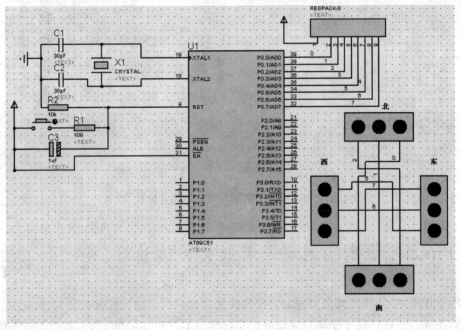

图 6.37　Proteus 原理图——模拟交通信号灯

6.7.2　程序设计

1）汇编源程序

```
          ORG 0030H
          MOV A，#0FFH
          MOV P0，A
MAIN:     MOV A，#3CH      ；南北红，东西绿
          MOV P0，A
          LCALL DELAY
```

```
              LCALL DELAY
              LCALL DELAY
              LCALL DELAY
              LCALL DELAY
              MOV A，#5CH        ；南北红，东西黄
              MOV P0，A
              LCALL DELAY
              MOV A，#99H        ；南北绿，东西红
              MOV P0，A
              LCALL DELAY
              LCALL DELAY
              LCALL DELAY
              LCALL DELAY
              LCALL DELAY
              MOV A，#9AH        ；南北黄，东西绿
              LCALL DELAY
              SJMP MAIN
DELAY：       MOV R7，#10
DE1：         MOV R6，#200
DE2：         MOV R5，#124
              DJNZ R5，$
              DJNZ R6，DE2
              DJNZ R7，DE1
              RET
              END
```

2）C 语言源程序

```c
#include <reg51.h>
#define uchar unsigned char
#define uint unsigned int

sbit r1=P0^2;          //定义北和南
sbit y1=P0^1;
sbit b1=P0^0;
sbit r2=P0^7;          //定义东和西
sbit y2=P0^6;
sbit b2=P0^5;

void delay（void）
{ uint i;
```

```
        for（i=0;i<34530;i++）;
    }

    void main（）
    {   uint i;
            r1=1;y1=0;b1=0;          //初始化，南北红
            r2=1;y2=0;b2=0;          //初始化，东西红
                for（i=0;i<1;i++）
                        delay（）;
        while（1）
        {
            r1=1;y1=0;b1=0;          //状态 1，南北红
            r2=0;y2=0;b2=1;          //东西绿
                for（i=0;i<5;i++）
                    delay（）;
            r1=1;y1=0;b1=0;          //状态 2，南北红
            r2=0;y2=1;b2=0;          //东西黄
                for（i=0;i<1;i++）
                    delay（）;
            r1=0;y1=0;b1=1;          //状态 3，南北绿
            r2=1;y2=0;b2=0;          //东西红
                for（i=0;i<5;i++）
                    delay（）;
            r1=0;y1=1;b1=0;          //状态 4，南北黄
            r2=1;y2=0;b2=0;          //东西红
                for（i=0;i<1;i++）
                    delay（）;
        }
    }
```

6.7.3   调试与仿真

打开 Keil 软件，执行菜单命令【Project】→【New Project】，创建"交通灯"项目，并选择单片机型号为 AT89C51。

执行菜单命令【File】→【New】，创建文件，输入汇编（或 C 语言）源程序，保存为"交通灯.ASM"或"交通灯.C"。在文件项目管理窗口中右键单击文件组，选择【Add Files to Group 'Source Group1'】，将源程序"交通灯.C"添加到项目中。

6.7.4   Proteus VSM 与 µVision2 的联调

在已绘制好原理图的 Proteus ISIS 菜单栏中，执行菜单命令【Debug】→【Use Remote Debug

Monitor 】，使 Proteus 与 Keil 真正连接起来，以便于它们联合调试。

在 Proteus ISIS 原理图编辑窗口选中 AT89C51，双击左键，打开【Edit Component】对话窗口，在【Program File】栏中选择先前用 Keil 生成的 "交通灯.hex" 文件。

选择好 Hex 文件后，执行菜单命令【File】→【Save Design】，保存刚才的设计。然后点击 Proteus ISIS 界面左下角的 ▶ 按钮，进入仿真状态。初始化状态，南北红灯亮，东西红灯亮，如图 6.38 所示。

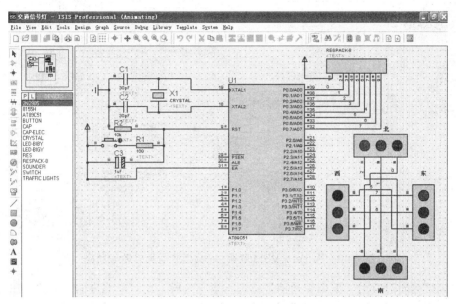

图 6.38　Proteus VSM 联调——交通信号灯初始化状态

接着进入模拟交通信号灯第一阶段，此时南北红灯亮，东西绿灯亮，东西方向车辆可以通行，如图 6.39 所示。

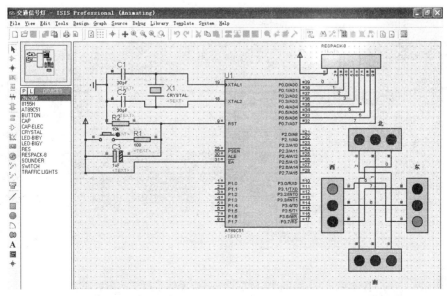

图 6.39　Proteus VSM 联调——交通信号第一阶段状态

经过短暂延时后，模拟交通信号灯进入第二阶段，此时南北方向红灯亮，东西方向黄灯亮，东西方向通行警示，如图 6.40 所示。

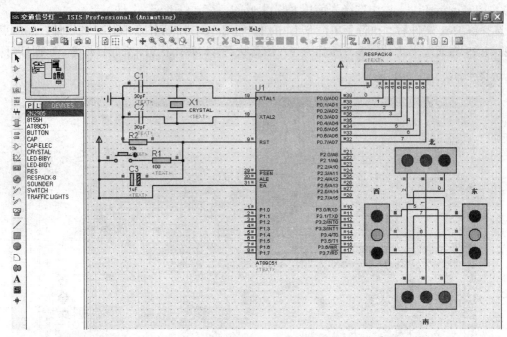

图 6.40　Proteus VSM 联调——交通信号第二阶段状态

黄灯闪烁延时过渡后，模拟交通信号灯进入第三阶段，此时南北方向绿灯亮，东西方向红灯亮，南北方向车辆可以通行，如图 6.41 所示。

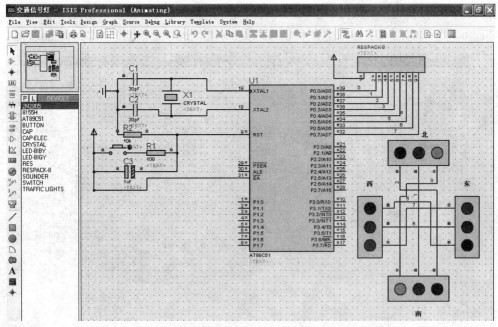

图 6.41　Proteus VSM 联调——交通信号第三阶段状态

南北方向绿灯亮过后，模拟交通信号灯进入第四阶段，此时南北方向黄灯亮，东西方向红灯亮，南北方向通行警示，如图 6.42 所示。

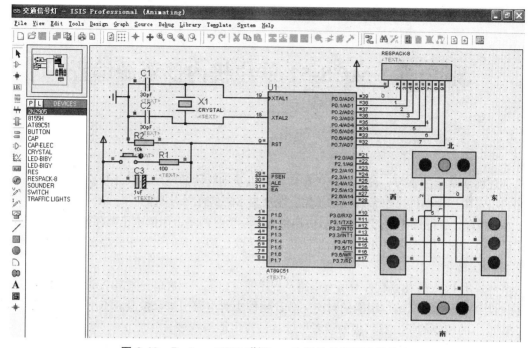

图 6.42   Proteus VSM 联调——交通信号第四阶段状态

仿真结果表明，该设计满足控制要求。

练习与思考

1. 简述 Proteus ISIS 的基本功能。
2. 简述 Proteus 绘制电路原理图的步骤。
3. Proteus VSM 如何实现与 Keil C 程序的联调？
4. 在使用 Proteus ISIS 设计时，如何确定元器件之间的导线是否连通？举例说明实现过程。
5. 试用 Proteus 设计实现一个数字时钟。

第 7 章   MCS-51 单片机内部资源编程

通过前面章节的学习，读者应该已具备单片机基础应用的硬件及软件知识。基于此，本章采用"用资源、学器件、组系统"的思路，主要对 MCS-51 单片机的并行 I/O 口、定时器/计数器、外部中断、串行口等内部资源进行应用编程，并学习一些常用的电子器件原理和使用方法，构成读者可理解、可学习的小型控制系统。通过实践运用，我们将真正开始单片机的硬软件综合学习。

本章采用 Proteus 仿真软件对所有电路及程序完成仿真，不再单独画出 Protel 电路图。另外，为了让读者学习电路结构中引脚的对应关系，软件中对电路引脚都按其原有引脚名定义。程序为 C51 语言的相应例子，有兴趣的读者可以自己写出汇编程序。

7.1   并行输入/输出接口编程

通过 7.4 ~ 7.8 节的学习，读者已对 MCS-51 单片机的并行口编程有了基本认识，本节将开始学习较为复杂的并行口编程。

7.1.1   花样流水灯

7.1.1.1   功能要求

P0 口接 8 个绿色发光二极管，实现如下功能：
① 发光二极管先由上到下再由下到上来回流动，循环三次；
② 发光二极管分别从两边往中间流动，循环三次；
③ 发光二极管从中间往两边流动，循环三次。

7.1.1.2   硬件设计

花样流水灯电路如图 7.1 所示。

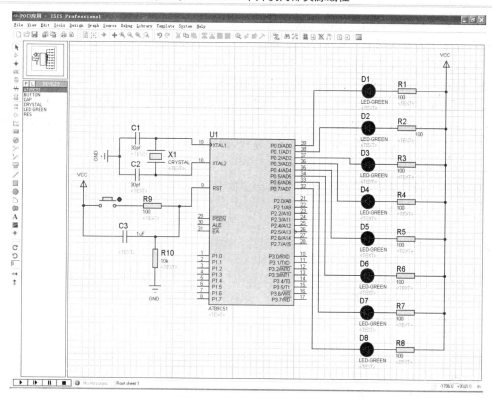

图 7.1　花样流水灯电路图

7.1.1.3　软件设计

1. 分　析

1）发光二极管亮灭控制

由发光二极管电路确定，P0 口输出低电平时发光二极管亮，P0 口输出高电平时发光二极管灭。

2）功能及参数分析

（1）发光二极管先由上到下再由下到上来回流动，循环三次。

最上面的发光二极管接 P0.0 引脚，最下面的发光二极管接 P0.7 引脚。

由上到下流动的初值 n=0xFE，二进制形式为 1111 1110，然后进行一位左移，形成 1111 1101…最后形成 0111 1111；由下到上流动的初值 n=0x7F，二进制形式为 0111 1111，然后进行一位右移，形成 1011 1111…最后形成 1111 1110。

C51 语言左移、右移运算符移位规则：左移时高位移出，低位补 0；右移时低位移出，高位补 0。例如：1111 1110 左移一位变为 1111 1100，0111 1111 右移一位变为 0011 1111。这种形式不符合设计要求，因此需采用变通方式解决问题。

左移问题，采用变量 n=0x01，其二进制形式为 0000 0001，取反后为 1111 1110，送到 P0 口。然后左移一位，形成 0000 0010，再取反后为 1111 1101，送到 P0 口，……如此重复。右移问题采用相同方法解决。

（2）发光二极管从两边往中间流动，循环三次。

一共有 8 个发光二极管，最两边的发光二极管分别接 P0.0 和 P0.7。由两边向中间流动的过程为：P0.0、P0.7 所接发光二极管亮，然后 P0.1、P0.6 所接发光二极管亮，然后 P0.2、P0.5 所接发光二极管亮，最后 P0.3、P0.4 所接发光二极管亮。

实现方式很多，本节采用其中一种。先设置两个变量初值为 n=0x01、m=0x80，再设置一变量 k=$n|m$，则 k=0x81（二进制 1000 0001），取反后（二进制 0111 1110）送到 P0 口；然后 n 左移一位变为 0x02，m 右移一位变为 0x40，k=0x42（0100 0010），取反后（1011 1101）送到 P0 口；……如此重复。

（3）发光二极管从中间往两边流动，循环三次。

同（2），不再复述。

2. 程序编制

```
#include <reg51.h>
#define    uint unsigned    int
#define    uchar unsigned    char
//软件延时
void delay （void）
  {uint i;
     for （i=0;i<35530;i++）；
     }
void main （）
{   uint i, j;
     uchar n, m, k;
     while（1）
     {//1.发光二极管先由上到下再由下到上来回流动，循环三次；
        for（i=0;i<3;i++）
        { n=0x01;
          for（j=0;j<8;j++）
          { P0= ~ n;
             delay（）；
          n=n<<1;
        }
          n=0x80;
          for（j=0;j<8;j++）
          { P0= ~ n;
             delay（）；
          n=n>>1;
        }
        }
        //2. 发光二极管分别从两边往中间流动，循环三次；
        for（i=0;i<3;i++）
```

```
{ n=0x01;m=0x80;
   for（j=0;j<4;j++）
   { k=n|m;
      P0=～k;
      delay（）;
   n=n<<1;m=m>>1;
   }
   }
//3. 发光二极管从中间往两边流动，循环三次；
for（i=0;i<3;i++）
{ n=0x08;m=0x10;
   for（j=0;j<4;j++）
   { k=n|m;
      P0=～k;
      delay（）;
   n=n>>1;m=m<<1;
   }
   }
   }
}
```

7.1.1.4　调试与仿真

1. 调试程序

用 Keil C 调试程序，并形成.hex 文件。调试界面如图 7.2 所示。

图 7.2　Keil C 调试界面

2. 仿真测试

运行 ISIS7 Professional，载入"花样流水灯.hex"文件进行测试。仿真测试界面如图 7.3 所示。

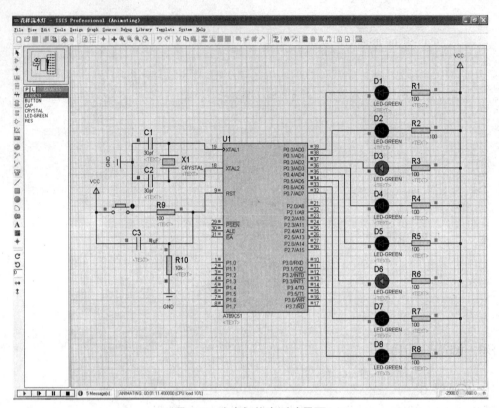

图 7.3 流水灯仿真测试界面

7.1.2 单个 7 段数码管

7.1.2.1 功能要求

P0 口接一个 7 段数码管。要求数码管先由 0 到 9 再由 9 到 0 来回计数。

通过该例理解同样的并行 I/O 口可控制多种外围器件，并且要根据外围器件的要求进行电路设计和程序编制。

7.1.2.2 硬件设计

使用 P0 口连接单个数码管时，要根据控制要求对引脚进行连接。本例中采用共阳极数码管，并且采用标准连接，即 P0.7——dp；P0.6——g；P0.5——f；P0.4——e；P0.3——d；P0.2——c；P0.1——b；P0.0——a。

仿真数码管段选线的左端是 a，右端是 dp；位选线接高电平（共阳）。

完整电路如图 7.4 所示。

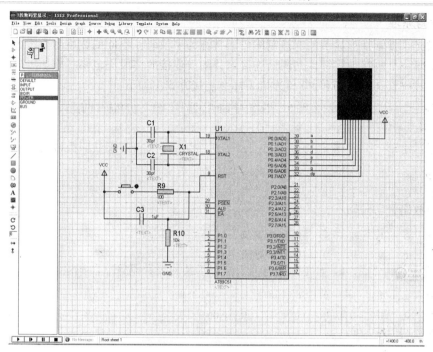

图 7.4 单个 7 段数码管电路图

7.1.2.3 软件设计

1. 分 析

1）数码管原理

在单片机应用系统中通常使用的是 7 段式 LED 数码管，它有共阴极和共阳极两种，如图 7.5 所示。

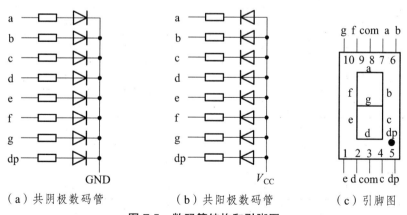

（a）共阴极数码管　　　　（b）共阳极数码管　　　　（c）引脚图

图 7.5 数码管结构和引脚图

由图可知，LED 数码管是由发光二极管按一定的结构组合起来的显示器件。其中，图 7.5（a）所示为共阴极结构，数码管的阴极连接在一起，阳极分开控制，使用时公共端接地。图 7.5（b）所示为共阳极结构，数码管的阳极连接在一起，阴极分开控制。图 7.5（c）所示为引脚图。

2）段码原理

控制发光二极管字形显示的二进制编码通常称为字段码。不同的数字与字符，其字段码不一样，对于同一个数字与字符，共阴极连接和共阳极连接的字段码也不一样。

例如，数码管 8 根引脚和 P0 口连接（标准连接方式）如下：

P0 口：　　　　　P0.7　P0.6　P0.5　P0.4　P0.3　P0.2　P0.1　P0.0

7 段数码管：　　　dp　　g　　f　　e　　d　　c　　b　　a

想要显示字形"0"，则 a、b、c、d、e、f 亮，dp、g 灭。对于共阴极数码管字段码：

dp　g　f　e　d　c　b　a

0　0　1　1　1　1　1　1 =0x3F

对于共阳极数码管字段码：

dp　g　f　e　d　c　b　a

1　1　0　0　0　0　0　0 =0xC0

想要显示字形"1"，b、c 亮，其他都灭。对于共阴极数码管字段码：

dp　g　f　e　d　c　b　a

0　0　0　0　0　1　1　0 =0x06

对于共阳极数码管字段码：

dp　g　f　e　d　c　b　a

1　1　1　1　1　0　0　1 =0xF9

可以看出，共阴极和共阳极的字段码互为反码。常见数字和字符的共阴极和共阳极的字段码如表 7.1 所示。

表 7.1　数码管字段码表

显示字符	共阴极字段码	共阳极字段码	显示字符	共阴极字段码	共阳极字段码
0	3FH	C0H	C	39H	C6H
1	06H	F9H	D	5EH	A1H
2	5BH	A4H	E	79H	86H
3	4FH	B0H	F	71H	8EH
4	66H	99H	P	73H	8CH
5	6DH	92H	U	3EH	C1H
6	7DH	82H	T	31H	CEH
7	07H	F8H	Y	6EH	91H
8	7FH	80H	L	38H	C7H
9	6FH	90H	8.	FFH	00H
A	77H	88H	"灭"	00	FFH
B	7CH	83H			

3）数码管应用

定义一个一维数组：

unsigned char code led[10]={ 0xc0，0xf9，0xa4，0xb0，0x99，0x92，0x82，0xf8，0x80，0x90}；

//数组下标：　　　0　　1　　2　　3　　4　　5　　6　　7　　8　　9

//显示字形：　　"0"　　"1"　　"2"　　"3"　　　　　　…　　　　　　"9"

通过数组下标和字段码的对应关系，由 0 到 9 再由 9 到 0 的字形显示，只要通过下标变换，输出对应字段码即可。

2. 程序编制

```
#include <reg51.h>
#define  uint unsigned  int
#define  uchar unsigned  char
unsigned char code led[10]={ 0xc0，0xf9，0xa4，0xb0，0x99，0x92，0x82，0xf8，0x80，0x90}；
//软件延时
void delay （void）
 {uint i;
    for （i=0;i<35530;i++）；
  }
void main（）
{  uchar n;
   while（1）
   { //1.由 0 到 9 计数
     for（n=0;n<10;n++）
     { P0=led[n];
       delay（）；
     }
     //2.由 9 到 0 计数
     for（n=9;n<10;n--）
     { P0=led[n];
       delay（）；
     }
   }
}
```

7.1.2.4 调试与仿真

1. 调试程序

用 Keil C 调试程序，并形成.hex 文件。调试界面如图 7.6 所示。

图 7.6　Keil C 调试界面

2. 仿真测试

运行 ISIS7 Professional，载入"单个数码管.hex"文件进行测试。仿真测试界面如图 7.7 所示。

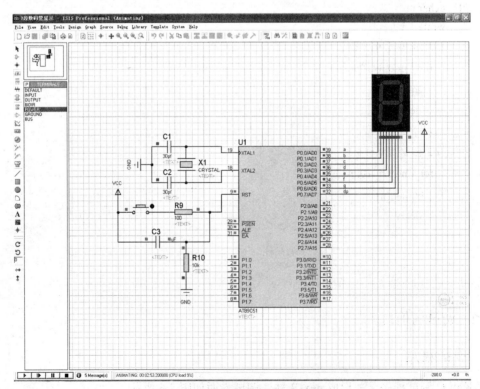

图 7.7　单个数码管仿真测试界面

7.1.3　二进制加法器（按键控制）

7.1.3.1　功能要求

　　P0 口接 8 个黄色发光二极管，P1、P2 口接两个 7 段数码管。P3.0、P3.1 引脚接两个按键。要求 P3.0 引脚所接按键起复位作用，复位时灯全灭，数码管灭；P3.1 引脚所接按键为二进制加法计数按键，按压一次加一，发光二极管显示其二进制值，数码管显示其十进制值。此例可以很好地演示二进制加法过程。

7.1.3.2　硬件设计

　　本例采用共阳极数码管，分别由两个不同 I/O 口控制，位选线都接高电平，静态显示。左边数码管接 P2 口，显示十位数；右边数码管接 P1 口，显示个位数。

　　按键采用自复式按键，单键方式连接，如图 7.8 所示。

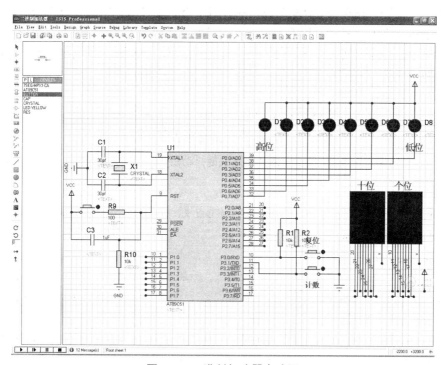

图 7.8　二进制加法器电路图

7.1.3.3　软件设计

1. 分　析

1）按键控制

　　键盘接口电路是单片机系统设计非常重要的一环，作为人机交互界面里最常用的输入设备，我们可以通过键盘输入数据或命令来实现简单的人机交互。

　　键盘实际上是一组按键开关的集合，平时按键开关总是处于断开状态，当按下键时它才闭合。单按键的结构如图 7.9 所示。

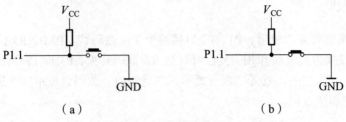

图 7.9　按键连接图

（1）键值识别。

　　该按键为自复式按键，压下后松手，则按键自动弹起。按键未压下时，P1.1 通过电阻接 V_{CC}，为高电平"1"；按键压下时，P1.1 接地，为低电平"0"。

（2）抖动消除。

　　键按下后，由于机械接触会产生抖动，松开后也会产生抖动，如图 7.10 所示。抖动时间很短，一般为 20 ms 左右。抖动过程中会有很多高低电平变化，不能准确地确定键盘是否按下。所以，在测到 P1.1 为低电平后，延时 20 ms，再次测试 P1.1，如还为低电平，则认为按键稳定闭合（用户按下）。

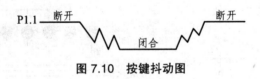

图 7.10　按键抖动图

（3）键盘编程。

```
sbit P11=P1^1;                   //P1.1 接一个自复式按键。未压，P1.1 自动为 1；压下，P1.1 为 0；
unsigned int keyscan（ ）
{ unsigned int i;
if （P11==0）                     //第一次测试，如果为 P1.1 低电平
    { for（i=0;i<1000;i++）    ; //软件延时，避过抖动时间，简称消抖（如果有硬件消抖电路，
    ;　此步不用做）
      if（P11==0）                //经过消抖，第二次测试，P1.1 还为低电平，则说明有键压下
    return　0;                   //有键压下，返回 0
}
else
    return 1;                    //无键压下，返回 1
}
```

2）功能及参数分析

（1）按压 P3.0 连接的复位键，发光二极管全灭，数码管全灭。

P0、P1、P2 口都输出高电平。

（2）按压 P3.1 连接的计数键，发光二极管、数码管显示相应值。

发光二极管表示：灭表示 0，亮表示 1。

二进制数表示	发光二极管电平
0000 0000	1111 1111
0000 0001	1111 1110
0000 0010	1111 1101
0000 0011	1111 1100
…	…
1111 1111	0000 0000

二进制数值表示刚好和发光二极管电平相反。用发光二极管显示最大值 255，数码管由于只有两位，显示最大值 99。

2. 程序编制

```c
#include <reg51.h>
#define   uint unsigned   int
#define   uchar unsigned   char
unsigned char code led[10]={ 0xc0，0xf9，0xa4，0xb0，0x99，0x92，0x82，0xf8，0x80，0x90};
sbit Ret=P3^0;
sbit Cnt=P3^1;
uint keyscan（ ）
{ unsigned int i;
if （Ret==0）
   { for（i=0;i<2000;i++）;
     if （Ret==0）
     return   1;             //有 Ret 键压下返回 1
   }
else if （Cnt==0）
   { for（i=0;i<2000;i++）;
     if （Cnt==0）
     return   2;             //有 Cnt 键压下返回 2
   }
else return 0;              //无键压下，返回 0
}
void main（ ）
{   uchar n;
    n=0;
    P0=0xff;                //设置初始参数，发光二极管全灭，数码管全灭
    P1=0xff;
    P2=0xff;
    while（1）
```

```
{ if（keyscan（）==1）              //Ret 按下，全灭
    { n=0;
  P0=0xff;
      P1=0xff;
      P2=0xff;
  }
  else if （keyscan（）==2）        //Cnt 按下，计数后显示
  { n++;
    P0=～n;
    P1=led[n%10];                   //显示个位
    P2=led[n/10];                   //显示十位
  }
  }
}
```

7.1.3.4　调试与仿真

1. 调试程序

调试过程同前。

2. 仿真测试

运行 ISIS7 Professional，载入"花样流水灯.hex"文件进行测试。仿真测试界面如图 7.11 所示。

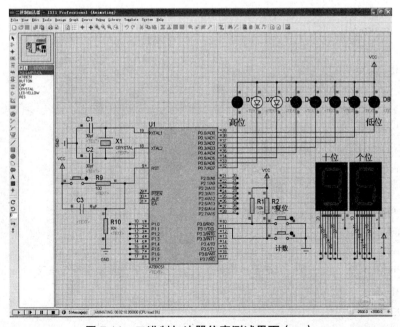

图 7.11　二进制加法器仿真测试界面（一）

3. 出现问题及解决方式

此程序出现问题：按键时间过长，会造成按键的多次识别。何为一次按键？按键从被压下到弹起为一次按键。程序中只测试了压下，没有判别弹起。

一次压键过程的识别：

```
sbit Ret=P3^0;
unsigned int keyscan（ ）
{ unsigned int i;
  if （P11==0）              //第一次测试，如果为 P1.1 低电平
    { for（i=0;i<1000;i++）;  //软件延时，避过抖动时间，简称消抖
  while（P11==0）;           //经过消抖，再次测试，P1.1 还为 0，则有键压下，继续循环测试
                            //直到按键弹起，P1.1 为 1，自动跳出 while 循环
    }
  return  1;        //返回 1
}
```

4. 程序修改及调试

```
#include <reg51.h>
#define   uint unsigned   int
#define   uchar unsigned   char
unsigned char code led[10]={ 0xc0，0xf9，0xa4，0xb0，0x99，0x92，0x82，0xf8，0x80，0x90};
sbit Ret=P3^0;
sbit Cnt=P3^1;
uint keyscan（ ）
{ uint i;
if （Ret==0）
  { for（i=0;i<1000;i++）;
    while（Ret==0）;            //修改处
    return  1;                //有 Ret 键压下，返回 1
  }
else if （Cnt==0）
  { for（i=0;i<1000;i++）;
    while（Cnt==0）;            //修改处
    return  2;                //有 Cnt 键压下，返回 2
  }
else return 0;                //无键压下，返回 0
}
void main（ ）
{   uchar n;
```

```
        uint j;
        n=0;
        P0=0xff;                        //设置初始参数，发光二极管全灭，数码管全灭
        P1=0xff;
        P2=0xff;
        while（1）
        {    j=keyscan（）；            //修改处
             if（j==1）                 //Ret 按下，全灭
             { n=0;
               P0=0xff;
               P1=0xff;
               P2=0xff;
             }
             else if （j==2）           //Cnt 按下，计数后显示
             { n++;
               P0= ~ n;
               P1=led[n%10];           //显示个位
               P2=led[n/10];           //显示十位
             }
        }
    }
```

重新调试程序，然后仿真测试。按压一次 Cnt 键，计数值加 1，显示正确，如图 7.12 所示。

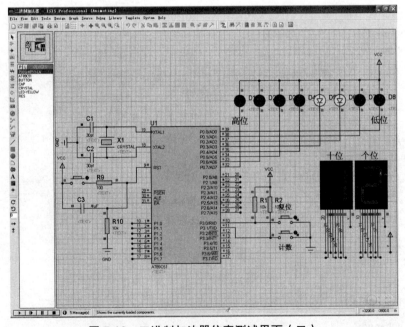

图 7.12　二进制加法器仿真测试界面（二）

7.2　定时器/计数器编程

通过前面章节的学习，读者已对 MCS-51 单片机的定时器/计数器有了基本认识，本节将用硬件定时取代软件定时，在程序中采用定时器中断方式完成时间控制。

7.2.1　花样流水灯（定时器/计数器方式）

7.2.1.1　功能要求

P0 口接 8 个绿色发光二极管，实现以下功能：发光二极管先由上到下再由下到上来回流动（每个发光二极管流动间隔 300 ms），循环三次；发光二极管再分别从两边往中间流动（每个发光二极管流动间隔 400 ms），循环三次；再从中间往两边流动（每个发光二极管流动间隔 200 ms），循环三次。

7.2.1.2　硬件设计

花样流水灯电路如图 7.13 所示。

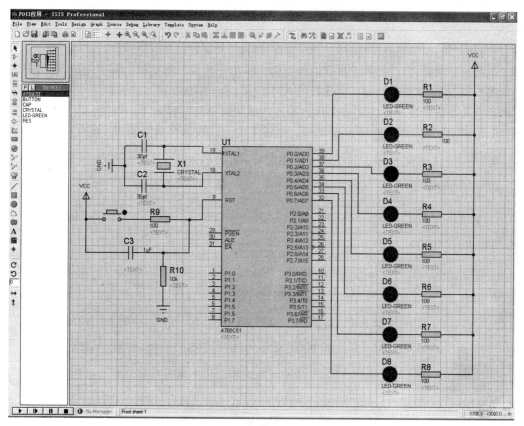

图 7.13　花样流水灯电路图

7.2.1.3　软件设计

1. 分　析

发光二极管亮灭控制、功能及参数分析见 7.1.1 节。此处仅对定时器/计数器控制进行分析。

（1）根据要求选择工作方式，写方式控制寄存器 TMOD。

本例晶振采用 12 MHz，故一个机器周期$=1/f \times 12=1/12$ MHz$\times 12=1$ μs。

定时器/计数器最大一次定时（采用方式 1，16 位定时/计数，计数最大值 $M=65\,536$）：

$$T=65\,536 \times 1\ \mu s=65.536\ ms$$

该例中最小时间间隔为 200 ms，需要定时器/计数器多次定时。

选择定时器/计数器 T0，采用方式 1 定时，定时 1 次为 50 ms。这样，200 ms 需要定时 4 次，300 ms 需要定时 6 次，400 ms 需要定时 8 次。

T1 未用，值为任意。T0 的启动与外部无关（GATE=0），定时方式（C/$\overline{T}$=0），方式 1（M_1M_0=01）。

TMOD 寄存器格式如下：

位序	B_7	B_6	B_5	B_4	B_3	B_2	B_1	B_0
位符号	GATE	C/$\overline{T}$	M_1	M_0	GATE	C/$\overline{T}$	M_1	M_0
	×	×	×	×	0	0	0	1

　　TMOD=0x01;　//0000　0001　　T1 任意（任意可写成 0）

（2）根据要求计算定时器/计数器的计数值，再由计数值求得初值，写入初值寄存器。

本例 T0 定时一次为 50 ms，则计数值 $N=50$ ms$/1$ μs$=50\,000$

由于它是加法计数器，每来一个计数脉冲，加法器中的内容加 1 个单位，当由全 1 加到全 0 时计满溢出。因而，如果要计 N 个单位，则首先应向计数器置初值为 X，且有：

$$初值\ X=最大计数值（满值）M-计数值\ N$$

根据上述公式：

$$初值\ X=65\,536-50\,000=15\,536=0x3CB0$$

写 T0 的初值寄存器 TH0、TL0：

　　　　TH0=0x3C，TL0=0xB0

还有一种写法：

　　　　TH0=（65\,536-计数值）/256，TL0=（65\,536-计数值）%256

即　　　　TH0=（65\,536-50\,000）/256，TL0=（65\,536-50\,000）%256

（3）根据需要开放定时器/计数器中断（后面需编写中断服务程序）。

需设置 IE 寄存器相应位：

　　　　EA=1;　　　//总中断允许

　　　　ET0=1;　　　//T0 中断允许

（4）启动定时器/计数器开始工作。

设置定时器/计数器控制寄存器 TCON 的值。启动时刻根据实际需要在程序中设定。

```
TR0=1;          //启动 T0 开始计数
TR0=0;          //停止 T0 计数
```

（5）编写中断服务程序。

等待定时器/计数时间到，T0 向 CPU 发中断请求。由于 EA=1，ET0=1，CPU 则执行 T0 的中断服务程序。如用查询处理则编写查询程序判断溢出标志，溢出标志等于 1，则进行相应处理。

T0 中断服务程序如下：

```
void t0 ( )  interrupt 1          //T0 写 1，T1 写 3
{  //由于方式 1 只计一次数，所以要想再次计数，要再次重新赋初值
    TH0=（65536-计数值）/256;
    TL0=（65536-计数值）%256;
    //设置一个变量 cnt，T0 每中断一次，cnt 加 1，以统计 T0 中断次数
    cnt++;
}
```

（6）定时器/计数器使用总结。

```
TMOD=0X01;                  //选择工作方式
TH0=（65536-50000）/256;    //设置初值
TL0=（65536-50000）%256;
EA=1; ET0=1;               //开放中断允许
TR0=1;                     //启动定时器
……
void t0 ( )  interrupt 1
{ //中断服务程序
}
```

2. 程序编制

```
#include <reg51.h>
#define   uint unsigned   int
#define   uchar unsigned   char
uchar cnt;                  //定义 cnt 记录中断次数
void main ( )
{  uint i, j;
    uchar n, m, k;
    TMOD=0X01;             //T0 选择工作方式 1
    TH0=（65536-50000）/256;    //计数值 50000，初值（65536-50000）
    TL0=（65536-50000）%256;
    EA=1; ET0=1;           //开放总中断允许，T0 中断允许
```

```
    TR0=1;                          //启动定时器 T0
    cnt=0;                          //cnt 初值为 0
    while（1）
    { //1.发光二极管先由上到下再由下到上来回流动（间隔 300 ms），循环三次；
      for（i=0;i<3;i++）
      { n=0x01;
        for（j=0;j<8;j++）
        { P0=~n;
          while（cnt<6）;            //当 T0 计满 6 次 300 ms 时，循环跳出
          cnt=0;                    //cnt 清 0，方便下次计数
        n=n<<1;
      }
        n=0x80;
        for（j=0;j<8;j++）
        { P0=~n;
          while（cnt<6）;
          cnt=0;
        n=n>>1;
      }
      }
      //2. 发光管分别从两边往中间流动（间隔 400 ms），循环三次；
      for（i=0;i<3;i++）
      { n=0x01;m=0x80;
        for（j=0;j<4;j++）
        { k=n|m;
          P0=~k;
          while（cnt<8）;
          cnt=0;
        n=n<<1;m=m>>1;
      }
      }
      //3. 发光管从中间往两边流动（间隔 200 ms），循环三次；
      for（i=0;i<3;i++）
      { n=0x08;m=0x10;
        for（j=0;j<4;j++）
        { k=n|m;
          P0=~k;
          while（cnt<4）;
```

```
            cnt=0;
        n=n>>1;m=m<<1;
        }
          }
        }
    }
}
void t0（）interrupt 1
{   TH0=（65536-50000）/256;
    TL0=（65536-50000）%256;

    cnt++;

}
```

7.2.1.4　调试与仿真

1. 调试程序

用 Keil C 调试程序，并形成.hex 文件。

2. 仿真测试

运行 ISIS7 Professional，双击仿真图中 AT89C51 芯片，弹出图 7.14 所示窗口。将【Clock Frequency】设置成 12 MHz。载入"花样流水灯（定时器计数器）.hex"文件进行仿真测试。仿真测试界面如图 7.15 所示。

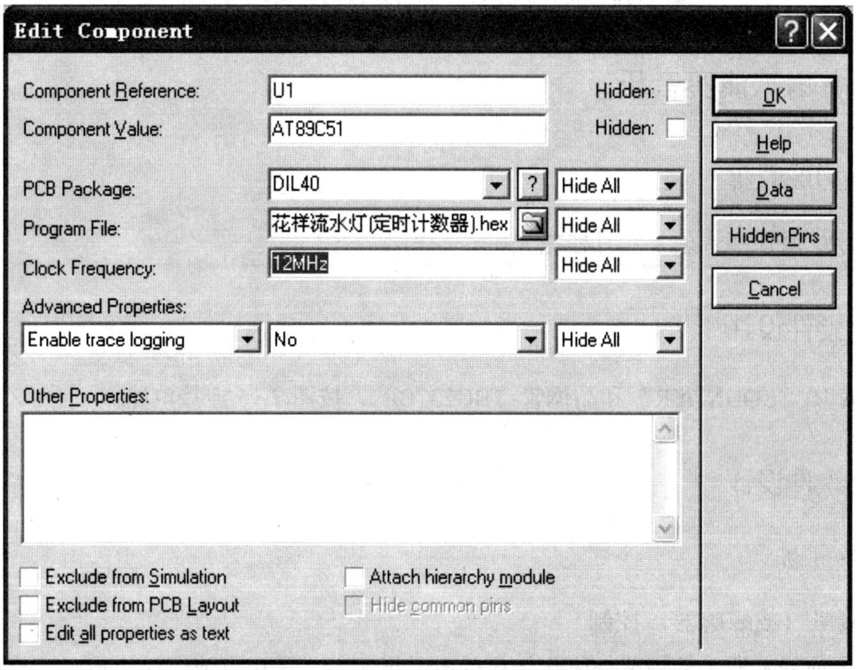

图 7.14　将【Clock Frequency】设为 12 MHz

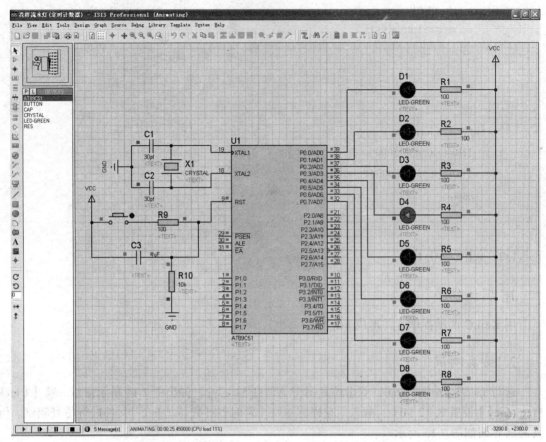

图 7.15　花样流水灯（定时器方式）仿真测试界面

7.2.2　小喇叭演奏音乐

7.2.2.1　功能要求

通过小喇叭演奏音乐《八月桂花》。

7.2.2.2　硬件设计

添加喇叭"SOUNDER"和晶体管"BC237BP"，按图 7.16 连接电路。

7.2.2.3　软件设计

1. 分　析

1）喇叭（或蜂鸣器）控制

喇叭（或蜂鸣器）是一种一体化结构的电子讯响器，采用直流电压供电，广泛应用于计算

机、打印机、复印机、报警器、电子玩具、汽车电子设备、电话机、定时器等电子产品中作为
发声器件。

2）功能及参数分析

用一个引脚输出方波，将这个方波输入蜂鸣器就会使其产生声音。通过控制方波的频率、
时间，还能产生简单的音乐。

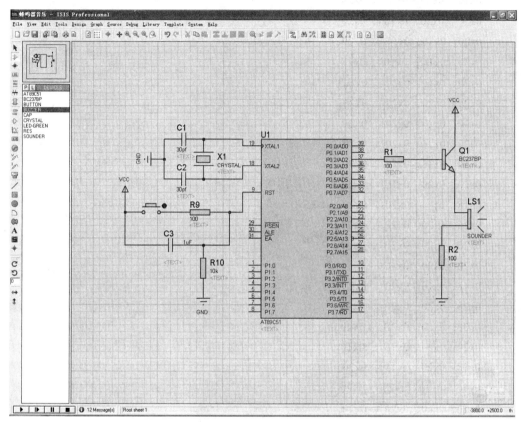

图 7.16 小喇叭电路图

本例采用晶振频率为 11.059 2 MHz，定时器/计数器采用 T0、方式 1。有关计数值和初值的
计算请参看程序，自行推导。

编制音乐代码时，频率常数即音乐术语中的音调，而节拍常数即音乐术语中的拍子。

2. 程序编制

```
#include <reg51.h>
    #include <intrins.h>
    #define   uint unsigned   int
    #define   uchar unsigned   char
    sbit Beep =P0^2 ;
    uchar n=0;   //n 为节拍常数变量
```

```
uchar    code music_tab[] ={
0x18, 0x30, 0x1C , 0x10,        //格式为: 频率常数, 节拍常数, 频率常数, 节拍常数
0x20, 0x40, 0x1C , 0x10,
0x18, 0x10, 0x20 , 0x10,
0x1C, 0x10, 0x18 , 0x40,
0x1C, 0x20, 0x20 , 0x20,
0x1C, 0x20, 0x18 , 0x20,
0x20, 0x80, 0xFF , 0x20,
0x30, 0x1C, 0x10 , 0x18,
0x20, 0x15, 0x20 , 0x1C,
0x20, 0x20, 0x20 , 0x26,
0x40, 0x20, 0x20 , 0x2B,
0x20, 0x26, 0x20 , 0x20,
0x20, 0x30, 0x80 , 0xFF,
0x20, 0x20, 0x1C , 0x10,
0x18, 0x10, 0x20 , 0x20,
0x26, 0x20, 0x2B , 0x20,
0x30, 0x20, 0x2B , 0x40,
0x20, 0x20, 0x1C , 0x10,
0x18, 0x10, 0x20 , 0x20,
0x26, 0x20, 0x2B , 0x20,
0x30, 0x20, 0x2B , 0x40,
0x20, 0x30, 0x1C , 0x10,
0x18, 0x20, 0x15 , 0x20,
0x1C, 0x20, 0x20 , 0x20,
0x26, 0x40, 0x20 , 0x20,
0x2B, 0x20, 0x26 , 0x20,
0x20, 0x20, 0x30 , 0x80,
0x20, 0x30, 0x1C , 0x10,
0x20, 0x10, 0x1C , 0x10,
0x20, 0x20, 0x26 , 0x20,
0x2B, 0x20, 0x30 , 0x20,
0x2B, 0x40, 0x20 , 0x15,
0x1F, 0x05, 0x20 , 0x10,
0x1C, 0x10, 0x20 , 0x20,
0x26, 0x20, 0x2B , 0x20,
0x30, 0x20, 0x2B , 0x40,
0x20, 0x30, 0x1C , 0x10,
0x18, 0x20, 0x15 , 0x20,
```

```
       0x1C, 0x20, 0x20 , 0x20,
       0x26, 0x40, 0x20 , 0x20,
       0x2B, 0x20, 0x26 , 0x20,
       0x20, 0x20, 0x30 , 0x30,
       0x20, 0x30, 0x1C , 0x10,
       0x18, 0x40, 0x1C , 0x20,
       0x20, 0x20, 0x26 , 0x40,
       0x13, 0x60, 0x18 , 0x20,
       0x15, 0x40, 0x13 , 0x40,
       0x18, 0x80, 0x00
    };
    void   t0 ( )   interrupt 1              //采用中断 0 控制节拍
    {   TH0=0xd8;
        TL0=0xef;
        n--;
    }
    void delay  (uchar m )                   //控制频率延时
    { uint i;
     i=3*m;
     while ( --i ) ;
    }
    void delayms ( uchar a )                 //毫秒延时子程序
    {
        while ( --a ) ;
    }
    void main ( )
    { unsigned char p, m;                    //m 为频率常数变量
        unsigned char i=0;
        TMOD=0x01;
        TH0=0xd8;TL0=0xef;
        IE=0x82;                             //等同于 EA=1, ET0=0
play:
    while ( 1 )
    {
        a: p=music_tab[i];
            if ( p==0x00 )
                { i=0; delayms ( 1000 ) ;
                  goto play;}                //如果遇到结束符，延时 1 秒，回到开始再来一遍
              else if ( p==0xff )
```

```
        { i=i+1;delayms（100）;
         TR0=0;
         goto a;}              //若遇到休止符，延时 100 ms，继续取下一音符
      else
         {m=music_tab[i++];
          n=music_tab[i++];}   //取频率常数和节拍常数
      TR0=1;                   //开定时器 1
      while（n!=0） Beep=~ Beep, delay（m）;    //等待节拍完成，通过 P02 输出音频
      TR0=0;                   //关定时器 1
    }
  }
```

7.2.2.4　调试与仿真

1. 调试程序

用 Keil C 调试程序，并形成.hex 文件。

2. 仿真测试

运行 ISIS7 Professional，载入"蜂鸣器音乐.hex"文件，打开音响，运行仿真电路，开始演奏乐曲。

7.2.3　带倒计时的交通灯

7.2.3.1　功能要求

利用发光二极管和两位数码管构成一个模拟的交通灯电路，模拟交通灯变化。

7.2.3.2　硬件设计

分清东西方向和南北方向，每个方向设一组红黄绿灯。东西方向和南北方向各设 1 个两位数码管。为了节省资源，在这里我们用两位共阳数码管 7SEG-MPX2-CA 动态刷新显示秒数。晶振为 12 MHz。

数码管连接：

段选线：P0 口接两位数码管（P07→dp …… P00→a）

位选线：P2.1→1，P2.0→2

东西红黄绿灯：P2.2→RED，P2.3→YELLOW，P2.4→GREEN

南北红黄绿灯：P2.5→RED，P2.6→YELLOW，P2.7→GREEN

完整电路如图 7.17 所示。

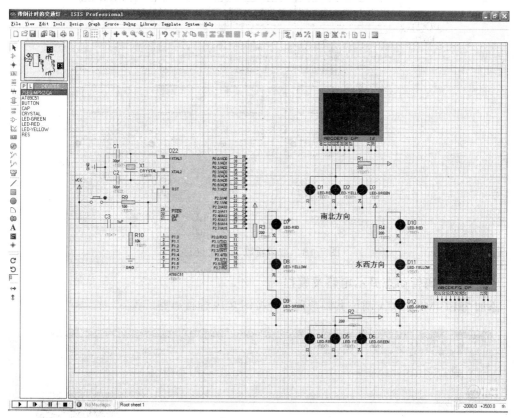

图 7.17　带倒计时的交通灯电路图

7.2.3.3　软件设计

1. 分　析

1）发光二极管亮灭控制

由发光二极管电路确定，P2 口引脚输出低电平，发光二极管亮，P2 口引脚输出高电平，发光二极管灭。

2）多位数码管动态显示

段码：赋给 dp，g，…，a 的值，也叫字型码。

位码：赋给公共端的值，专门控制数码管能否工作。

数码管动态显示：将所有数码管的段选线并接在一起，用一个 I/O 口控制，公共端不是直接接地（共阴极）或电源（共阳极），而是通过相应的 I/O 口线控制，如图 7.18 所示。

动态显示的特点是将所有位数码管的段选线并联在一起，由位选线控制是哪一位数码管有效。数码管采用动态扫描显示。所谓动态扫描显示即轮流向各位数码管送出字形码和相应的位选信号，利用发光二极管的余辉和人眼视觉暂留作用，使人感觉好像各位数码管同时都在显示。动态显示的亮度比静态显示要差一些，所以在选择限流电阻时应略小于静态显示电路中的限流电阻。

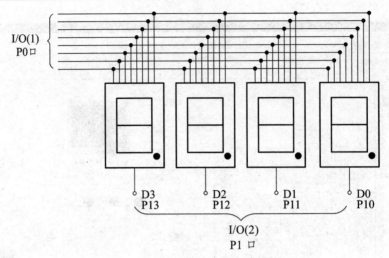

图 7.18 数码管动态显示连接图

3) 两位数码管动态显示电路及编程

添加 7SEG-MPX2-CA 两位共阳数码管，按图 7.19 连接电路。

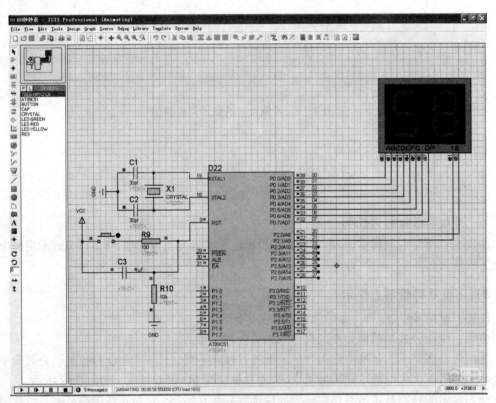

图 7.19 两位动态数码管电路图

两位数码管的左边为高位（十位），右边为低位（个位）。通过对两位数码管的十位值、个位值不断地逐个刷新，视觉上就会产生同时显示的效果。刷新过程用以下 60 秒秒表程序说明。

```
#include <reg51.h>
unsigned char code led[10]={ 0xc0，0xf9，0xa4，0xb0，0x99，0x92，0x82，0xf8，0x80，0x90};
unsigned int i;
unsigned char n，cnt;
sbit P21=P2^1;                  //十位数码管的位控制
sbit P20=P2^0;                  //个位数码管的位控制
void main（ ）
{TMOD=0X01;                     //选 T0，方式 1
 TH0=（65536-50000）/256;       //12 MHz 主频，定时 50 ms
 TL0=（65536-50000）%256;
 EA=1; ET0=1;
 TR0=1;
 cnt=0;                         //统计 T0 中断次数，初值为 0
n=0;                            //n 为计秒变量，初值为 0
P21=0;P20=0;                    //初始时，数码管全灭
while（1）                       //显示秒的程序，对十位、个位逐个反复刷新显示
{ P21=1;                        //十位位码有效，十位数码管可显示字形
 P0=led[n/10];                  //n/10 得到十位值，按下标对应关系，将该段码送 P0
 for（i=0;i<50;i++）;            //两个数码管分别刷新时,中间要有短暂延时保证显示稳定
 P21=0;                         //十位位码无效，不再显示字形

 P20=1;                         //个位显示同十位显示
 P0=led[n%10];                  //n%10 得到个位值
 for（i=0;i<50;i++）;
 P20=0;
 //此处用 if 语句，快速判断，不影响上面数码管的刷新显示
 if（cnt==20）                   //如果 T0 中断 20 次，定时到 1s
  {cnt=0; n++;}                 //秒变量 n 加 1
 }
}
void t0（ ） interrupt 1
{ TH0=（65536-50000）/256;
 TL0=（65536-50000）%256;
 cnt++;
}
```

4）交通灯功能及参数分析

交通灯控制在实际实施中有很多种方式，我们选择其中一种。有如下几个过程：

（1）初始状态：系统开启时，东西南北都亮红灯，禁止通行。

（2）东西通行：东西方向亮绿灯，南北方向亮红灯，开始倒计时 30 秒。

（3）东西缓行：倒计时到最后 3 秒时，东西方向亮绿灯，并开始闪 3 次黄灯；南北方向继续亮红灯。

（4）南北通行：南北方向开始亮绿灯，东西方向亮红灯，开始倒计时 30 秒。

（5）南北缓行：倒计时到最后 3 秒时，南北方向亮绿灯，并开始闪 3 次黄灯；东西方向继续亮红灯。

（6）回到状态（2）继续运行。

参数值如下：

数码管段码	东西方向			南北方向			数码管位码	
共阳极段码	G	Y	R	G	Y	R	十位	个位
P2 口	P2.7	P2.6	P2.5	P2.4	P2.3	P2.2	P2.1	P2.0

其中，东西南北红黄绿灯的控制参数如下：

	东西方向			南北方向		
	G	Y	R	G	Y	R
	P27	P26	P25	P24	P23	P22
① 初始状态：	1	1	0	1	1	0
② 东西通行：	0	1	1	1	1	0
③ 东西缓行：	0	0	1	1	1	0
东西黄闪：	0	1	1	1	1	0
④ 南北通行：	1	1	0	0	1	1
⑤ 南北缓行：	1	1	0	0	0	1
南北黄闪：	1	1	0	0	1	1

2. 程序编制

```c
#include <reg51.h>
#define   uint unsigned   int
#define   uchar unsigned   char
sbit P20=P2^0;
sbit P21=P2^1;
sbit P22=P2^2;
sbit P23=P2^3;
sbit P24=P2^4;
sbit P25=P2^5;
sbit P26=P2^6;
sbit P27=P2^7;
```

```
uchar code led[10]={0xc0，0xf9，0xa4，0xb0，0x99，0x92，0x82，0xf8，0x80，0x90};
uint i;
uchar n，cnt，cnt1;                    //cnt 计 1 s，cnt1 计 0.5 s
void main（）
{TMOD=0X01;                           //T0，方式 1
 TH0=（65536-50000）/256;             //12 MHz 主频，定时 50 ms
 TL0=（65536-50000）%256;
 EA=1; ET0=1;
 TR0=1;
 cnt=0;
 P21=1;P20=1;                         //数码管灭
 P25=0;P22=0;                         //（1）四个方向红灯亮，禁行
 while（1）
 {//（2）东西通行
    P25=1;P27=0;P24=1;P22=0;          //东西绿，南北红
    n=30;                            //倒计时秒数，初值 30 s
    while（n<=30）                    //n 在 30 s 内倒计时
    {   P21=1;
        P0=led[n/10];                //显示秒十位
        for（i=0;i<50;i++）;
        P21=0;
        P20=1;
        P0=led[n%10];                //显示秒个位
        for（i=0;i<50;i++）;
        P20=0;
        if（cnt==20）                //1 s，秒减 1
         { cnt=0;n--;
         }
        //（3）东西缓行：最后 3 s
        if（n<=3）
            if（cnt==0）            //每 0.5 s，黄灯变换一次，就有了闪烁效果
                P26=0;
            else if（cnt==10）
                P26=1;
    }
    //（4）南北通行
    P25=0;P27=1;P24=0;P22=1;          //南北绿，东西红
```

```
        n=30;
        while（n<=30）              //n 在 30 s 内倒计时
        {  P21=1;
           P0=led[n/10];            //显示秒十位
           for（i=0;i<50;i++）;
           P21=0;
           P20=1;
           P0=led[n%10];            //显示秒个位
           for（i=0;i<50;i++）;
           P20=0;
           if（cnt==20）             //1 s，秒减 1
             { cnt=0;n--;
             }
           //（5）南北缓行：最后 3 s
           if（n<=3）
             if（cnt==0）            //每 0.5 s，黄灯变换一次，就有了闪烁效果
                 P23=0;
             else if（cnt==10）
                 P23=1;
          }
        }
     }
     void t0（） interrupt 1
     {TH0=（65536-50000）/256;
      TL0=（65536-50000）%256;
      cnt++;
     }
```

7.2.3.4 调试与仿真

1. 调试程序

用 Keil C 调试程序，并形成.hex 文件。

2. 仿真测试

运行 ISIS7 Professional，载入"带倒计时的交通灯.hex"文件进行测试。仿真测试界面如图 7.20、图 7.21 所示。图 7.20 为东西绿，南北红，倒计时为 30 s 的截图。图 7.21 为东西方向进入倒计时 3 秒（绿灯亮，黄灯闪），南北方向仍为红灯时的截图。

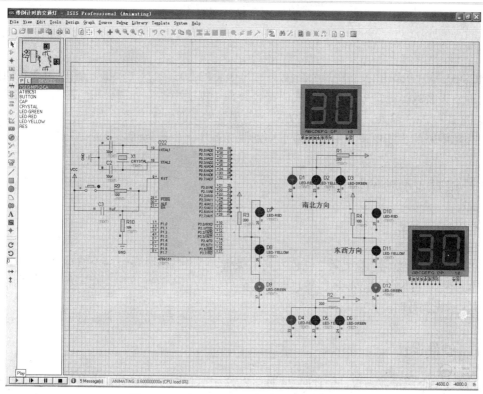

图 7.20　交通灯倒计时 30 秒仿真测试界面

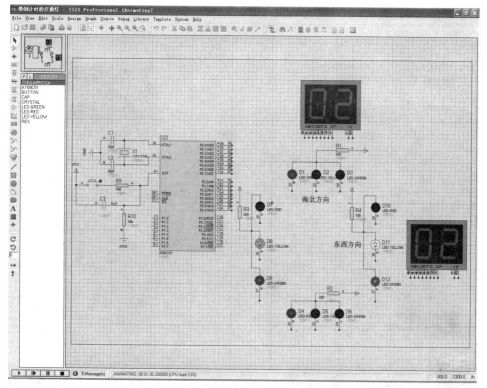

图 7.21　倒计时 3 秒时闪黄灯仿真测试界面

7.3 外部中断编程

MCS-51 单片机提供 2 个外部中断源——$\overline{INT0}$（P3.2）、$\overline{INT1}$（P3.3），主要用于自动控制、实时处理、设备故障处理等方面，可实时接收外部中断源申请。外部中断的中断请求信号从外部引脚 P3.2 和 P3.3 输入，有两种触发方式：电平触发（低电平）及边沿触发（下降沿）。本节将实现外部中断的中断申请、中断响应、中断服务程序、中断返回。

7.3.1 篮球 24 秒倒计时器

7.3.1.1 功能要求

利用定时器/计数器、数码管、红色发光二极管、按键等器件设计一个篮球 24 秒倒计时器。通过按键控制，可倒计时 24 秒，进攻时间时到红灯亮，蜂鸣器报警。在一次进攻完毕而未到 24 秒时，停止倒计时。

7.3.1.2 硬件设计

P0 口接一个两位数码管，倒计时 24 秒。P2.7 引脚接一个告警灯，点亮告警。P3.2 接开始按键，P3.3 接停止按键，完整电路如图 7.22 所示。

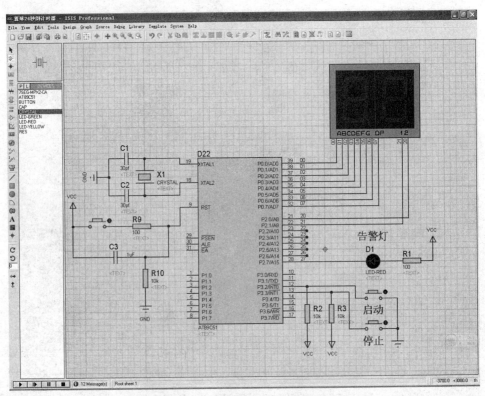

图 7.22 24 秒倒计时器电路图

7.3.1.3　软件设计

1. 分　析

1）外部中断控制

51 单片机的中断源共有 5 个，本例中使用 3 个，即外部中断 0、外部中断 1、定时器/计数器 1。外部中断 0 接开始按键，外部中断 1 接停止按键，定时器/计数器 1 用于倒计时定时，仍然采用 12 MHz 晶振。

本例共使用 3 个中断服务程序。

① 外部中断 0 的中断服务程序：

```
void int0 ( ) interrupt 0
{  //中断服务
    //启动 24 秒倒计时，红灯灭

}
```

② 外部中断 1 的中断服务程序：

```
void int0 ( ) interrupt 2
{  //中断服务
    //停止 24 秒倒计时，并保留当时时间，红灯亮

}
```

③ 定时器/计数器 1 的中断服务程序：

```
void int0 ( ) interrupt 3
{  //中断服务
    //给 T1 赋初值，累加 T1 中断次数

}
```

2）功能及参数分析

（1）功能分析。

初始状态：数码管显示 24，红灯灭，按键抬起。

启动状态：压下"启动"键，进入外部中断 0 的中断服务程序，开启定时器/计数器 T1，开始 24 秒倒计时，红灯灭。

停止状态：压下"停止"键，进入外部中断 1 的中断服务程序，停止定时器/计数器 T1，红灯亮。

24 秒倒计时时间到状态：倒计时到 0 秒时，停止定时器/计数器 T1，红灯亮。

（2）中断使用前的参数设置。

外部中断使用相对简单，需要设置 2 个参数：触发方式，TCON 寄存器 ITi 位；外中断允许，IE 寄存器的 EXi 位。

外部中断 0：IT0=1（下降沿触发），EX0=1（外中断 0 允许）

外部中断 1：IT1=1（下降沿触发），EX1=1（外中断 1 允许）

定时器/计数器 1 的参数设置：

```
TMOD=0x10;                         //T1，方式 1
```

```
    TH1=（65536-50000）/256;          //12 MHz 主频，定时 50ms
    TL1=（65536-50000）%256;
    ET1=1;   TR1=1;
```

注意：总中断允许 EA=1 设置一次就行。

（3）主程序流程。

① 定时器 T1 参数设置；

② 外部中断 0 参数设置；

③ 外部中断 1 参数设置；

④ 主程序初始状态设置；

⑤ 数码管显示；

⑥ 24 秒倒计时时间到状态；

⑦ 回到⑤循环显示。

（4）中断服务程序流程。

外部中断 0 中断服务程序流程：

① 初始化 T1；

② 设置 24 秒初始值；

③ 红灯灭；

④ 启动 T1。

外部中断 1 中断服务程序流程：

① 停止 T1 定时；

② 红灯亮。

定时器/计数器 1 中断服务程序流程：

① 重新写 T1 初值；

② 累计 T1 中断次数。

2．程序编制

```
#include <reg51.h>
#define   uint unsigned   int
#define   uchar unsigned   char
sbit P20=P2^0;
sbit P21=P2^1;
sbit P27=P2^7;
uchar code led[10]={0xc0, 0xf9, 0xa4, 0xb0, 0x99, 0x92, 0x82, 0xf8, 0x80, 0x90};
uint i;
uchar n, cnt;
void main（）
{//初始化中断参数
  TMOD=0X10;                        //T1，方式 1
  TH1=（65536-50000）/256;          //12 MHz 主频，定时 50 ms
```

```
    TL1=（65536-50000）%256;
    ET1=1;                          //T1 中断允许
    IT0=1;                          //外部中断 0，下降沿触发中断
    EX0=1;                          //外部中断 0 允许
    IT1=1;                          //外部中断 1，下降沿触发中断
    EX1=1;                          //外部中断 1 允许
    EA=1;
    cnt=0;
    P21=1;P20=1;                    //数码管亮
    P27=1;                          //红灯灭
    n=24;                           //数码管初始显 24
    while（1）
    {//数码管显示秒数
       P21=1;
       P0=led[n/10];                //显示秒十位
       for（i=0;i<50;i++）;
       P21=0;
       P20=1;
       P0=led[n%10];                //显示秒个位
       for（i=0;i<50;i++）;
       P20=0;
       if（cnt==20）                //1 s，秒减 1
       { cnt=0;n--;
       }
       if（n==0）                   //倒计时到 0 秒，红灯亮，关定时器 T1
       { P27=0;
          TR1=0;
       }
    }
}
void int0（）interrupt 0
{EX0=0;                            //外部中断 0 禁止
 TH1=（65536-50000）/256;
 TL1=（65536-50000）%256;
 cnt=0;
 n=24;                             //从 24 秒开始重新计时
 P27=1;                            //红灯灭
 TR1=1;                            //启动 T1 定时
 EX0=1;                            //外中断 0 允许
```

```
    }
    void int1（ ）interrupt 2
    {EX1=0;
     TR1=0;                      //T1 定时停止
     P27=0;                      //红灯亮
     EX1=1;
    }
    void t1（ ）  interrupt 3
    {TH1=（65536-50000）/256;
     TL1=（65536-50000）%256;
     cnt++;
    }
```

7.3.1.4　调试与仿真

1. 调试程序

用 Keil C 调试程序，并形成.hex 文件。

2. 仿真测试

运行 ISIS7 Professional，载入"篮球 24 秒倒计时器.hex"文件进行测试。仿真测试界面如图 7.23 所示。此图为按压"启动"键时，倒计时从 24 秒开始时的截图。

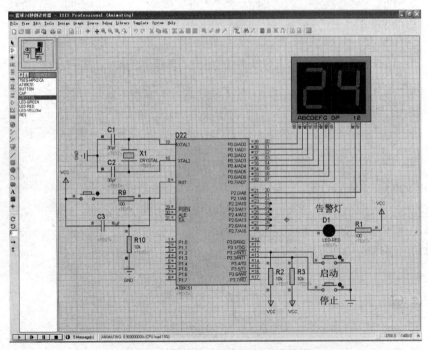

图 7.23　倒计时 24 秒仿真测试界面

倒计时到 8 秒时，按下停止键。此时数码管在 8 秒处停止，同时亮红灯，如图 7.24 所示。

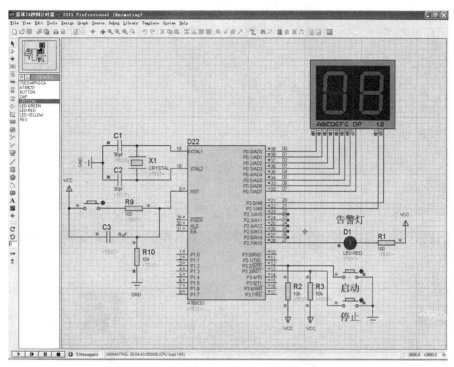

图 7.24　倒计时到 8 秒停止

24 秒倒计时完毕，到 0 秒时，计时停止，红灯亮，如图 7.25 所示。

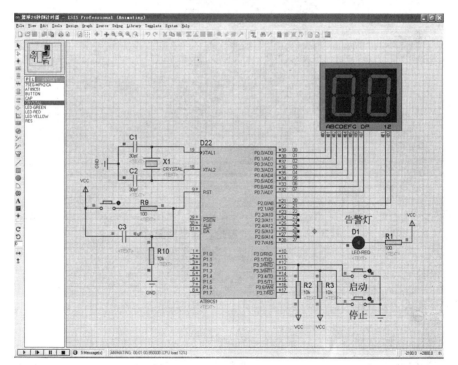

图 7.25　24 秒倒计时完毕

7.3.2　八位抢答器

7.3.2.1　功能要求

利用定时器/计数器、数码管、黄色发光二极管、按键等器件设计一个八位抢答器。通过本例学习两个以上外部中断的硬件电路设计和软件编程。

7.3.2.2　硬件设计

使用 8 个抢答按键及一个总复位按键,8 个抢答按键通过 74LS148 芯片接入 51 单片机的外部中断 0 和 P2 口, 总复位按键接入外部中断 1。

黄色发光二极管接 P2.7 引脚,数码管接 P0 口和 P2.1、P2.0 引脚,如图 7.26 所示。

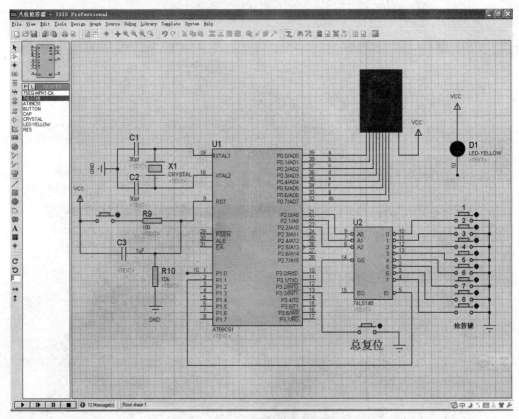

图 7.26　多路抢答器电路图

7.3.2.3　软件设计

1. 分　析

1) 多个外中断控制

本例的外部中断源共有 9 个:8 个抢答中断源和一个复位中断源。而 51 单片机一共只有 2

个外部中断接入端，因此，要通过外围中断电路将多个中断源按它们的轻重缓急进行排队，把其中最高级别的中断源直接接到单片机的一个外部中断源输入端，同时各中断源还被连到一个 I/O 口。这种方法，原则上可处理任意多个外部中断。

　　本例使用了 74LS148 芯片处理 8 个抢答中断源，其功能见 2.8.8 节。芯片引脚如 7.27 所示。

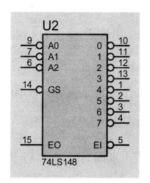

图 7.27　74LS148 引脚排列

0～7：编码输入端，低电平有效。

EI：选通输入端，低电平有效。

A0、A1、A2：编码输出端，低电平有效。

GS：宽展端，低电平有效。

EO：选通输出端。

74LS148 芯片的真值表如表 7.2 所示。

表 7.2　74LS148 真值表

输　入									输　出				
EI	0	1	2	3	4	5	6	7	A2	A1	A0	GS	EO
H	×	×	×	×	×	×	×	×	H	H	H	H	H
L	H	H	H	H	H	H	H	H	H	H	H	H	L
L	×	×	×	×	×	×	×	L	L	L	L	L	H
L	×	×	×	×	×	×	L	H	L	L	H	L	H
L	×	×	×	×	×	L	H	H	L	H	L	L	H
L	×	×	×	×	L	H	H	H	L	H	H	L	H
L	×	×	×	L	H	H	H	H	H	L	L	L	H
L	×	×	L	H	H	H	H	H	H	L	H	L	H
L	×	L	H	H	H	H	H	H	H	H	L	L	H
L	L	H	H	H	H	H	H	H	H	H	H	L	H

2）抢答器功能及参数分析

（1）功能分析。

初始状态：抢答器上电，黄灯和数码管全亮，验证设备的好坏。

复位状态：按下总复位键，产生外部中断 1，将黄灯和数码管熄灭，同时开放 8 路抢答按键的中断允许。

抢答状态：选手按抢答键，最先按下的按键在 GS 端产生外部中断 0，并在 A2A1A0 端上显示编码。

（2）参数设置。

抢答键由答题者按下，大家按下键的最小误差假设为 0.001 s，即 1 ms，也就是 1 000 μs。而单片机主频为 12 MHz，一个机器周期为 1 μs，一条指令周期为 1~4 个机器周期。这样在最小误差 1ms 内，单片机可以执行好几百条指令。因此，单片机通过中断方式及中断服务程序可以及时判别出最快的按键者，而不会出现同时按键的情况。

因此，8 个抢答中断源参数如下：

抢答键	A2A1A0（P22P21P20）	GS（P32）
未按下	1 1 1	1
按下 1	1 1 1	0
按下 2	1 1 0	0
按下 3	1 0 1	0
按下 4	1 0 0	0
按下 5	0 1 1	0
按下 6	0 1 0	0
按下 7	0 0 1	0
按下 8	0 0 0	0

当有一个抢答键按下时，74LS148 芯片的 GS 端电平由高变为低，通过外部中断 0 向 CPU 申请中断，进入外部中断 0 的中断服务程序。在中断服务程序中，通过对 P2.2、P2.1、P2.0 三位的编码进行判断，知道是哪一个键被按下。

总复位键按下，产生外部中断 1，清除显示，打开外部中断 0 允许。

外部中断 0、外部中断 1 的参数设置同上例。

（3）主程序流程。

① 外部中断 0 参数设置；

② 外部中断 1 参数设置；

③ 主程序初始状态设置；

④ 判别抢答键的按下，然后显示。

（4）中断服务程序流程。

外部中断 0 中断服务程序流程：

① 保留 P2 低三位，清除其余位；

② 判别具体按键按下。

外部中断 1 中断服务程序流程：

① 74LS148 芯片的输入使能 EI 低电平有效；

② 清除显示；

③ 使外部中断 0 中断允许。

2. 程序编制

```
#include <reg51.h>
#define   uint unsigned   int
#define   uchar unsigned   char
sbit P10=P1^0;
sbit P11=P1^1;
uchar code led[10]={0xc0, 0xf9, 0xa4, 0xb0, 0x99, 0x92, 0x82, 0xf8, 0x80, 0x90};
uint i;
uchar n, m;
void main（ ）
{//初始化中断参数
 IT0=1;                //外部中断 0，下降沿触发中断
 EX0=0;                //外部中断 0 不允许
 IT1=1;                //外部中断 1，下降沿触发中断
 EX1=1;                //外部中断 1 允许
 P11=1;                //让 74LS148 的 EI 端高电平无效
 EA=1;
 P0=0x00;              //数码管全亮，验证器件好坏
 P10=0;                //黄灯亮
n=0;
while（1）
{ //数码管显示按键号，亮黄灯
  if（n==1）{P0=led[1];P10=1;}
  else if（n==2）{P0=led[2];P10=0;}
  else if（n==3）{P0=led[3];P10=0;}
  else if（n==4）{P0=led[4];P10=0;}
  else if（n==5）{P0=led[5];P10=0;}
  else if（n==6）{P0=led[6];P10=0;}
  else if（n==7）{P0=led[7];P10=0;}
  else if（n==8）{P0=led[8];P10=1;}
  if（n!=0）
  {P11=1;              //有键按下后，复位输入 EI
   P11=0;
```

```
    EX0=1;}
  }
}
void int0（ ） interrupt 0
{ EX0=0;
 m=P2;
 m=m&0x07;            //保留 P2 低三位值，即 74LS148 的 A2 A1 A0 值
 switch（m）
 {case 0x00:n=8;break;  //根据 74LS148 真值表和硬件连接图，写出抢答按键与 74LS148 的
                        A2～A0 之间的对应关系
  case 0x01:n=7;break;
  case 0x02:n=6;break;
  case 0x03:n=5;break;
  case 0x04:n=4;break;
  case 0x05:n=3;break;
  case 0x06:n=2;break;
  case 0x07:n=1;break;
 }
}
void int1（ ） interrupt 2
{EX1=0;
 P11=0;        //EI 低电平有效
 P0=0xff;      //按下总复位后，数码管灭
 P10=1;        //黄灯灭
 n=0;
 EX0=1;        //外部中断 0 允许，按键 1～8 按下后可通过 74LS148 申请中断。
 EX1=1;
 }
```

7.3.2.4 调试与仿真

1. 调试程序

用 Keil C 调试程序，并形成.hex 文件。

2. 仿真测试

运行 ISIS7 Professional，载入"花样流水灯.hex"文件进行测试。初始状态仿真测试界面如图 7.28 所示，黄灯和数码管全亮。

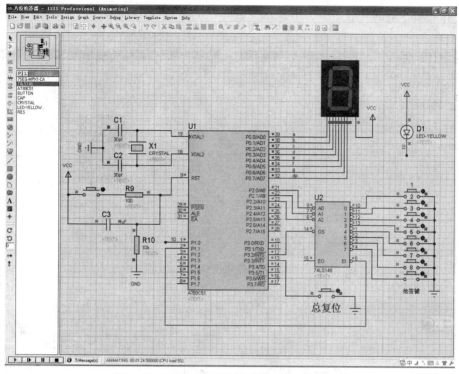

图 7.28　多路抢答器初始状态仿真测试界面

按下总复位按键后的状态如图 7.29 所示，黄灯和数码管熄灭。

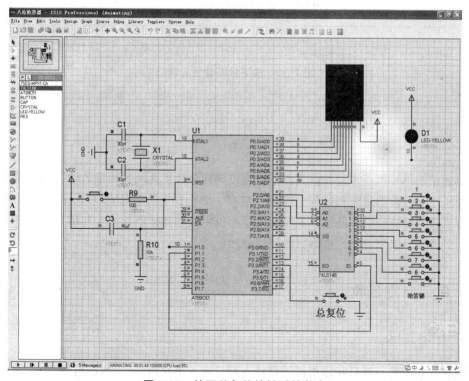

图 7.29　按下总复位按键后的状态

按下抢答键 5 后的状态如图 7.30 所示，数码管显示 5，黄灯亮。

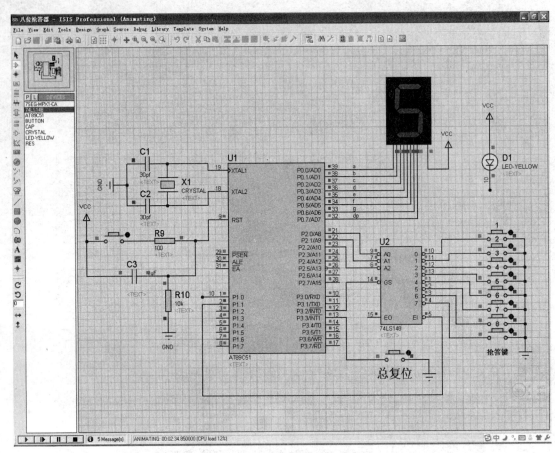

图 7.30　按下抢答键后的状态

7.4　串行接口编程

串口通信对单片机而言意义重大，不但可以实现单片机之间的数据传输，而且能实现计算机与单片机之间的数据传输和控制。51 单片机有一个全双工的串行通信口，所以单片机和计算机之间可以方便地进行串口通信。下面利用单片机串口和其他器件，实现单片机自身、单片机之间的串口通信，以学习单片机串口的通信原理。

7.4.1　串口自发自收

7.4.1.1　功能要求

利用单片机的串行接口和常用器件设计电路，完成单片机串口的数据自发自收。

7.4.1.2 硬件设计

P0 口接数码管，左边显示发送数据，右边显示接收数据。

将 P3.1（TXD）和 P3.0（RXD）直连，用于发送和接收数据。完整的电路如图 7.31 所示。

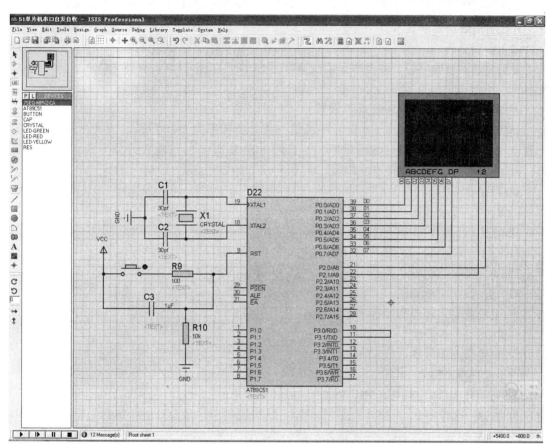

图 7.31 串口自发自收电路图

7.4.1.3 软件设计

1. 分 析

1）串口控制

（1）发送数据：串口用 P3.1（TXD）引脚发送数据时，先执行一条写输出 SBUF 的指令，启动发送过程，然后按起始位、数据位（低位在前）、停止位的顺序开始串行发送数据。一个字符发送完毕，自动将发送中断标志 TI 位置位。TI 置位后需软件清除。

（2）接收数据：当串口控制寄存器 SCON 的接收位 REN 置 1 时，接收控制器开始工作，对 P3.0（RXD）进行采样。当采样到从"1"到"0"的负跳变时，开始接收数据。起始位为"0"，开始串行接收字符，然后送入输入 SBUF，同时自动将接收中断 RI 位置位。RI 置位后需软件清除。

TI、RI 置位由中断方式或查询方式可以获知，本例采用查询方式。

2）功能及参数分析

（1）功能分析。

本例发送字符为数字 0 到 9，由 P3.1 发送，在左边数码管上显示。P3.0 接收端接收发送字符，并在右边数码管上显示。

（2）参数分析。

要想发送和接收字符，涉及串行控制寄存器 SCON、电源控制寄存器 PCON、单片机晶振频率。

① 串行控制寄存器 SCON 参数设置：

SM0 SM1：01，方式 1，8 位异步通信方式，波特率为 1 200 bps。方式 1 采用定时器/计数器 T1 产生发送时钟和接收时钟。T1 工作在方式 2，8 位可重置计数方式，T1 的初值=$256 - f_{osc} \times 2^{SMOD}/$（$12 \times$ 波特率 $\times 32$）。

SM2：0，不用。

REN：1，接收有效。

TB8：0，不用。

RB8：0，若 SM2=0，则 RB8 为接收到的停止位。

TI：0，接收中断清零。

RI：0，发送中断清零。

② 电源控制寄存器 PCON 参数设置：

SMOD：0，不倍频。

③ 单片机晶振频率：12 MHz。

（3）主程序流程。

① 初始化参数：T1、SCON、PCON、发送字符初值。

② 发送一个字符。

③ 测试 TI=0？若为真，未发送完，回到③；若为假，发送完，跳到④。若未发送成功，不会显示字符。

④ TI=0，并显示发送字符。

⑤ 接收一个字符。

⑥ 测试 SI=0？若为真，未接收完，回到⑤；若为假，接收完，跳到⑦。若未接收成功，不会显示字符。

⑦ SI=0，并显示接收字符。

⑧ 发送字符变化。

⑨ 判断是否到了 10 次。若未到，回到②；若到了，结束发送。

2. 程序编制

```
#include<reg52.h>
#define   uint unsigned   int
#define   uchar unsigned   char
uint i;
```

```
uchar tdata, rdata;
sbit P20=P2^0;                    //数码管共阳极公共端引脚定义
sbit P21=P2^1;
uchar code led[10]={0xc0, 0xf9, 0xa4, 0xb0, 0x99, 0x92, 0x82, 0xf8, 0x80, 0x90};
main（）
{
//先设置 T1 参数
TMOD=0x20;                        //工作方式 2
TH1=0xE6;                         //波特率为 1 200 bps
TL1=0xE6;                         //T1 初值=256－12 MHz×2^0/（12×1200×32），T1=230=0xE6
SCON=0x50;                        //方式 1，REN=1，允许接收，TI=0，RI=0
PCON=0x00;                        //SMOD=0，不倍频
tdata=0x00;                       //设置发送数据初值
TR1=1;                            //启动 T1
while（1）
{//发送字符
    SBUF=tdata;                   //数据送入 SBUF 后，硬件以串行格式自动发送
    while（TI==0）;               //没发完，TI=0；字符发完后，自动将 TI 置 1，跳出循环
    TI=0;                         //发完一个字符，手动将 TI 清 0
    P21=0x1;P20=0x0;              //用数码管显示发送字符，以确认是否正确
    P0=led[tdata];
    for（i=0;i<40000;i++）;       //为了看得清晰，加此延时（此延时可去掉）
//接收字符
    while（RI==0）;               //测试 RI，RI=0 没接收好字符。接收好字符后，自动将 RI 置 1
    rdata=SBUF;                   //接收字符
    RI=0;                         //手动将 RI 清 0
    P21=0x0;P20=0x1;              //用数码管显示接收字符，确认接收是否正确
    P0=led[rdata];
    for（i=0;i<40000;i++）;
    tdata++;
    if（tdata>09）break;
}
}
```

7.4.1.4　调试与仿真

1. 调试程序

用 Keil C 调试程序，并形成.hex 文件。

2. 仿真测试

运行 ISIS7 Professional，载入"51 单片机串口自发自收.hex"文件进行测试。

自发仿真测试界面如图 7.32 所示，发送一个字符完毕，在左边数码管上显示发送字符。

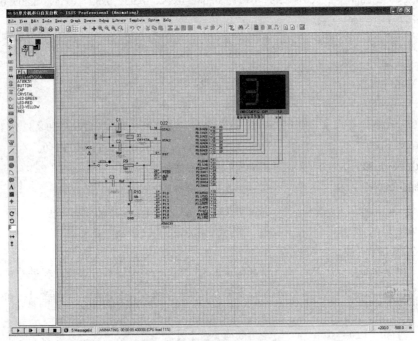

图 7.32   自发仿真测试界面

自收仿真测试界面如图 7.33 所示，自收一个字符完毕，在右边数码管上显示收到的字符。

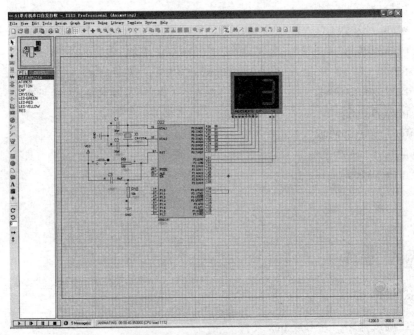

图 7.33   自收仿真测试界面

7.4.2　双机串口通信

7.4.2.1　功能要求

利用两个单片机的串行接口和常用器件设计电路，完成单片机间的串口数据收发。

7.4.2.2　硬件设计

电路由两个单片机组成：发送端 A、接收端 B。发送端 A 的 P0 口接数码管显示发送标志和发送字符，数码管由 P1.3、P1.2 控制位选线。发送端 B 的 P0 口接数码管显示接收标志和接收字符，数码管由 P1.3、P1.2 控制位选线。

发送端 A 的 P3.1（TXD）连接接收端 B 的 P3.0（RXD），接收端 B 的 P3.1（TXD）连接发送端 A 的 P3.0（RXD）。通过全双工连接，传送发送起始标志、回应标志、字符、结束标志。

完整电路如图 7.34 所示。

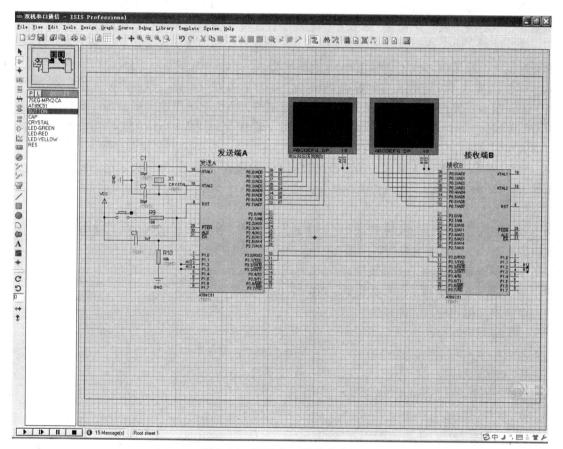

图 7.34　双机串口通信电路图

7.4.2.3　软件设计

1. 分　析

1）双机串口通信

双机串口通信，发送单片机和接收单片机的收发参数设置和发送、接收过程都与前例一样，不再复述。双机通信，要考虑发送前两机的连接、连接好后字符发送、发送完毕后结束这几点。由双机串行通信开始，就涉及数据通信的传送协议问题。

理想化的传送就像停止等待协议，具有最简单流量控制的数据链路层协议。

假定 1：链路是理想的传输信道，所传送的任何数据既不会出差错也不会丢失。

假定 2：不管发方以多快的速率发送数据，收方总是来得及收下，并及时上交主机。这个假定就相当于认为：接收端向主机交付数据的速率永远不会低于发送端发送数据的速率。

有这两个假定为基础，数据传输就有了最简单的协议框架。

2）功能及参数分析

（1）功能分析。

本例在上述两个假设的基础上实现。不考虑数据的差错丢失，也不考虑传送的快慢。数据传输由三个步骤完成。首先 A、B 双方建立连接，其次 A 发送、B 接收，最后收发完毕。

建立连接：收发双方的单片机上电启动后，先进行参数设置，接收端 B 显示 "-"，表示已准备好接收。发送端 A 先发送标志 0xaa 给接收端 B。接收端 B 接收标志 0xaa 后，再发送标志 0xbb 给发送端 A。发送端 A 收到标志 0xbb 后，表示收发双方线路、设备良好，建立连接。

发送接收：发送端 A 开始按双方协商发送字符，一个字符发送完毕，通过查询方式查到 TI=1，再发送下一字符，直到发完全部字符。接收端 B 主动扫描 P3.0（RXD）引脚，并通过查询方式查到 RI=1，就将收到的字符送内存，然后接收下一字符，直到接收完毕。

收发完毕：发送端 A 发送校验码给接收端 B，发送端 A 显示 "E" 表示结束发送，接收端 B 显示 "T" 或 "F" 表示接收正确或错误，接收完毕。

（2）参数设置。

收发双方采用一样的波特率，采用一样的工作方式。所以发送端 A、接收端 B 都设置串行控制寄存器 SCON、电源控制寄存器 PCON、单片机晶振频率。

串行控制寄存器 SCON 参数设置：SCON=0x50。

电源控制寄存器 PCON 参数设置：PCON=0x00。

单片机晶振频率：12 MHz。

（3）主程序流程。

发送端 A 的发送程序流程：

① 初始化参数：T1、SCON、PCON、发送字符初值。

② 发送连接标志 0xaa，显示 "A"。

③ 接收回应标志 0xbb，显示 "b"。

④ 连接建立好，开始发送一个字符。

⑤ 测试 TI=0？若为真，未发送完，回到 e；若为假，发送完，跳到⑥。若未发送成功，不会显示字符。

⑥ TI=0，并显示发送字符。

⑦ 跳到④，发送下一字符。

⑧ 发送 10 个字符完毕，发送校验码，显示"P"。

⑨ 整个发送过程结束，显示"E"。

接收端 B 的接收程序流程：

① 初始化参数：T1、SCON、PCON、发送字符初值。

② 接收连接标志 0xaa，显示"A"。

③ 发送回应标志 0xbb，显示"b"。

④ 连接建立好，开始接收一个字符。

⑤ 测试 RI=0？若为真，未收到字符，回到⑤；若为假，收到一个字符，跳到⑥。

⑥ RI=0，并显示接收字符。

⑦ 跳到④，接收下一字符。

⑧ 接收完 10 个字符，接收校验码。

⑨ 整个接收过程结束，显示"T"或"F"。

2. 程序编制

1）发送端 A 的程序

```
#include <reg51.h>
sbit P12=P1^2;
sbit P13=P1^3;
unsigned char code led[10]={0xC0, 0xF9, 0xA4, 0xB0, 0x99, 0x92, 0x82, 0xF8, 0x80, 0x90};
unsigned int i, j, k, m;
unsigned char pf;
//先发 0xaa，再收 0xbb，再发 0-9
void main（）
{ TMOD=0X20;
  TL1=0XE6;
  TH1=0XE6;
  PCON=0X00;
  SCON=0X50;
  TR1=1;
  for（m=0;m<40000;m++）;          //延时可去掉
  do{ SBUF=0xaa;
      while（TI==0）;
      TI=0;
      P13=0x0;P12=0x1;
      P0=0x88;                    //显示 A，表示已发送 0xaa 连接信号
      while（RI==0）;
      RI=0;
```

```
    }while（（SBUF^0xbb）!=0）；    //如果收到的不是0xbb回应信号，重新连接，直到收到0xbb
P13=0x0;P12=0x1;
P0=0x83;                        //显示b，收到B方发来的0xbb回应信号，并且接收正确。1000 0011
for（m=0;m<40000;m++）;
do{
    pf=0;                       //设置校验码
    j=0;
    for（i=0;i<10;i++）
    { SBUF=j;                   //发送字符
        pf+=j;                  //校验码为j的和
        while（TI==0）；
        TI=0;
    P13=0x1;P12=0x0;
    P0=led[j];                  //显示发送字符的数码
    j++;
    for（m=0;m<40000;m++）;
    }
    SBUF=pf;                    //发送校验码
    while（TI==0）；
    TI=0;
    P13=0x0;P12=0x1;
    P0=0x8C;                    //显示P，表示已发送pf校验码
    for（m=0;m<40000;m++）;
    while（RI==0）；
    RI=0;
}while（SBUF!=0）；
P13=0x0;P12=0x1;
P0=0x86;                        //显示E，表示校验正确，传送完毕
for（m=0;m<40000;m++）;
}
```

2）接收端 B 的程序

```c
#include <reg51.h>
unsigned char code led[10]={0xC0, 0xF9, 0xA4, 0xB0, 0x99, 0x92, 0x82, 0xF8, 0x80, 0x90};
sbit P12=P1^2;
sbit P13=P1^3;
unsigned int i, j, k, m;
unsigned char pf, r[10], rdata;
```

```
//先收 0xaa，再发 0xbb，再收 0-9
void main（ ）
{    TMOD=0X20;
     TL1=0XE6;
     TH1=0XE6;
     PCON=0X00;
     SCON=0X50;
     TR1=1;
     P13=0x0;P12=0x1;
     P0=0xbf;                        //显示"-"，表示准备接收连接标志 0xaa
     do{ while（RI==0）;
         RI=0;
         rdata=SBUF;
       }while（rdata!=0xaa）;
     P13=0x0;P12=0x1;
     P0=0x88;                        //收到 0xaa 标志，显示"A"
     for（m=0;m<40000;m++）;
     SBUF=0xbb;                      //发回应标志 0xbb
     while（TI==0）;
     TI=0;
     P13=0x0;P12=0x1;
     P0=0x83;                        //发回应信号 0xbb.显示"b"
     while（1）
     {    pf=0;k=0;
          for（i=0;i<10;i++）
          {while（RI==0）;
           RI=0;
           r[k]=SBUF;                //接收 0-9 数码
           pf+=r[k];                 //计算校验码
           P13=0x1;P12=0x0;
           P0=led[r[k]];
           k++;
          }
          while（RI==0）;
          RI=0;
          if（（SBUF^pf）==0）        //比较发送端 A 和接收端 B 的两个校验和
            {SBUF=0x00;              //比较一致，发送 0 给 A 端
          P13=0x0;P12=0x1;
             P0=0xcE;               //显示 T，校验正确。11001110
             for（m=0;m<40000;m++）;
```

```
            break;}
            else
              { SBUF=0xff;
                while（TI==0）;
                TI=0;
                P13=0x0;P12=0x1;
                P0=0x8e;                    //显示 F，校验错误
              }
          }
        }
```

7.4.2.4　调试与仿真

1.调试程序

用 Keil C 调试程序，并形成.hex 文件。

2.仿真测试

运行 ISIS7 Professional，分别在两个单片机载入"双机通信 A 发送.hex"文件和"双机通信 B 接收.hex"文件进行测试。仿真参数设置如图 7.35、图 7.36 所示。

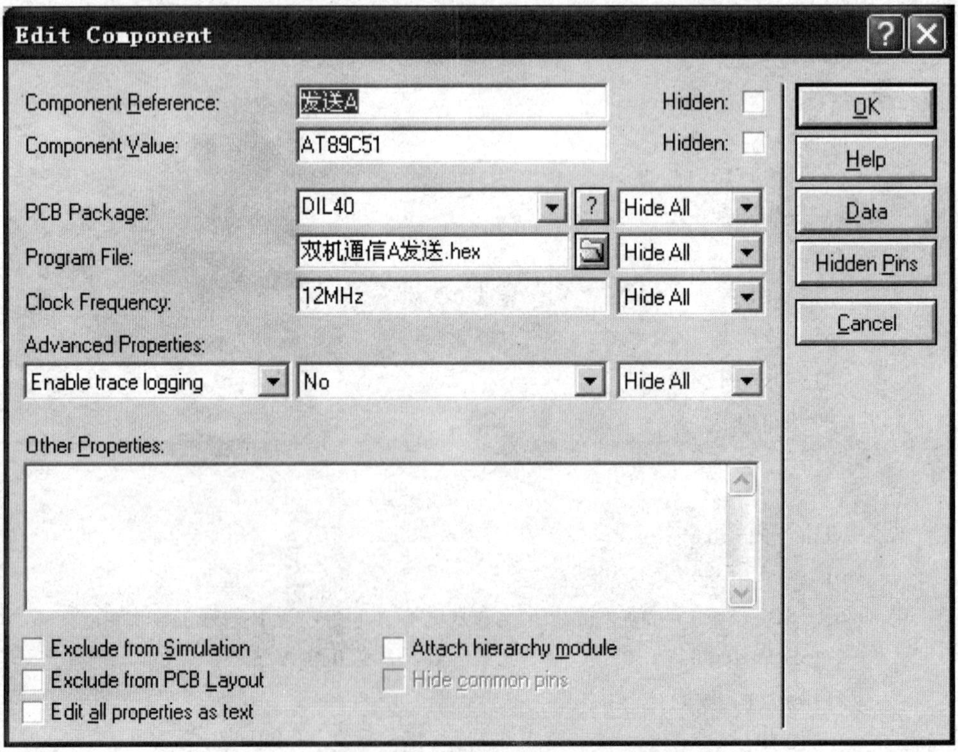

图 7.35　发送端参数设置

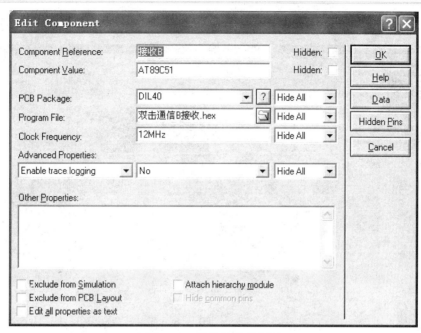

图 7.36　接收端参数设置

（1）双机串口通信开始上电时，接收端显示"-"，表示接收端准备好，如图 7.37 所示。

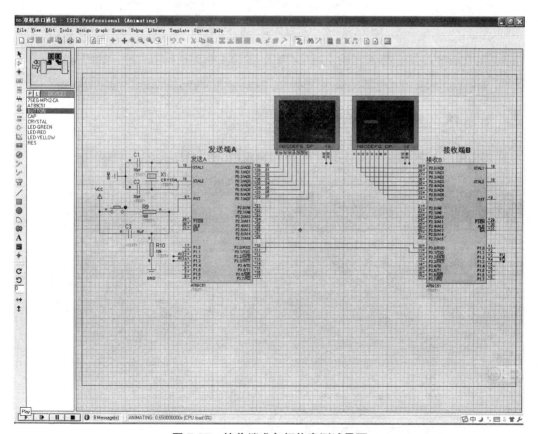

图 7.37　接收端准备好仿真测试界面

（2）发送端 A 给接收端 B 送连接标志"A"，接收端收到该标志"A"，如图 7.38 所示。

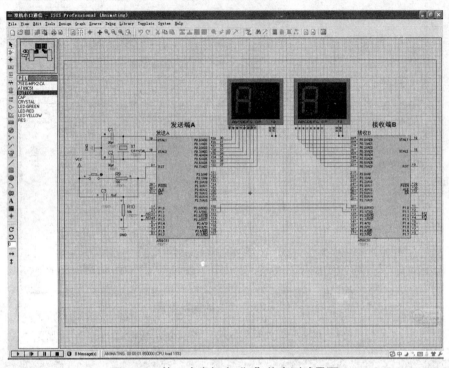

图 7.38　第一次发标志"A"仿真测试界面

（3）接收端 B 给发送端 A 送响应标志"b"，发送端收到该标志"b"，如图 7.39 所示。

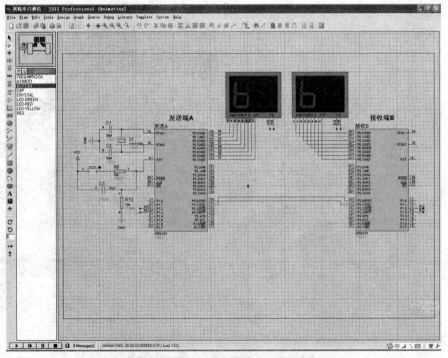

图 7.39　第二次发送标志"b"仿真测试界面

（4）连接确认后，发送端 A 开始串行发送字符 0～9，如图 7.40 所示。

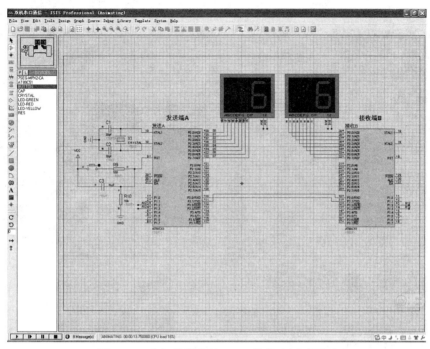

图 7.40　串行传送字符 0～9 的仿真测试界面

（5）发送端 A 传送完字符 0～9 后，开始发送校验码。接收端收到该校验码后和前面接收到的字符进行校验。校验正确，发送端 A 显示"P"，接收端 B 显示"T"，如图 7.41 所示。

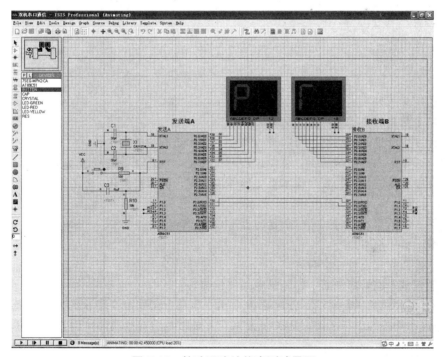

图 7.41　校验码确认仿真测试界面

（6）传送完毕后，双方显示相应字符。发送端 A 显示"E"，接收端显示"-"，如图 7.42 所示。

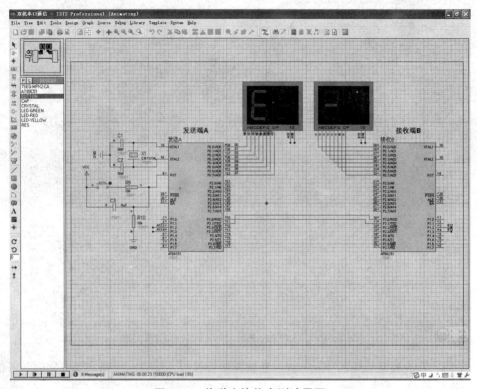

图 7.42　传送完毕仿真测试界面

练 习 与 思 考

1. 自己定义三种流水灯方式，编程实现。

2. 用单个数码管显示十六进制数 0 ~ 9，a ~ f。

3. 设计一个十进制加法器，可以进行两个一位十进制数的加法运算。

4. 设计一个十六进制减法器，可以进行两个两位十六进制数的减法运算。

5. 设计一个按键可控的花样流水灯，压一次按键，流水灯变化一次花样。要求流水灯有 3 种以上变化，同时每种变化能循环。

6. 将第 5 题的流水灯时间间隔用定时器/计数器实现。

7. 用蜂鸣器模拟警报声。

8. 用六位数码管设计一个时钟。

9. 利用按键（用外部中断）控制蜂鸣器发出警报。

10. 通过单片机的串行通信，发送端 A 发出一个命令点亮接收端 B 的发光二极管。

11. 通过单片机的串行通信，发送端 A 利用本地按键可启动或停止接收端 B 的时钟计时。

第 8 章　MCS-51 单片机常用接口

经过第 7 章的学习，读者已对 MCS-51 单片机的内部资源有了较深入的认识。本章开始介绍单片机最小系统和常用的外围接口电路，如并串接口电路、串并接口电路、矩阵键盘接口电路、LCD1602 接口电路等。通过本章的学习，读者对单片机的外围接口电路会有一个更全面的认识。

本章不再采用 Proteus 仿真软件对所有电路及程序进行仿真，而是画出 Protel 电路图。通过 Protel 原理图，读者可自行进行 Proteus 仿真，或者直接进行实验硬件电路搭建和测试。本章程序对电路引脚都会按使用功能进行定义，程序为 C51 语言和汇编的例子。

8.1　MCS-51 单片机最小系统

单片机最小系统，或称为单片机最小应用系统，是指用最少的元件组成的单片机可用系统。对于 51 系列单片机来说，最小系统一般应该包括：51 单片机、晶振电路、复位电路。本节增加了下载电路，以便在单片机最小系统硬件搭建时下载程序。同时，增加了 USB 供电电路，通过计算机的 USB 口可以给最小系统供电。

8.1.1　相关电路分析

8.1.1.1　单片机最小系统电路

51 单片机最小系统如图 8.1 所示。

1. 复位电路

该电路由电容串联电阻构成。由电容电压不能突变的性质可知，当系统上电时，RST 引脚将会出现高电平，高电平持续的时间由电路的 *RC* 值决定。当 RST 引脚的高电平持续两个机器周期以上就会复位单片机。

2. 晶振电路

典型的晶振取 11.059 2 MHz，因为由此可以准确地得到 9600 波特率和 19200 波特率，用于有串口通信的场合。晶振也可取 12 MHz，可以产生精确的 μs 级时间间隔，方便定时器操作。

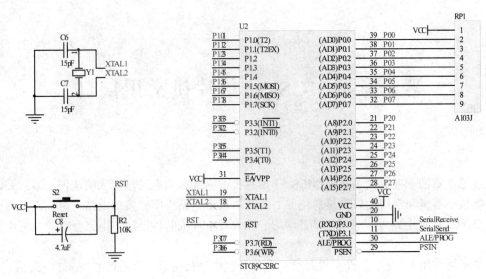

图 8.1　单片机最小系统电路图

3. 51 系列单片机

此处采用一片 MCS-51 系列兼容的单片机，如 AT 系列的 AT89C51、AT89C52，STC 系列的 STC89C51RC、STC89C52RC、STC89S51RC 等。

51 单片机的 P0 口加排阻 RP1（8 个电阻），即上拉电阻。

8.1.1.2　单片机下载电路

单片机下载电路如图 8.2 所示，由 RS-232 串口和 MAX232 芯片构成。将 51 单片机的 P3.0（RXD）和 P3.1（TXD）与 MAX232 芯片的 T1IN 和 R1OUT 连接，然后将单片机最小系统通过 RS-232 串口与计算机的串口进行连接（用一条串口线或 USB 转串口线），就可以通过计算机给单片机下载程序了。

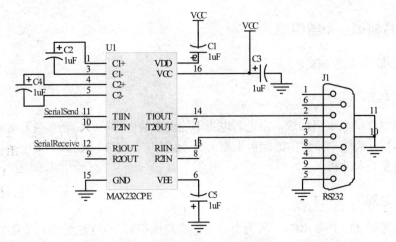

图 8.2　单片机串行下载电路图

RS-232 串口和 MAX232 的资料很多，这里不再赘述。有兴趣的读者可以查找阅读。

8.1.1.3 单片机电源电路

单片机电源电路如图 8.3 所示，由 USB 接口、Power 按键、LED 构成。单片机 USB 接口与计算机 USB 接口通过一条 USB 线连接。按下 Power 键，电路导通，单片机 VCC 和 GND 有效。单片机上电时，LED 点亮，作为电源提示。

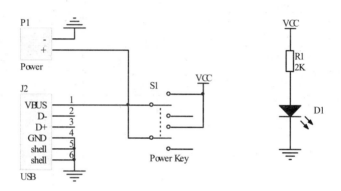

图 8.3 单片机 USB 电源电路图

8.1.2 单片机最小系统实物

8.1.2.1 单片机最小系统材料清单

根据上述单片机最小系统电路图，整理如表 8.1 所示的材料清单，可供电路搭建用。

表 8.1 单片机最小系统材料清单

序号	器件	数量	位置
1	1 μF 电容	5	C1 ~ C5
2	15 pF 电容	2	C6、C7
3	4.7 μF 电容	1	C8
4	POWER LED	1	D1
5	RS-232 串口	1	J1
6	USB 串口	1	J2
7	POWER	1	P1（外接电池盒）
8	HEADER 20 排针	1	P2、P3
9	2 kΩ电阻	1	R1

续表 8.1

序号	器件	数量	位置
10	10 kΩ电阻	1	R2
11	A103J 排阻	1	RP1
12	POWER KEY 开关	1	S1
13	RESET 按键	1	S2
14	MAX232CPE 芯片	1	U1
15	STC89C52RC 芯片	1	U2
16	12 MHz 晶振	1	Y1
17	STC89C52RC 插槽	1	U2
18	MAX232CPE 插槽	1	U1
19	印刷电路板	1	
20	LED（红/绿/黄）	8	开发区
21	按键	1	开发区

8.1.2.2　元器件实物图

元器件实物如图 8.4 所示。

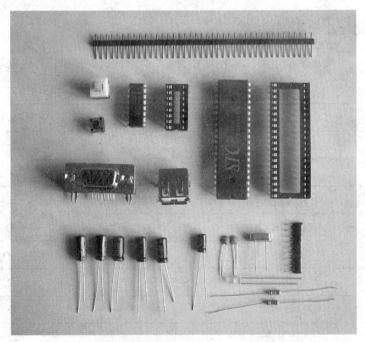

图 8.4　单片机最小系统材料实物图

图 8.5 为单片机最小系统焊接实物图。外围的按键、数码管电路可根据实际需要另外焊接。

图 8.5　单片机最小系统焊接实物图

8.2　矩阵键盘接口

前面介绍了单键的按键电路，当控制系统需要多个按键时再采用单键结构就不能满足系统要求了，因此，矩阵式键盘应运而生。将按键排列成矩阵形式，就称为矩阵键盘。矩阵键盘减少了 I/O 的占用，在需要的键数比较多时，采用矩阵键盘是很合理的。矩阵键盘程序通过扫描法实现了按键识别的功能。

8.2.1　矩阵键盘接口电路

矩阵式键盘又叫行列式键盘，用 I/O 接口线组成行、列结构，键位设置在行、列的交叉点上。例如，4×4 的行列结构可以组成 16 个键的键盘。矩阵键盘的连接方法有多种，可直接连接于单片机的 I/O 接口，也可利用扩展的并行 I/O 接口连接，还可利用可编程的键盘显示接口芯片 8279 连接。本例采用单片机的 I/O 接口 P1.0 连接，如图 8.6 所示。

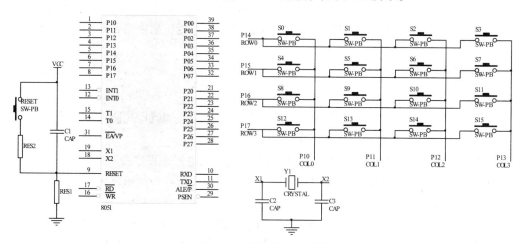

图 8.6　矩阵键盘电路图

矩阵式结构的键盘显然比直接法要复杂一些，识别也要复杂一些。图 8.6 中，矩阵中列线接 P1.0 ～ P1.3，输出高电平；矩阵行线接 P1.4 ～ P1.7，输出低电平。

8.2.2 矩阵键盘的工作方式

对于键盘的识别通常采用 3 种方式：查询方式、定时扫描方式、中断工作方式。第 8 章关于键盘的实例中已经使用了查询方式和中断方式。

（1）查询方式：主程序中插入键盘检测子程序，每执行一次键盘检测程序，都会对键盘进行一次检测，有键压下，则识别是哪个键被压下，得到按键的编码值，然后根据编码值进行相应的处理。

（2）定时扫描方式：利用单片机内部定时器/计数器产生定时中断，当定时到时，CPU 执行定时器中断服务程序，对键盘进行扫描。该方式的硬件键盘电路与查询方式一致。

（3）中断方式：前面两种方式都占用了大量的 CPU 执行时间，为了提高 CPU 效率，可采用中断方式。电路图可参考前章例子。

8.2.3 矩阵键盘工作原理

对键盘的识别一般有如下两步：

（1）CPU 首先检测键盘上是否有键按下。

（2）通过程序扫描，识别是哪一个键被按下，得到该键的按键编码。

当无键按下时，行列线通过按键隔开，互不影响，列线 P1.0 ～ P1.3 维持高电平，行线 P1.4 ～ P1.7 维持低电平。一旦有键按下，该键所在行列线导通，则某根列线电平就会被拉低。这样，通过读入 P1.0 ～ P1.3 的状态判断是否有 "0"，就可得知是否有键按下了。例如：按键 S12 按下，P1.7 和 P1.0 导通，P1.0 的高电平被拉成低电平。

我们会发现，无论 S0、S4、S8、S12 中哪一个按键按下，P1.0 都变成低电平，虽然明确知道哪一列有键按下，但无法判断哪一行有键按下。因此，要通过一定方法再进一步识别出哪一行有键按下。这样，通过行、列分开判断，最终识别出行列交叉点的按键，得出按键编码。

识别哪一行有键按下的方法很多，我们列举两个方法：逐行扫描法和行列换位法。

1. 逐行扫描法

初始状态：行线 Row0 ～ Row3 保持低电平，列线 Col0 ～ Col3 保持高电平。

有键压下：行线保持低电平，某根列线出现低电平，其他列线保持高电平，可判断某列有键按下。

逐行扫描：其方法是依次将行线 Row0 ～ Row3 置为低电平，即在置某根行线为低电平时，其他行线为高电平。在确定某根行线位置为低电平后，再检测各列线的电平状态。若某列为低电平，则该行有键按下，列线与置为低电平的行线交叉处的按键就是闭合的按键。

下面给出一个具体例子，假设 S8 键按下，具体逐行扫描过程如下：

① Row0（P1.4）为低电平 "0"，Row1 ～ Row3（P1.5 ～ P1.7）为高电平 "1"，测试 Col0 ～

Col3（P1.0～P1.3）有无低电平。因是 S8 压下，P1.4 和列线隔开，不会拉低列线电平；而 P1.6 虽然和 P1.0 导通，但 P1.6 为高电平，也不会拉低列线 P1.0 电平，所以 P1.0～P1.3 全为高电平，0 行无键按下。

②　Row1（P1.5）为低电平"0"，Row0、Row2、Row3（P1.4、P1.6、P1.7）为高电平"1"，测试 Col0～Col3（P1.0～P1.3）有无低电平。同理，P1.5 和列线隔开，P1.6 为高电平，都不会拉低列线电平，P1.0～P1.3 全为高电平，1 行无键按下。

③　Row2（P1.6）为低电平"0"，Row0、Row1、Row3（P1.4、P1.5、P1.7）为高电平"1"，测试 Col0～Col3（P1.0～P1.3）有无低电平。同理，S8 按下，P1.6 和列线 P1.0 导通，P1.6 又为低电平，则 P1.0 为低电平，P1.1～P1.3 全为高电平，2 行有键按下。

后面过程不再复述。通过列、行值的确定，找到 S8 按键。按键编码可以自定义，用行列值表示，或者按键编号 8 表示都行。例如，以行列值表示，行、列值各四位，行值在前，列值在后，S8 的按键编码为：0010 0000（2 行 0 列）。

2. 行列换位法

初始状态：行线 Row0～Row3 保持低电平，列线 Col0～Col3 保持高电平。

有键压下：行线保持低电平，某根列线出现低电平，其他列线保持高电平，可判断某列有键按下。

行列换位：其方法是全部行线重新给高电平，全部列线重新给低电平，然后测试行线上哪一行被拉为低电平。这样可以迅速判断出行列值。

假设 S8 键按下，具体行列换位过程如下：

Row0～Row3（P1.5～P1.7）全为高电平"1"，Col0～Col3（P1.0～P1.3）全为低电平，测试行线电平。因是 S8 压下，P1.6 和 P1.0 导通，P1.0 的低电平会拉低 P1.6，所以 P1.4、P1.5、P1.7 为高电平，P1.6 为低电平，2 行有键按下。按键编码可用行、列原值表示。有键压下时，P1.3P1.2P1.1P1.0 的值为 1110，行列换位后 P1.7P1.6P1.5P1.4 的值为 1011，则 S8 编码为：1011 1110。

8.2.4　矩阵键盘接口编程

1. 功能要求

用一位共阳极数码管显示矩阵键盘按下键的键值。开机时，数码管初始显示"-"，当键按下时，数码管显示按下键的键值，蜂鸣器响一声。

2. 硬件电路

一位数码管的段码接 P0 口，位码接 P2.0 引脚；蜂鸣器接 P3.7 引脚；矩阵键盘接法同前所述。完整电路如图 8.7 所示。

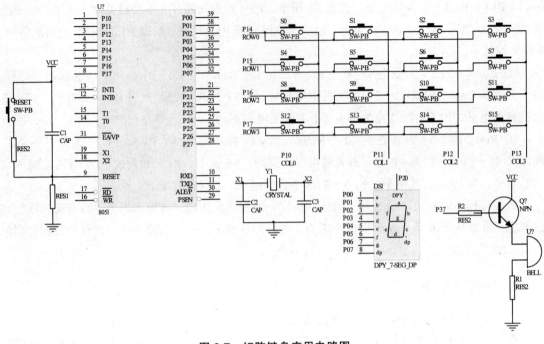

图 8.7　矩阵键盘应用电路图

3. 程序流程图（图 8.8）

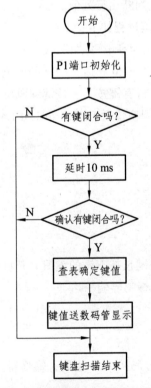

图 8.8　矩阵键盘识别程序流程图

4. 程序编制

程序按流程图编写, 按键按下后的识别用行列换位法。

下面举例说明 S*i* 的按键编码方法:

假设 S0 键被按下, 找其按键的特征编码。从 P1 口的高四位输出低电平, 即 P1.4 ~ P1.7 为输出口; 低四位输出高电平, 即 P1.0 ~ P1.3 为输入口。读 P1 口的低四位状态为 "1110", 其值为 "0EH"。再从 P1 口的高四位输出高电平, 即 P1.4 ~ P1.7 为输入口; 低四位输出低电平, 即 P10 ~ P13 为输出口。读 P1 口的高四位状态为 "1110", 其值为 "E0H"。两次读出的 P1 口状态值进行逻辑或运算就得到其按键的特征编码为 "EEH"。

1) C51 程序

```c
#include <reg51.h>
#include <intrins.h>
sbit LEDDIS=P2^0;              //数码管位码
sbit BEEP = P3 ^ 7;            //蜂鸣器驱动线

unsigned char key;
unsigned char code disp_code[] =
{
    //显示码数组, 17 个值, 读者自己分析一下都是什么码?
    0xc0, 0xf9, 0xa4, 0xb0, 0x99, 0x92, 0x82, 0xf8, 0x80, 0x90, 0x88,
    0x83, 0xc6, 0xa1, 0x86, 0x8e, 0xbf
};
unsigned char code key_code[] =
{
    //键编码数组, 16 个键的编码, 例如 S0
    0xee, 0xed, 0xeb, 0xe7, 0xde, 0xdd, 0xdb, 0xd7, 0xbe, 0xbd, 0xbb,
    0xb7, 0x7e, 0x7d, 0x7b, 0x77
};

//延时子函数
void delayms ( unsigned int ms )
{ unsigned char t;
    while  ( ms-- )
    { for   ( t = 0; t < 114; t++ )
            ;
    }
}
    // x*0.14MS 延时子函数
void delayus ( unsigned char x )
{ unsigned char i;
```

```
    while （x--）
    {
        for （i = 0; i < 14; i++）
            ;
    }
}
//蜂鸣器驱动子函数
void beep （）
{   unsigned char i;
    for  （i = 0; i < 250; i++）
    {
        delayus （6）;
        BEEP = !BEEP;              //BEEP 取反
    }
    BEEP = 1;                       //关闭蜂鸣器
    delayms （150）;               //延时

}
//键盘扫描子函数
unsigned char keyscan （）
{ unsigned char scan1，scan2，keycode，j;
    P1 = 0xf0;
    scan1 = P1;
    if （scan1 != 0xf0）
    //判键是否按下
    {
        delayms （10）;           //延时 10 ms 去抖动
        scan1 = P1;
        if （scan1 != 0xf0）
        //二次判键是否按下
        { P1 = 0x0f;                //行列换位测试
            scan2 = P1;
            keycode = scan1 | scan2;   //组合成键扫描编码

            for （j = 0; j < 16; j++）
            { if （keycode == key_code[j]）
                //查表得键值
                { key = j;
                    return （key）;       //返回有效键值
                }
```

```
        }
      }
    }
    else
      P1 = 0xff;
    return （key = 16）;               //返回无效码
  }
//主函数
void main（void）
{ P0 = 0xbf;                          //数码管初始显示"-"
  LEDDIS = 0x1;                        //数码管位码有效
  P1 = 0xff;
  while （1）
  { keyscan（）;
    if （key < 16）
    //有效键值
    {  P0 = disp_code[key];            //显示键值
      beep（）;                        //蜂鸣器响一声
    }
  }
}
```

2）汇编程序

```
;矩阵键盘定义:
;P1.0-P1.3 为列线，P1.4-P1.7 为行线;
;**********************************************************
        BEEP    BIT   P3.7
        KEYNUM  EQU   30H

        ORG   0000H
        AJMP  MAIN
        ORG   0050H
;**********************************************************
; 主程序
MAIN:
        MOV  SP，#60H
        MOV  KEYNUM，#10H              ;开机时显示"-"
```

```
                ACALL    KEY_PLAY
LOOP:
                ACALL    KEY_SCAN
                AJMP     LOOP
;********************************************************
;矩阵键盘键值查找程序
;键值存入 30H 单元
KEY_SCAN:
                MOV      P1, #0F0H           ;置列线为 0，行线为 1
                MOV      A, P1               ;读入 P1 口状态
                ANL      A, #0F0H            ;保留高 4 位
                MOV      B, A                ;保存数据
                MOV      P1, #0FH            ;置列线为 1，行线为 0
                MOV      A, P1               ;读入 P1 口状态
                ANL      A, #0FH             ;保留低 4 位
                ORL      A, B                ;高四位与低四位重新组合
                CJNE     A, #0FFH, KEY_IN1   ;0FFH 为未按键
                AJMP     KEY_END
KEY_IN1:
                MOV      B, A                ;保存键值
                MOV      DPTR, #KEYTABLE     ;置键编码表首址
                MOV      R3, #0FFH
KEY_IN2:
                INC      R3                  ;查表次数加 1
                MOV      A, R3
                MOVC     A, @A+DPTR          ;取出键码
                CJNE     A, B, KEY_IN3       ;比较
                MOV      A, R3               ;找到，取次数值
                MOV      KEYNUM, A           ;送显示单元
                ACALL    KEY_PLAY            ;显示键值
                ACALL    BEEP_BL             ;蜂鸣器响一声
                AJMP     KEY_END
KEY_IN3:
                CJNE     A, #00H, KEY_IN2    ;继续查;00H 为结束码
KEY_END:
                RET
;********************************************************
```

```
; 键编码表
KEYTABLE:

    DB  0EEH, 0EDH, 0EBH, 0E7H, 0DEH
    DB  0DDH, 0DBH, 0D7H, 0BEH, 0BDH
    DB  0BBH, 0B7H, 07EH, 07DH, 07BH
    DB  077H, 00H                        ;00H 为结束码
;***********************************************************
;蜂鸣器响一声子程序
BEEP_BL:
        MOV     R6, #200
  BL1:
        ACALL   BL2
        CPL     BEEP                ;蜂鸣器取反产生驱动脉冲
        DJNZ    R6, BL1
        SETB    BEEP                ;关闭蜂鸣器
        MOV     R5, #25
        ACALL   DELAY
        RET
  BL2:
        MOV     R7, #220
  BL3:
        NOP
        DJNZ    R7, BL3
        RET
; 延时子程序
DELAY:                              ;延时 R5×10 ms
        MOV     R6, #50
DEL1:
        MOV     R7, #100
        DJNZ    R7, $
        DJNZ    R6, DEL1
        DJNZ    R5, DELAY
        RET
;键值显示子程序
KEY_PLAY:
        MOV     A, KEYNUM           ;要显示的数据
        MOV     DPTR, #TABLE        ;置段码表地址
```

```
        MOVC      A，@A+DPTR          ;查显示数据段码
        MOV       P0，A               ;输出段码至 P0
        SETB      P2.0               ;第一个数码管亮
        RET
;  数码管段码表
    TABLE:
        DB   0C0H，0F9H，0A4H，0B0H，99H，92H，82H，0F8H
        DB   80H，90H，88h，83h，0c6h，0a1h，86h，8eh，0BFH  ;0～F，-
        END                          ;结束
```

8.3　继电器接口

继电器（Relay），也称电驿，是一种电子控制器件。它具有控制系统（又称输入回路）和被控制系统（又称输出回路），通常应用于自动控制电路中。它实际上是用较小的电流去控制较大电流的一种"自动开关"，故在电路中起着自动调节、安全保护、转换电路等作用。

8.3.1　继电器接口电路

继电器是具有隔离功能的自动开关元件，广泛应用于遥控、遥测、通信、自动控制、机电一体化及电力电子设备中，是最重要的控制元件之一。其接口电路如图 8.9 所示。

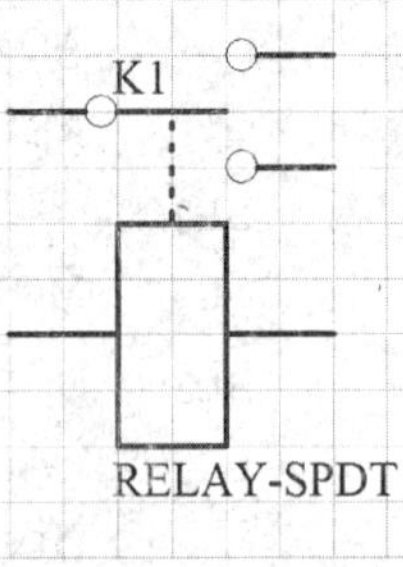

RELAY-SPDT

图 8.9　继电器接口电路图

8.3.2　继电器的作用

作为控制元件，概括起来，继电器有如下几种作用：

（1）扩大控制范围。例如，多触点继电器控制信号达到某一定值时，可以按触点组的不同形式，同时换接、开断、接通多路电路。

（2）放大。例如，灵敏型继电器、中间继电器等，可以用一个很微小的控制量控制很大功率的电路。

（3）综合信号。例如，多个控制信号按规定的形式输入多绕组继电器，经过比较综合，达到预定的控制效果。

（4）自动、遥控、监测。例如，自动装置上的继电器与其他电器一起，可以组成程序控制线路，从而实现自动化运行。

8.3.3　继电器的工作原理

继电器一般都有能反映一定输入变量（如电流、电压、功率、阻抗、频率、温度、压力、

速度、光等）的感应机构（输入部分），有能对被控电路实现"通"、"断"控制的执行机构（输出部分）。在继电器的输入部分和输出部分之间，还有对输入量进行耦合隔离、功能处理和对输出部分进行驱动的中间机构（驱动部分）。

现以电磁继电器为例，说明继电器工作原理。电磁继电器一般由铁芯、线圈、衔铁、触点簧片等组成。只要在线圈两端加上一定的电压，线圈中就会流过一定的电流，从而产生电磁效应，衔铁就会在电磁力吸引的作用下克服返回弹簧的拉力吸向铁芯，从而带动衔铁的动触点与静触点（常开触点）吸合。当线圈断电后，电磁吸力也随之消失，衔铁就会在弹簧的反作用力下返回原来的位置，使动触点与原来的静触点（常闭触点）释放。这样吸合、释放，就达到了在电路中的导通、切断的目的。对于继电器的常开、常闭触点，可以这样来区分：继电器线圈未通电时处于断开状态的静触点，称为"常开触点"，处于接通状态的静触点称为"常闭触点"。继电器一般有两股电路，为低压控制电路和高压工作电路。

8.3.4　继电器接口编程

1. 功能要求

用按键控制继电器的工作状态。K1 为吸合键，K2 为释放键。按 K1，继电器吸合，LED灯亮；按 K2 键，继电器释放，LED 灯灭。

2. 硬件电路

K1、K2 接 P0.0、P0.1 引脚，继电器控制端接 P0.6 引脚，如图 8.10 所示。由于 51 单片机的复位电路和晶振电路都一样，因此在后续图中不再画出，只需参考 8.2 节的电路即可。

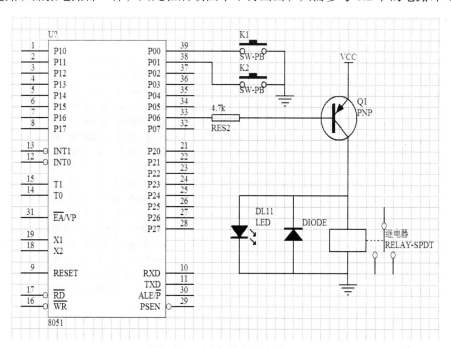

图 8.10　继电器应用电路图

3. 程序流程图（图 8.11）

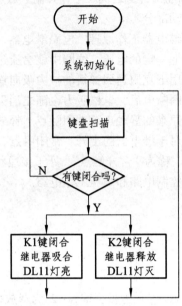

图 8.11　继电器应用程序流程图

4. 程序编制

1）C51 程序

```
#include <reg51.h>
sbit K1 = P0^0;
sbit K2 = P0^1;
sbit relay = P0^6;
unsigned char key_new，key_old;
//延时函数
void delayms（unsigned int ms）
{   unsigned char k;
    while （ms--）
    { for （k = 0; k < 114; k++）
        ;
    }
}
//扫描键盘函数
unsigned char scan_key（）
{ key_new = 0x00;
    key_new |= K2;
    key_new <<= 1;                    //左移 1 位
```

```
        key_new |= K1;
        return key_new;                          //无键按下，key_new=0x03
    }
//主函数
void main（void）
{
    P0 = 0xff;                                   //初始化端口
    P2 = 0xff;
    P1 = 0xf0;                                    //置 P1 高四位为输入
    key_old = 0x03;                              //初始键比较值
    relay = 1;                                   //继电器释放
    while （1）
    {   scan_key（）;
        if （key_new != key_old）
        { delayms（10）;                          //延时去抖动
          scan_key（）;                          //再次判断键是否按下
          if （key_new != key_old）
          { key_old = key_new;                   //保存按键状态
            if （（key_new &0x01）== 0）         //K1 键按下
               relay = 0;                         //继电器吸合
            if （（key_new &0x02）== 0）         //K2 键按下
               relay = 1;                         //继电器释放
          }
        }
    }
}
```

2）汇编程序

```
;********************************************************************
        KEY_NEW   EQU   40H
        KEY_OLD   EQU   41H
        K1      BIT   P1.4
        K2      BIT   P1.5
        RELAY BIT   P3^6                        ;继电器控制端
;********************************************************
        ORG     0000H
        AJMP    MAIN
        ORG     0050H
; 主程序
```

```
MAIN:
        MOV     SP，#60H              ;设置栈指针
        MOV     P0，#0FFH
        MOV     P2，#0FFH
        MOV     KEY_OLD，#03H         ;初始键比较值
KEY_CHK:                             ;循环检测按键是否按下
        ACALL   SCAN_KEY             ;输入按键状态
        XRL     A，KEY_OLD           ;查按键值是否改变
        JZ      KEY_CHK              ;若无键被按，则跳回 KEY_CHK
        ACALL   DELAY               ;延时去抖
        ACALL   SCAN_KEY             ;再次检查按键值
        XRL     A，KEY_OLD
        JZ      KEY_CHK
        MOV     KEY_OLD，KEY_NEW     ;保存按键状态
        ACALL   PROC_KEY
        AJMP    KEY_CHK
; 扫描按键子程序
; 返回值：   A--- 按键状态
SCAN_KEY:
        CLR     A
        MOV     C，K1
        MOV     ACC.0，C
        MOV     C，K2
        MOV     ACC.1，C
        MOV     KEY_NEW，A            ;无键按下，key_new=03H
        RET
; 按键处理子程序
PROC_KEY:
        MOV     A，KEY_NEW
        JNB     ACC.0，PROC_K1       ;K1 键按下
        JNB     ACC.1，PROC_K2       ;K2 键按下
    RET
PROC_K1:                             ;按键 K1 处理程序
        CLR     RELAY               ;继电器吸合
        RET
PROC_K2:                             ;按键 K2 处理程序
        SETB    RELAY               ;继电器释放
```

```
         RET
; 延时子程序（10MS）
DELAY:
         MOV        R6，#10
DEL1:
         MOV        R7，#185
DEL2:
         NOP
         NOP
         NOP
         DJNZ       R7，DEL2
         DJNZ       R6，DEL1
         RET
         END                              ;结束
```

8.4　74HC164 串转并接口

通过前面的学习和练习，大家已经看到单片机外部引脚资源是很宝贵的，如果控制系统的外围对象众多，单片机的引脚资源就不够用了。因此，单片机外围对象需要与相关芯片配合使用。相关芯片种类很多，这里先介绍一种串转并芯片——74HC164。

8.4.1　74HC164 接口电路

74HC164 是一个 8 位边沿触发式移位寄存器，用于将数据串行输入，然后并行输出。74HC164 是高速硅门 CMOS 器件，与低功耗肖特基型 TTL 器件的引脚兼容。数据通过两个输入端（A 或 B）之一串行输入，任一输入端可以用作高电平使能端，控制另一输入端的数据输入。两个输入端可以连接在一起，也可以把不用的输入端接高电平，但一定不要悬空。时钟（CLK）每次由低变高时，数据右移一位，输入到 Q_i。Q_i 是两个数据输入端（A 和 B）的逻辑与。主复位（$\overline{MR}$）输入端上的一个低电平将使其他所有输入端无效，同时非同步地清除寄存器，强制所有的输出为低电平。74HC164 的引脚排列如图 8.12 所示。

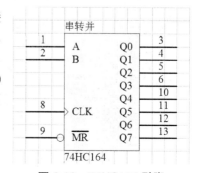

图 8.12　74HC164 引脚

8.4.2　74HC164 的真值表

74HC164 的真值表如表 8.2 所示。

表 8.2　74HC164 的真值表

输　　入				输　　出		
$\overline{MR}$	CLK	A	B	QA	QB···QH	
L	×	×	×	L	L	L
H	L	×	×	QA0	QB0	QH0
H	↑	H	H	H	QAn	QGn
H	↑	L	×	L	QAn	QGn
H	↑	×	L	L	QAn	QGn

H——高电平（稳定态）；L——低电平（稳定态）；×——不定；↑——从低电平转换到高电平。

QA0···QH0——在稳定态输入条件建立前 QA···QH 的相应电平。

QAn···QHn——在最近的时钟输入条件（↑）建立前 QA···QH 的相应电平，表示移位一位。

8.4.3　74HC164 接口编程

1. 功能要求

单片机采用串口方式 0 传输数据，使 74HC164 所连接的 8 个发光二极管 DL0～DL7 从右至左轮流点亮。

2. 硬件电路

单片机的串口线 P3.0（RXD）同时连到 74HC164 的 A、B 端，用作串行数据传输；P3.1（TXD）连到 74HC164 的 CLK 端，用作时钟；P1.2 连到 $\overline{MR}$，用作主复位。

74HC164 的输出端连接 8 个发光二极管。完整电路如图 8.13 所示。

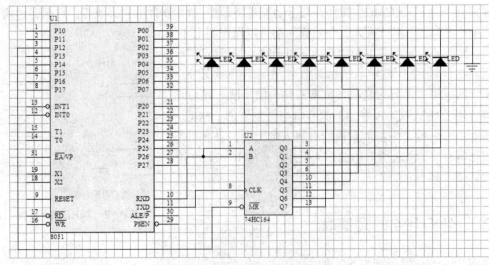

图 8.13　74HC164 应用电路图

3. 程序流程图（图 8.14）

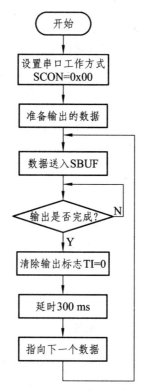

图 8.14　74HC164 应用程序流程图

4. 程序编制

编制程序时需要设置单片机串口工作在方式 0。它通常用来外接移位寄存器，用作扩展 I/O 接口。以方式 0 工作时波特率固定为 $f_{osc}/12$，串行数据通过 RXD 输入和输出，同步时钟通过 TXD 输出。发送和接收数据时低位在前，高位在后，长度为 8 位。

1）C51 程序

```
#include <reg51.h>              //51 芯片管脚定义头文件
#include <intrins.h>            //内部包含延时函数 _nop_ ( );
sbit data_164 = P3 ^ 0;
sbit clk_164 = P3 ^ 1;
sbit mr_164 = P1 ^ 2;
//延时 t 毫秒，11.059 2 MHz 时钟，延时约 1 ms
void delayms ( unsigned int t )
{   unsigned char k;
    while （t-- )
    { for （k = 0; k < 114; k++ )
            ;
    }
```

```c
}
//发送数据子函数
void wr_byte (unsigned char num)
{   SBUF = num;                      //发送数据
    while (!TI)
        ;
    //等待数据输出完毕
    TI = 0;                          //发送完毕，清中断标志
}
//主函数
void main (void)
{   unsigned char n, temp;
    SCON = 0x00;                     //设置串行口工作方式0，发送
    mr_164 = 0;                      //清164
    delayms (1);
    mr_164 = 1;
    while (1)
    {   temp = 0x80;                 //赋显示初值
        for (n = 0; n < 8; n++)
        {   wr_byte (temp);          //写数据，送显示
            delayms (300);
            temp >>= 1;              //准备下一个显示数据
            //   temp=temp|0x80;     //最高位置1
        }
        wr_byte (0x00);              //关闭显示
        delayms (300);
    }
}
```

2) 汇编程序

```assembly
;**********************************************************
;
        DATA_164   BIT   P3.0          ;RXD
        CLK_164    BIT   P3.1          ;TXD
        MR_164     BIT   P1.2          ;MCLR
;**********************************************************
;
        ORG        0000H
        AJMP       MAIN
        ORG        0050H
; 主程序
MAIN:
        MOV        SP,  #60H
```

```
            MOV      SCON，#00H        ;设置串行口工作方式 0，发送
            CLR      MR_164           ;清 164
            ACALL    DELAY1MS
            SETB     MR_164
MAIN1:
            MOV      R0，#80H          ;赋显示初值
            MOV      R2，#08H          ;8 个发光二极管
MAIN2:
            ACALL    WR_Byte
            ACALL    DELAY            ;延时 300 ms
            MOV      A，R0             ;准备下一个显示数据
            RR       A                ;右移一位
            MOV      R0，A             ;保存新数据
            DJNZ     R2，MAIN2
            CLR      MR_164           ;清 164
            ACALL    DELAY1MS
            SETB     MR_164
            ACALL    DELAY            ;延时 300 ms
            AJMP     MAIN1
; 发送数据子程序
WR_Byte:
            MOV      A，R0             ;取数据
            MOV      SBUF，A           ;开始串行输出
W_WAIT:
            JNB      TI，W_WAIT        ;判断数据输出是否完毕
            CLR      TI               ;发送完毕，清中断
            RET
;延时子程序      （300 ms）
DELAY:
            MOV      R5，#03
DEL1:
            MOV      R6，#200
DEL2:
            MOV      R7，#230
DEL3:
            DJNZ     R7，DEL3
            DJNZ     R6，DEL2
            DJNZ     R5，DEL1
            RET
;延时子程序      （1 ms）
```

```
DELAY1MS:
        MOV   R6, #2
DEL4:
        MOV   R7, #230
DEL5:
        DJNZ  R7, DEL5
        DJNZ  R6, DEL4
        RET
        END                      ;结束
```

8.5 74HC165 并转串接口

74HC165 是 8 位并行输入串行输出移位寄存器，用于扩展并行输入口。

8.5.1 74HC165 接口电路

74HC165 可在末级得到互斥的串行输出（Q7 和 $\overline{Q7}$）。当并行读取（$\overline{PL}$）输入为低时，从 P0 到 P7 口输入的并行数据将被异步地读取进寄存器内。而当 $\overline{PL}$ 为高时，数据将从 SER 输入端串行进入寄存器，在每个时钟脉冲的上升沿向右移动一位。利用这种特性，只要把 Q7 输出绑定到下一级的 SER 输入，即可实现并转串扩展。

74HC165 的时钟输入是一个"门控或"结构，允许其中一个输入端作为低有效时钟使能（CE）输入。CLK1 和 CLK2 的引脚分配是独立的，并且在必要时为了布线的方便可以互换。只有在 CLK1 为高时，才允许 CLK2 由低转高。在 $\overline{PL}$ 上升沿来临之前，CLK1 或者 CKL2 应当置高，以防止数据在 $\overline{PL}$ 的活动状态发生位移。74HC165 引脚排列如图 8.15 所示。

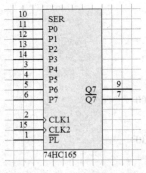

图 8.15 74HC165 引脚

8.5.2 74HC165 真值表

74HC165 的真值表如表 8.3 所示。

表 8.3　74HC165 的真值表

输　入					内部输出		输出 QH
$\overline{PL}$	CLK1	CLK2	SER	Parallel P0···P7	QA	QB	
L	×	×	×	a···h	a	b	h
H	L	L	×	×	QA0	QB0	QH0
H	L	↑	H	×	H	QAn	QGn
H	L	↑	L	×	L	QAn	QGn
H	L	×	×	×	QA0	QB0	QH0

8.5.3　74HC165 接口编程

1. 功能要求

单片机采用串口方式 0 接收数据，读取 74HC165 并行输入口的 8 个拨指开关状态。每种状态读取 2 次，保存第一次读取值并输出到 P2 端口发光二极管上显示。第二次读取的值与第一次读取值进行比较，如果两次读取值相同，输出到 P0 端口 D00 ~ D07 显示，否则关闭 P0 端口 D00 ~ D07 显示。

2. 硬件电路

74HC165 的 P7 ~ P0 接 8 个拨指开关。单片机 P3.0（RXD）引脚接 74HC165 的 Q7 输出端；P3.1（TXD）引脚接 CLK1，作为时钟引脚；P1.3 接 $\overline{PL}$ 端，作为控制端。P0、P2 口接发光二极管。完整电路如图 8.16 所示。

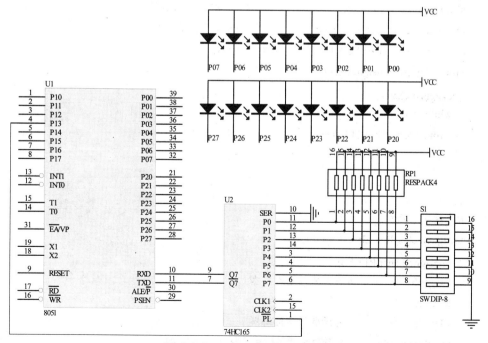

图 8.16　74HC165 应用电路图

3. 程序流程图（图 8.17）

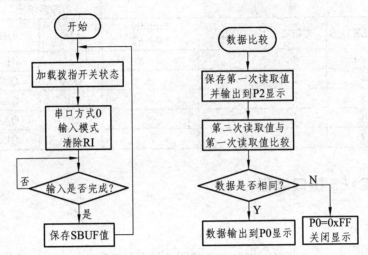

图 8.17　74HC165 接口程序流程图

4. 程序编制

1）C51 程序

```
#include <reg51.h>              //51 芯片管脚定义头文件
#include <intrins.h>            //内部包含延时函数 _nop_（）;
sbit DATA_165 = P3 ^ 0;         //串口数据
sbit CLK_165   = P3 ^ 1;        //串口时钟
sbit LD_165    = P1 ^ 3;        //用 P1^3 控制 SH/LD 管脚
char code reserve[3]_at_ 0x3b;  //保留 0x3b 开始的 3 个字节
//延时 t 毫秒，11.059 2 MHz 时钟，延时约 1 ms
void delayms（unsigned int t）
{ unsigned char k;
   while （t--）
   { for （k = 0; k < 114; k++）
       ;
   }
}
//读数据子函数
unsigned char ReadByte（void）
{   unsigned char RD_buf;
    LD_165 = 0;        //锁存并行输入数据
    delayms（1）;
    LD_165 = 1;        //开始串行移位输出
    SCON = 0x10;       //串行口方式 0，接收数据，清除 RI
```

```
        while （!RI）
          ;
        //等待 RI 串行输入中断
        RD_buf = SBUF;              //读取数据
        return （RD_buf）;          //返回所读取的数据
    }
    //主函数
    void main（void）
    {   unsigned char temp1，temp2;
        P0 = 0xff;
        P2 = 0xff;
        while （1）
        { temp1 = ReadByte（）;      //第一次读数据
          P2 = temp1; //送 P2 显示
          delayms（10）;
          temp2 = ReadByte（）;      //第二次读数据
          if （temp1 == temp2）
          //两次读的数据比较
            P0 = temp2;
          //相同，送 P0 显示
          else
            P0 = 0xff;
        }
    }
```

2）汇编程序

```
;**********************************************************
        DATA_165    BIT    P3.0
        CLK_165     BIT    P3.1
        LD_165      BIT    P1.3
;*******************************************************
        ORG     0000H
        AJMP    MAIN
        ORG     0050H
; 主程序
MAIN:
        MOV     SP，#6FH
        MOV     P0，#0FFH
        MOV     P2，#0FFH
```

```
MAIN1:
        ACALL   RD_BYTE             ;第一次读数据
        MOV     B, A
        MOV     P2, A               ;送 P2 显示
        ACALL   DELAY10MS           ;延时
        ACALL   RD_BYTE             ;第二次读数据
        CJNE    A, B, MAIN1         ;两次读的数据比较
        MOV     P0, A               ;相同，送 P0 显示
        AJMP    MAIN1
; 读数据子程序
RD_BYTE:
        CLR     LD_165              ;置入并行数据
        NOP
        NOP
        SETB    LD_165              ;开始串行移位输出
        MOV     SCON, #10H          ;工作方式 0，接收数据，清除 RI
R_WAIT:
        JNB     RI, R_WAIT          ;等待 RI 串行输入中断
        MOV     A, SBUF             ;读取数据
        RET
;10 ms 延时子程序
DELAY10MS:
        MOV     R6, #20
DEL1:
        MOV     R7, #250
        DJNZ    R7, $
        DJNZ    R6, DEL1
        RET
```

8.6　1602 LCD 接口

LCD 即液晶显示器，它是利用液晶经过处理后能改变光线的传输方向的特点来实现显示信息的。LCD 因为具有体积小、质量轻、功耗低、显示内容丰富等特点，因此在单片机应用系统中得到了广泛应用。LCD 按其功能可分为三类：笔段式 LCD、字符点阵式 LCD 和图形点阵式 LCD。前两种可显示数字、字符、符号等，而图形点阵 LCD 还可以显示汉字和任意图形。

8.6.1　1602 LCD

1602 LCD 是以两行 16 个字的 5×7 点阵图形来显示字符的液晶显示器。其引脚排列如图 8.18 所示。

1——VSS，电源地。

2——VDD，+5V 电源。

3——VL，液晶显示偏压信号。

4——RS，数据/命令选择端。高电平时选择数据寄存器，低电平时选择指令寄存器。

5——R/$\overline{W}$，读/写选择端。高电平时进行读操作，低电平时进行写操作。当 RS 和 R/$\overline{W}$ 共同为低电平时，可以写入指令或者显示地址；当 RS 为低电平，R/$\overline{W}$ 为高电平时，可以读忙信号；当 RS 为高电平，R/$\overline{W}$ 为低电平时，可以写入数据。

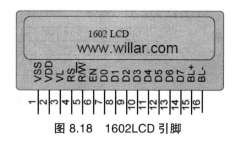

图 8.18　1602LCD 引脚

6——EN，使能端。当使能端由高电平跳变成低电平时，液晶模块执行命令。

7~14——D0~D7，为 8 位双向数据线。

15——BL+，背光源正极。

16——BL-，背光源负极。

8.6.2　1602 LCD 内部结构

LCD 的内部结构可以分成三部分：LCD 控制器、LCD 驱动器、LCD 显示装置，如图 8.19 所示。

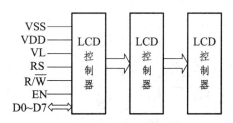

图 8.19　LCD 内部控制部分

LCD 控制器采用 HD44780，驱动器采用 HD44100。

HD44780 集成电路的特点：

（1）可选择 5×7 或 5×10 点字符。

（2）HD44780 不仅可作为控制器而且具有驱动 40×16 点阵液晶像素的能力，在外部加一 HD44100 外扩展多 40 路/列驱动，则可驱动 16×2LCD。

（3）HD44780 内藏显示缓冲区 DDRAM、字符发生存储器（ROM）及用户自定义的字符发生器 CGRAM。

HD44780 有 80 个字节的显示缓冲区，分为两行，地址分别为 00H~27H，40H~67H。液晶显示模块的显示地址与实际显示位置的关系如图 8.20 所示。

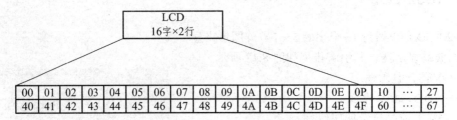

图 8.20　字符地址

HD44780 内藏的字符发生存储器（ROM）已经存储了 160 个不同的点阵字符图形，如图 8.21 所示。

Lower 4 Bit	Upper 4 Bit															
	0000	0001	0010	0011	0100	0101	0110	0111	1000	1001	1010	1011	1100	1101	1110	1111
××××0000	CG RAM (1)			0	@	P	`	p				―	夕	ミ	α	p
××××0001	(2)		!	1	A	Q	a	q			。	ア	チ	ム	ä	q
××××0010	(3)		"	2	B	R	b	r			「	イ	ツ	メ	β	θ
××××0011	(4)		#	3	C	S	c	s			」	ウ	テ	モ	ε	∞
××××0100	(5)		$	4	D	T	d	t			、	エ	ト	ヤ	μ	Ω
××××0101	(6)		%	5	E	U	e	u			・	オ	ナ	ユ	ü	Ü
××××0110	(7)		&	6	F	V	f	v			ヲ	カ	ニ	ヨ	ρ	Σ
××××0111	(8)		'	7	G	W	g	w			ア	キ	ヌ	ラ	g	π
××××1000	(1)		(	8	H	X	h	x			イ	ク	ネ	リ	√	X
××××1001	(2)		)	9	I	Y	i	y			ゥ	ケ	ノ	ル	⁻¹	y
××××1010	(3)		*	:	J	Z	j	z			エ	コ	ハ	レ	j	千
××××1011	(4)		+	;	K	[	k	{			オ	サ	ヒ	ロ	×	万
××××1100	(5)		,	<	L	¥	l	l			ヤ	シ	フ	ワ	¢	円
××××1101	(6)		―	=	M	]	m	}			ユ	ス	ヘ	ン	£	÷
××××1110	(7)		.	>	N	^	n	→			ヨ	セ	ホ	゛	ñ	
××××1111	(8)		/	?	O	_	o	←			ッ	ソ	マ	゜	ö	▓

图 8.21　点阵字符图形

这些字符包括：阿拉伯数字、英文字母的大小写、常用的符号和日文假名等。每一个字符都有一个固定的代码。比如数字"1"的代码是 00110001B（31H），又如大写的英文字母"A"的代码是 01000001B（41H）。可以看出，数字及英文字母的代码与 ASCII 编码相同。要显示"1"时，我们只需将 ASCII 码 31H 存入 DDRAM 指定位置，显示模块将在相应的位置把数字"1"的点阵字符图形显示出来，我们就能看到数字"1"了。

（4）HD44780 具有 8 位数据和 4 位数据传输两种方式，可与 4/8 位 CPU 相连。

（5）HD44780 具有简单而功能较强的指令集，可实现字符移动、闪烁等显示功能。

8.6.3　指令格式与指令功能

LCD 控制器 HD44780 内有多个寄存器，通过 RS 和 R/$\overline{\text{W}}$ 引脚共同决定选择哪一个寄存器，如表 8.4 所示。

表 8.4　LCD 读写功能

RS	R/$\overline{\text{W}}$	寄存器及操作
0	0	指令寄存器写入
0	1	忙标志和地址计数器读出
1	0	数据寄存器写入
1	1	数据寄存器读出

总共有 11 条指令，它们的格式和功能如下：

1. 清屏命令

格式：

RS	R/W	D7	D6	D5	D4	D3	D2	D1	D0
0	0	0	0	0	0	0	0	0	1

功能：① 清除屏幕，将显示缓冲区 DDRAM 的内容全部写入空格（ASCII 码为 20H）。

　　　② 光标复位，回到显示器的左上角。

　　　③ 地址计数器 AC 清零。

2. 光标复位命令

格式：

RS	R/W	D7	D6	D5	D4	D3	D2	D1	D0
0	0	0	0	0	0	0	0	1	0

功能：① 光标复位，回到显示器的左上角。

　　　② 地址计数器 AC 清零。

　　　③ 显示缓冲区 DDRAM 的内容不变。

3. 输入方式设置命令

格式：

RS	R/W	D7	D6	D5	D4	D3	D2	D1	D0
0	0	0	0	0	0	0	1	I/D	S

功能：① 设定当写入一个字节后，光标的移动方向以及后面的内容是否移动。

② 当 I/D=1 时，光标从左向右移动；当 I/D=0 时，光标从右向左移动。

③ 当 S=1 时，内容移动，S=0 时，内容不移动。

4. 显示开关控制命令

格式：

RS	R/W	D7	D6	D5	D4	D3	D2	D1	D0
0	0	0	0	0	0	1	D	C	B

功能：① 控制显示的开关，当 D=1 时显示，当 D=0 时不显示。

② 控制光标开关，当 C=1 时光标显示，当 C=0 时光标不显示。

③ 控制字符是否闪烁，当 B=1 时字符闪烁，当 B=0 时字符不闪烁。

5. 光标移位置命令

格式：

RS	R/W	D7	D6	D5	D4	D3	D2	D1	D0
0	0	0	0	0	1	S/C	R/L	*	*

功能：① 移动光标或整个显示字幕移位。

② 当 S/C=1 时整个显示字幕移位，当 S/C=0 时只光标移位。

③ 当 R/L=1 时光标右移，当 R/L=0 时光标左移。

6. 功能设置命令

格式：

RS	R/W	D7	D6	D5	D4	D3	D2	D1	D0
0	0	0	0	1	DL	N	F	*	*

功能：① 设置数据位数，当 DL=1 时数据位为 8 位，当 DL=0 时数据位为 4 位。

② 设置显示行数，当 N=1 时双行显示，当 N=0 时单行显示。

③ 设置字形大小，当 F=1 时为 5×10 点阵，当 F=0 时为 5×7 点阵。

7. 设置字库 CGRAM 地址命令

格式：

RS	R/W	D7	D6	D5	D4	D3	D2	D1	D0
0	0	0	1	CGRAM 的地址					

　　功能：设置用户自定义 CGRAM 的地址。对用户自定义 CGRAM 访问时，要先设定 CGRAM 的地址，地址范围为 0 ~ 63。

8. 显示缓冲区 DDRAM 地址设置命令

格式：

RS	R/W	D7	D6	D5	D4	D3	D2	D1	D0
0	0	1	DDRAM 的地址						

　　功能：设置当前显示缓冲区 DDRAM 的地址。对 DDRAM 访问时，要先设定 DDRAM 的地址，地址范围为 0 ~ 127。

8. 读忙标志及地址计数器 AC 命令

格式：

RS	R/W	D7	D6	D5	D4	D3	D2	D1	D0
0	1	BF	AC 的值						

　　功能：

① 当 BF=1 时表示忙，这时不能接收命令和数据；当 BF=0 时表示不忙。

② 低 7 位为读出的 AC 的地址，值为 0 ~ 127。

10. 写 DDRAM 或 CGRAM 命令

格式：

RS	R/W	D7	D6	D5	D4	D3	D2	D1	D0
1	0	写入的数据							

　　功能：向 DDRAM 或 CGRAM 当前位置写入数据。对 DDRAM 或 CGRAM 写入数据之前须设定 DDRAM 或 CGRAM 的地址。

11. 读 DDRAM 或 CGRAM 命令

格式：

RS	R/W	D7	D6	D5	D4	D3	D2	D1	D0
1	1	读出的数据							

　　功能：从 DDRAM 或 CGRAM 当前位置读取数据。从 DDRAM 或 CGRAM 读出数据时，先须设定 DDRAM 或 CGRAM 的地址。

8.6.4　LCD 的初始化

LCD 在使用之前必须进行初始化。初始化可通过复位完成，也可在复位后完成。初始化过程如下：

① 清屏。

② 功能设置。

③ 开/关显示设置。

④ 输入方式设置。

8.6.5　1602 LCD 接口编程

1. 功能要求

在 1602 LCD 上逐字移出显示两组字符串信息，如此循环。

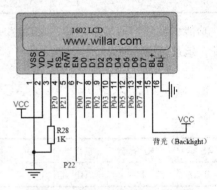

WELCOME TO

WWW.LZJTU.CN

89C51 MCU

DEVELOPMENT KIT

2. 硬件电路（图 8.22）

图 8.22　1602 LCD 应用电路图

3. 程序流程图（图 8.23～8.26）

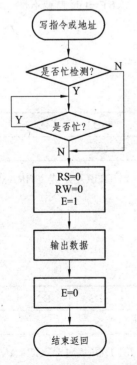

图 8.23　写指令或地址流程图

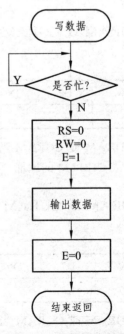

图 8.24　写数据流程图

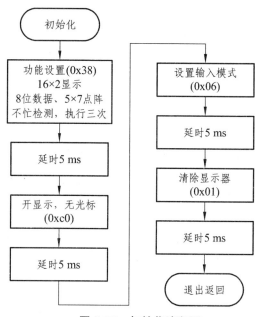

图 8.25　初始化流程图

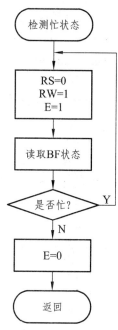

图 8.26　忙检测流程图

4. 程序编制

1) C51 程序

```c
#include <reg52.h>
#include <intrins.h>
//#define uchar unsigned char
//#define uint   unsigned int
#define DATA_PORT   P0
sbit LCD_RS = P2 ^ 0;
sbit LCD_RW = P2 ^ 1;
sbit LCD_EN = P2 ^ 2;
unsigned char code cdis1[] ={   "   WELCOME TO    "};
unsigned char code cdis2[] ={   "WWW.LZJTU.CN "};
unsigned char code cdis3[] ={   "   89C51 MCU    "};
unsigned char code cdis4[] ={   "DEVELOPMENT KIT "};
//μs 延时子程序   （4.34 μs）
void delayNOP ( )
{ _nop_ ( );
  _nop_ ( );
  _nop_ ( );
  _nop_ ( );
}
```

```
//ms 延时子程序
void delayms（unsigned int ms）
{ unsigned char k;
  while （ms--）
  { for （k = 0; k < 114; k++）
      ;
  }
}
//检查 LCD 忙状态
//lcd_busy 为 1 时，忙，等待
//lcd-busy 为 0 时，闲，可写指令与数据
void lcd_busy（）
{ bit busy;
  busy = 1;
  while （busy）
  { LCD_RS = 0;
    LCD_RW = 1;
    LCD_EN = 1;
    busy = （bit）（DATA_PORT &0x80）;
    delayNOP（）;
  }
  LCD_EN = 0;
}
//写指令数据到 LCD
//RS=L，RW=L，EN 下降沿执行写操作。D0 ~ D7=指令码
//Check=1，进行忙检测。
void lcd_wcmd（unsigned char cmd，bit Check）
{ if （Check）
  lcd_busy（）;          //进行忙检测

  LCD_RS = 0;
  LCD_RW = 0;
  LCD_EN = 1;
  DATA_PORT = cmd;
  delayNOP（）;
  LCD_EN = 0;

}
//写显示数据到 LCD
//RS=H，RW=L，EN 下降沿执行写操作，D0 ~ D7=数据
```

```
void lcd_wdat（unsigned char dat）
{
    lcd_busy（）;                    //进行忙检测
    LCD_RS = 1;
    LCD_RW = 0;
    LCD_EN = 1;
    DATA_PORT = dat;
    delayNOP（）;
    LCD_EN = 0;
}
//LCD 初始化设定
void lcd_init（）
{   delayms（15）;
    lcd_wcmd（0x38，0）;            //16*2 显示，5*7 点阵，8 位数据
    delayms（5）;
    lcd_wcmd（0x38，0）;            //不进行忙检测，强制执行三次
    delayms（5）;
    lcd_wcmd（0x38，0）;
    delayms（5）;
    lcd_wcmd（0x38，1）;            //进行忙检测
    delayms（5）;
    lcd_wcmd（0x0c，1）;            //显示开，关光标
    delayms（5）;
    lcd_wcmd（0x06，1）;            //移动光标
    delayms（5）;
    lcd_wcmd（0x01，1）;            //清除 LCD 的显示内容
    delayms（5）;
}
//设定显示位置
void lcd_pos（unsigned char xpos，unsigned char ypos）
{
    if （ypos == 0x01）
        lcd_wcmd（（xpos | 0x80），1）;
    if （ypos == 0x02）
        lcd_wcmd（（xpos | 0xc0），1）;
}
//写字符串子函数
void wr_string（unsigned char str[]）
{   unsigned char num = 0;
```

```
    while （str[num]）
    { lcd_wdat（str[num++]）;
      delayms（150）;
    }
}
//主函数
void main（ ）
{   P0 = 0xff;                //置 P0 口
    P2 = 0xff;                //置 P2 口
    delayms（100）;           //上电延时
    lcd_init（ ）;            //初始化 LCD
    while （1）
    { lcd_pos（0，1）;        //第一行显示
      wr_string（cdis1）;
      lcd_pos（0，2）;        //第二行显示
      wr_string（cdis2）;
      delayms（2000）;        //停留 2 000 ms
      lcd_wcmd（0x01，1）;    //清除 LCD 的显示内容
      delayms（5）;
      lcd_pos（0，1）;        //第一行显示
      wr_string（cdis3）;
      lcd_pos（0，2）;        //第二行显示
      wr_string（cdis4）;
      delayms（2000）;        //停留 2 000 ms
      lcd_wcmd（0x01，1）;    //清除 LCD 的显示内容
      delayms（5）;
    }
}
```

2）汇编程序

```
;*****************************************************************
        BUSY           BIT  P0.7
        LCD_RS         BIT  P2.0               ;LCD 控制管脚定义
        LCD_RW         BIT  P2.1
        LCD_EN         BIT  P2.2
        DATAPORT       EQU  P0                 ;定义 LCD 的数据端口
        LCD_X          EQU  30H                ;LCD 地址变量
        BUSY_CHECK     BIT  20H.0
;*****************************************************************
```

```
        ORG     0000H
        AJMP    MAIN
        ORG     0050H
MAIN:
        MOV     SP, #5FH
        MOV     P0, #0FFH
        MOV     P2, #0FFH
        ACALL   LCD_INIT                ;LCD 初始化
MAIN1:
        MOV     B, #00H
        MOV     DPTR, #INFO1            ;指针指到信息 1
        ACALL   W_STRING1

        MOV     B, #00H
        MOV     DPTR, #INFO2            ;指针指到信息 2
        ACALL   W_STRING2
        MOV     R5, #200                ;延时 2 秒
        ACALL   DELAY
        ACALL   CLR_LINE1               ;清除 LCD 的第一行
        ACALL   CLR_LINE2               ;清除 LCD 的第二行
        MOV     B, #00H
        MOV     DPTR, #INFO3            ;指针指到信息 1
        ACALL   W_STRING1
        MOV     B, #00H
        MOV     DPTR, #INFO4            ;指针指到信息 2
        ACALL   W_STRING2
        MOV     R5, #200                ;延时 2 秒
        ACALL   DELAY
        ACALL   CLR_LINE1               ;清除 LCD 的第一行
        ACALL   CLR_LINE2               ;清除 LCD 的第二行
        AJMP    MAIN1
INFO1:  DB   "  WELCOME TO   ", 0      ;LCD 第一行显示消息
INFO2:  DB   " WWW.WILLAR.COM ", 0     ;LCD 第二行显示消息
INFO3:  DB   "   ME850  MCU   ", 0
INFO4:  DB   "DEVELOPMENT KIT ", 0
;检查 LCD 忙状态
;busy 为 1 时，忙，等待。busy 为 0 时，闲，可写指令与数据
LCD_BUSY:
        MOV     DATAPORT, #0FFH
```

```
BUSY_1:
        CLR         LCD_RS
        SETB        LCD_RW
        SETB        LCD_EN
        JB          BUSY, BUSY_1
        CLR         LCD_EN
        RET
;LCD 写命令子程序
;LCD_RS=L, LCD_RW=L, D0~D7=指令码, E=高脉冲
;BUSY_CHECK=1, 进行忙检测
WCOM:
        JNB         BUSY_CHECK, WCOM_1
        ACALL       LCD_BUSY
WCOM_1:
        MOV         DATAPORT, A              ;写入指令
        CLR         LCD_RS
        CLR         LCD_RW
        SETB        LCD_EN
        NOP
        CLR         LCD_EN
        RET
;LCD 写数据子程序
;LCD_RS=H, LCD_RW=L, D0~D7=数据码, E=高脉冲
WDATA:
        ACALL       LCD_BUSY
        MOV         DATAPORT, A              ;写入数据
        SETB        LCD_RS
        CLR         LCD_RW
        SETB        LCD_EN
        NOP
        CLR         LCD_EN
        RET
; 在 LCD 第一行的指定显示位置
SET_X1:
        MOV         A, LCD_X
        ORL         A, #80H
        ACALL       WCOM
        RET
; 在 LCD 第二行的指定显示位置
```

```
SET_X2:
        MOV      A, LCD_X
        ORL      A, #0C0H
        ACALL    WCOM
        RET
; 清除 LCD 的第一行
CLR_LINE1:
        MOV      A, #80H              ;设置 LCD 的第一行地址
        ACALL    WCOM                 ;
        MOV      R0, #16              ;设置计数值
CLR1:
        MOV      A, #20H              ;载入空格符至 LCD
        ACALL    WDATA                ;输出字符至 LCD
        DJNZ     R0, CLR1             ;计数结束
        RET
; 清除 LCD 的第二行
CLR_LINE2:
        MOV      A, #0C0H             ;设置 LCD 的第二行地址
        ACALL    WCOM                 ;
        MOV      R0, #16              ;设置计数值
CLR2:
        MOV      A, #20H              ;载入空格符至 LCD
        ACALL    WDATA                ;输出字符至 LCD
        DJNZ     R0, CLR2             ;计数结束
        RET
; 写字符串子程序 1
W_STRING1:
        MOV      A, #80H              ;设置 LCD 的第一行地址
        ORL      A, B
        ACALL    WCOM                 ;写入命令
        ACALL    FILL_CHAR
        RET
; 写字符串子程序 2
W_STRING2:
        MOV      A, #0C0H             ;设置 LCD 的第二行地址
        ORL      A, B
        ACALL    WCOM                 ;写入命令
        ACALL    FILL_CHAR
        RET
```

```
; 写入字符子程序
FILL_CHAR:
        CLR     A                   ;填入字符
        MOVC    A, @A+DPTR          ;由字符区取出字符
        CJNE    A, #0, F_CHAR       ;判断是否为结束码
        RET
F_CHAR:
        ACALL   WDATA               ;写入数据
        MOV     R5, #15             ;延时，形成逐字显示的效果
        ACALL   DELAY
        INC     DPTR                ;指针加 1
        AJMP    FILL_CHAR           ;继续填入字符
        RET
; LCD 初始化子程序
LCD_INIT:
        CLR     BUSY_CHECK          ;不进行忙检测
        MOV     A, #38H             ;双列显示，字形 5*7 点阵
        ACALL   WCOM
        ACALL   DELAY1
        MOV     A, #38H             ;强制执行三次
        ACALL   WCOM
        ACALL   DELAY1
        MOV     A, #38H
        ACALL   WCOM
        ACALL   DELAY1

        SETB    BUSY_CHECK          ;进行忙检测
        MOV     A, #0CH             ;开显示，不显示光标
        ACALL   WCOM
        ACALL   DELAY1
        MOV     A, #06H
        ACALL   WCOM
        ACALL   DELAY1
        MOV     A, #01H             ;清除 LCD 显示屏
        ACALL   WCOM
        ACALL   DELAY1
        RET
; 延时 R5*10MS 子程序
DELAY:
```

```
        MOV   R6，#50
DEL1:
        MOV   R7，#93
DEL2:
        DJNZ  R7，DEL2
        DJNZ  R6，DEL1
        DJNZ  R5，DELAY
        RET
; 延时 5MS 子程序
DELAY1:
        MOV   R6，#25
DEL3:
        MOV   R7，#93
DEL4:
        DJNZ  R7，DEL4
        DJNZ  R6，DEL3
        RET
        END                          ;结束
```

练习与思考

1. 利用矩阵键盘和数码管设计一个完整的时钟。

2. 利用矩阵键盘和数码管实现一个具有算术运算功能的计算机。

3. 通过两个继电器实现两路电灯控制。

4. 用 74HC164 实现单个数码管输出控制。

5. 用 74HC164 实现两位数码管输出控制。

6. 利用 74HC165 对外围键盘读取，根据键值，使继电器闭合，点亮一个红灯。

7. 用 1602 LCD 显示自己的学号、姓名、班级、性别信息。

8. 用 1602 LCD 显示一个基本时钟信息。

第 9 章　MCS-51 单片机扩展

在 MCS-51 单片机连接的接口电路中，除了前面介绍的常用接口电路，还有很多其他接口电路和芯片都能很方便地与单片机连接，实现各种各样的功能。本章将介绍几种单片机应用中使用非常广泛的接口电路。

9.1　SPI 接口（93C64 EEPROM 读写）

SPI 接口的全称是 "Serial Peripheral Interface"，意为串行外围接口，是 Motorola 首先在其 MC68HC×× 系列处理器上定义的。它可以使 MCU 与各种外围设备以串行方式进行通信以交换信息。

9.1.1　SPI 接口的作用

SPI 接口是在 CPU 和外围低速器件之间进行同步串行数据传输，在主器件的移位脉冲下，数据按位传输，高位在前，低位在后，为全双工通信。其数据传输速度总体来说比 I²C 总线要快，速度可达到几 Mbps。

SPI 接口主要应用于 EEPROM、FLASH、实时时钟、AD 转换器，还应用在数字信号处理器和数字信号解码器之间。

9.1.2　SPI 接口信号

SPI 的通信原理很简单，它以主从方式工作。这种模式通常有一个主设备和一个或多个从设备，需要至少 4 根线，事实上 3 根也可以（单向传输时）。

（1）SDO——主设备数据输出，从设备数据输入；

（2）SDI——主设备数据输入，从设备数据输出；

（3）SCLK——时钟信号，由主设备产生；

（4）CS——从设备使能信号，由主设备控制。

其中 CS 用于控制芯片是否被选中，也就是说只有片选信号为预先规定的使能信号时（高电位或低电位），对此芯片的操作才有效。这就使得在同一总线上连接多个 SPI 设备成为可能。

接下来介绍负责通信的 3 根线。通信是通过数据交换完成的，这里先要明确 SPI 是串行通信协议，也就是说数据是一位一位地传输的。这就是 SCK 时钟线存在的原因，由 SCK 提供时钟脉冲，SDI、SDO 则基于此脉冲完成数据传输。数据输出通过 SDO 线，数据在时钟上升沿或下降沿改变，在紧接着的下降沿或上升沿被读取，完成一位数据传输。输入也采用同样原理。这样，在至少 8 次时钟信号的改变（上沿和下沿为一次），就可以完成 8 位数据的传输。

要注意的是，SCK 信号线只由主设备控制，从设备不能控制信号线。同样，在一个基于 SPI 的设备中，至少有一个主控设备。这样的传输方式与普通的串行通信不同，普通的串行通信一次连续传送至少 8 位数据，而 SPI 允许数据一位一位地传送，甚至允许暂停。因为 SCK 时钟线由主控设备控制，当没有时钟跳变时，从设备不采集或传送数据。也就是说，主设备通过对 SCK 时钟线的控制可以完成对通信的控制。SPI 还是一个数据交换协议，因为 SPI 的数据输入和输出线独立，所以允许同时完成数据的输入和输出。不同的 SPI 设备的实现方式不尽相同，主要是数据改变和采集的时间不同，在时钟信号上沿或下沿采集有不同定义，具体请参考相关器件的文档。

在点对点的通信中，SPI 接口不需要进行寻址操作，且为全双工通信，显得简单高效。

SPI 接口的内部硬件实际上是两个简单的移位寄存器，传输的数据为 8 位，在主器件产生的从器件使能信号和移位脉冲下，按位传输，高位在前，低位在后。在 SCLK 的上升沿，数据改变，同时一位数据被存入移位寄存器。

9.1.3　93C64 EEPROM

1. 93C64 EEPROM 的参数

- 存储器类别：EEPROM；
- 工艺：低功耗 CMOS；
- 电源电压宽：1.8 ~ 6.0 V；
- 存储器位数：16 位；
- 存储器容量：1 KB；
- 写入时自动清除存储器内容；
- 硬件和软件写保护；
- 慢上电写保护；
- 1 000 000 次写入/擦除周期；
- 200 年数据保存寿命；
- 工业级和汽车级温度范围。

2. 93C64 EEPROM 连接

单片机 P3.3 连接 CS 线，P3.4 连接 SLK 线，P3.5 连接数据输入线，P3.6 连接数据输出线，如图 9.1 所示。

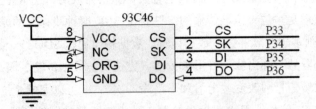

图 9.1 93C46 EEPROM 连接图

9.1.4 93C64 EEPROM 读写编程

1. 功能要求

先从地址 0x00 开始连续写入 8 个数据 0 ~ 7, 然后再从地址 0x00 开始读出所写入的 8 个数据, 存到 8 个显示存储区中, 最后由 8 位数码管显示。写读操作成功后, 8 位数码管从右至左依次显示 0 ~ 7。

2. 硬件电路

8 位数码管段码和位码分别接 P0 和 P2。93C64 按上图连接。

3. 程序流程图（图 9.2 ~ 9.5）

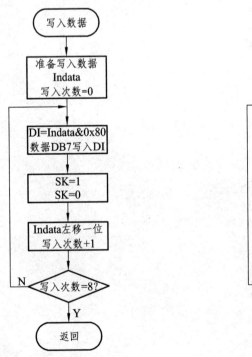

图 9.2 写 1 字节数据流程图   图 9.3 读 1 字节数据流程图

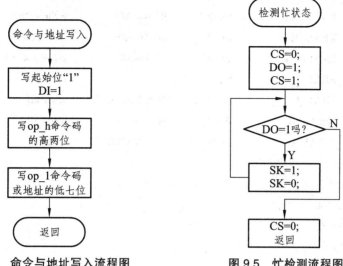

图 9.4 命令与地址写入流程图　　　　图 9.5 忙检测流程图

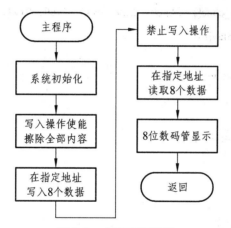

图 9.6 主程序流程图

4. 程序编制

1) C51 程序

```
* ORG=0   8 位数据存储器结构                                    *
* 注意：在擦除或写入数据之前，必须先写入 EWEN 指令。               *
****************************************************************/
#include <reg52.h>
#include <intrins.h>
//define OP code
#define OP_EWEN_H      0x00     // 00            write enable
#define OP_EWEN_L      0x60     // 11X XXXX      write enable
#define OP_EWDS_H      0x00     // 00            disable
```

```
#define OP_EWDS_L        0x00    // 00X XXXX       disable
#define OP_WRITE_H       0x40    // 01 A6-A0       write data
#define OP_READ_H        0x80    // 10 A6-A0       read data
#define OP_ERASE_H       0xc0    // 11 A6-A0       erase a word
#define OP_ERAL_H        0x00    // 00             erase all
#define OP_ERAL_L        0x40    // 10X XXXX       erase all
#define OP_WRAL_H        0x00    // 00             write all
#define OP_WRAL_L        0x20    // 01X XXXX       write all
//define pin
sbit CS = P3 ^ 3;
sbit SK = P3 ^ 4;
sbit DI = P3 ^ 5;
sbit DO = P3 ^ 6;


unsigned char code dis_code[] ={ 0xc0，0xf9，0xa4，0xb0，0x99，0x92，0x82，0xf8，0x80};
unsigned char data display[8];
//延时子程序
void delayms（unsigned int ms）
{ unsigned char i;
   while （ms--）
   { for （i = 0; i < 114; i++）
        ;
   }
}
//命令与地址写入子函数
//写入 op_h 的高两位和 op_l 的低 7 位
//op_h 为指令码的高两位
//op_l 为指令码的低 7 位或 7 位地址
void inop（unsigned char op_h，unsigned char op_l）
{
   unsigned char i;
//写起始位
   SK = 0;
   DI = 1;                  //写起始位 "1"
   CS = 1;                  //选中该芯片
   _nop_（）;
   _nop_（）;
   SK = 1;                  //上升沿将起始位送入
   _nop_（）;
```

```
    _nop_ ( ) ;
    SK = 0;                    //开始位结束
    //写 op_h 命令码，写入指令码高位和次高位
    for  ( i = 0; i < 2; i++ )
    { DI = ( bit )( op_h &0x80 ) ;
      SK = 1;
      op_h <<= 1;
      SK = 0;
    }
    //写 op_l 命令码或地址，从次高位开始写入
    for  ( i = 0; i < 7; i++ )
    { DI = ( bit )( op_l &0x40 ) ;          //从次高位开始写入
      SK = 1;
      op_l <<= 1;
      SK = 0;
    }
    DI = 1;
}
//写入数据子函数
void shin ( unsigned char indata )
{ unsigned char i;
    for  ( i = 0; i < 8; i++ )
    { DI = ( bit )( indata &0x80 ) ;        //从高位开始写入
      SK = 1;
      indata <<= 1;
      SK = 0;
    }
    DI = 1;
}
//读出数据子函数
unsigned char shout ( void )
{ unsigned char i,  out_data;
    for  ( i = 0; i < 8; i++ )
    { SK = 1;
      out_data <<= 1;                       //从高位开始读出
      SK = 0;
      out_data |= DO;
    }
    return  ( out_data ) ;
```

```
}
//忙检测子函数
//D0=0 表示芯片仍在编程中
//D0=1 表示芯片完成数据写入
void busy ( )
{   CS = 0;
    DO = 1;                                    //置接收端为 1
    _nop_ ( ) ;
    CS = 1;
    while  ( DO == 0 )
    //DO=0 在编程中
    { SK = 1;
      SK = 0;
    }
    CS = 0;
}
//写使能子函数
//写入命令码和地址后，CS 产生一个低电平脉冲启动自定时编程
void ewen ( )
{ inop ( OP_EWEN_H, OP_EWEN_L ) ;
    CS = 0;
}
//写禁止子函数
//写入命令码和地址后，CS 产生一个低电平脉冲启动自定时编程
void ewds ( )
{ inop ( OP_EWDS_H, OP_EWDS_L ) ;
    CS = 0;
}
//整片擦除子函数
void eral ( )
{   inop ( OP_ERAL_H, OP_ERAL_L ) ;
    CS = 0;
    busy ( ) ;                                 //忙检测
}
//擦除指定地址子函数
/*
void erase ( uchar    addr )
{
inop ( OP_ERASE_H, addr ) ;
```

```
     CS=0;
     busy（ ）；                        //忙检测
   }
   */
//整片写入子函数
/*
void   wral（uchar   indata）
{
eral（ ）；                          //擦除全部内容
inop（OP_WRAL_H，OP_WRAL_L）；
shin（indata）；                     //写入数据
CS=0;
busy（ ）；                          //忙检测
}
   */
//写入数据 indata 到 addr
void write（unsigned char addr，unsigned char indata）
{ inop（OP_WRITE_H，addr）；          //写入指令和地址
  shin（indata）；                    //写入数据
  busy（ ）；                         //忙检测
}
//读取 addr 处的数据
unsigned char read（unsigned char addr）
{   unsigned char out_data;
    inop（OP_READ_H，addr）；          //写入指令和地址
    out_data = shout（ ）；            //数据读出
    CS = 0;
    return （out_data）；
}
//主函数
void main（void）
{   unsigned char i，shift;
    CS = 0;                          //初始化端口
    SK = 0;
    DI = 1;
    DO = 1;

    ewen（ ）；                       //使能写入操作
    eral（ ）；                       //擦除全部内容
```

```
for   (i = 0; i < 8; i++)
//写入显示代码到 AT93C46
  write (i, dis_code[i]);


ewds ();                                //禁止写入操作


for   (i = 0; i < 8; i++)
  display[i] = read (i);
//读取 AT93C46 内容


while  (1)
{
  shift = 0xfe;
  P2 = 0xff;
  for   (i = 0; i < 8; i++)
  {
    P0 = display[i];
    P2 = shift;
    shift = _crol_ (shift, 1);
    delayms (1);                        //固定方式显示
    // delayms (400);                   //跑马灯方式显示

  }
 }
}
```

2) 汇编程序

```
;************************************************************/


          CS      BIT  P3.3
          SK      BIT  P3.4
          DI      BIT  P3.5
          DO      BIT  P3.6


          ADDR        EQU  30H
          INDATA      EQU  31H
          DIS_BUFF    EQU  40H


          OP_EWEN_H   EQU  00H          ; 00            write enable
```

```
        OP_EWEN_L    EQU   60H        ; 11X XXXX       write enable

        OP_EWDS_H    EQU   00H        ; 00             disable
        OP_EWDS_L    EQU   00H        ; 00X XXXX       disable

        OP_WRITE_H   EQU   40H        ; 01 A6-A0       write data
        OP_READ_H    EQU   80H        ; 10 A6-A0       read data
        OP_ERASE_H   EQU   0c0H       ; 11 A6-A0       erase a word

        OP_ERAL_H    EQU   00H        ; 00             erase all
        OP_ERAL_L    EQU   40H        ; 10X XXXX       erase all

        OP_WRAL_H    EQU   00H        ; 00             write all
        OP_WRAL_L    EQU   20H        ; 01X XXXX       write all
;************************************************************
        ORG     0000H
        AJMP    MAIN
        ORG     0050H
; 主程序
MAIN:
        MOV     SP, #60H              ;设置堆栈

        CLR     CS                   ;芯片初始化
        CLR     SK
        SETB    DI
        SETB    DO

        ACALL   EWEN                 ;使能写入操作
        ACALL   ERASE                ;擦除全部内容

        CLR     A
        MOV     ADDR, A              ;开始写入地址为 00H
WRITE_LP:
        MOV     A, ADDR              ;写入的数据为地址值
        MOV     DPTR, #TABLE
        MOVC    A, @A+DPTR
        MOV     R7, A                ;要写入的数据保存到 R7
        ACALL   WRITE
        INC     ADDR                 ;修改地址
```

```
        MOV     R4, ADDR
        CJNE    R4, #08H, WRITE_LP    ;8 个数据是否写完?

        ACALL   EWDS                  ;禁止写入操作

        MOV     R0, #DIS_BUFF         ;显存单元首地址
        CLR     A
        MOV     ADDR, A               ;开始读取地址为 00H

READ_LP:
        ACALL   READ
        MOV     A, R7
        MOV     @R0, A                ;读出的数据存入相应的显存单元
        INC     R0                    ;修改显存单元地址
        INC     ADDR                  ;修改地址
        MOV     R4, ADDR
        CJNE    R4, #08H, READ_LP     ;8 个数据是否读完?

LEDOUT1:
        MOV     R0, #DIS_BUFF         ;显存单元首地址
        MOV     R4, #08H              ;8 位数码管
        MOV     A, #0FEH              ;位码初始值

LEDOUT2:
        MOV     P0, @R0               ;段码输出
        MOV     P2, A                 ;位码输出
        INC     R0
        RL      A
        ACALL   DELAY1MS
        DJNZ    R4, LEDOUT2           ;8 位数码管是否显示完毕?
        MOV     P2, #0FFH             ;关闭数码管显示
        SJMP    LEDOUT1

; addr 处写入数据子程序
WRITE:
        MOV     indata, R7            ;写入数据转移
        MOV     R5, ADDR
        MOV     R7, #OP_WRITE_H       ;40H
        ACALL   INOP                  ;写入操作码和地址
        MOV     R7, indata            ;写入数据
        ACALL   SHIN
        ACALL   BUSY                  ;忙检测
        RET
```

; 读取 addr 处的数据子程序

READ:

MOV	R5，ADDR	
MOV	R7，#OP_READ_H	;80H
ACALL	INOP	;写入操作码和地址
ACALL	SHOUT	;读出数据
CLR	CS	
RET		

; 写使能子程序

EWEN:

MOV	R5，#OP_EWEN_L	;60H
MOV	R7，#OP_EWEN_H	;00H
ACALL	INOP	
CLR	CS	
RET		

; 写禁止子程序

EWDS:

MOV	R5，#OP_EWDS_L	;00H
MOV	R7，#OP_EWDS_H	;00H
ACALL	INOP	
CLR	CS	
RET		

; 擦除子程序

ERASE:

MOV	R5，#OP_ERAL_L	;40H
MOV	R7，#OP_ERAL_H	;00H
ACALL	INOP	
ACALL	BUSY	
RET		

; 　忙检测子函数

　D0=0 表示芯片仍在编程中

　D0=1 表示芯片完成数据写入

BUSY:

CLR	CS	
SETB	DO	;置接收位为 1
NOP		
NOP		
SETB	CS	

BUSY1:

```
            JNB         DO，BUSY1            ;DO=0 在编程中
            CLR         CS
            RET
;命令与地址写入子程序
;R7 为指令码的高两位
;R5 为指令码的低 7 位或 7 位地址
INOP:
            CLR         SK
            SETB        DI                  ;写起始位 "1"
            SETB        CS                  ;选中该芯片
            NOP
            NOP
            SETB        SK                  ;上升沿将起始位送入
            NOP
            NOP
            CLR         SK                  ;开始位结束

            MOV         A，R7               ;写操作码高位
            RLC         A
            MOV         DI，C               ;移入指令码高位
            SETB        SK
            RLC         A
            CLR         SK
            MOV         DI，C               ;移入指令码次高位
            SETB        SK
            NOP
            NOP
            CLR         SK

            MOV         A，R5               ;写操作码低位或地址数据
            RLC         A
            MOV         R5，A               ;抛弃最高位
            CLR         A
            MOV         R7，A               ;计数单元清零
INOP_LP:
            MOV         A，R5               ;写 7 位操作码低位或地址数据
            RLC         A
            MOV         R5，A
            MOV         DI，C               ;写一位
            SETB        SK                  ;上升沿将数据送入
```

```
              NOP
              NOP
              CLR       SK
              INC       R7
              CJNE      R7, #07H, INOP_LP     ;7 位数据是否写完?
              SETB      DI
              RET
```

; 写入数据子程序
;R7_要写入的数据, R6_计数单元
SHIN:
```
              CLR       A                     ;清相关寄存器
              MOV       R6, A
              MOV       A, R7                 ;要写入的数据在 R7 中
```
SHIN_LP:
```
              RLC       A
              MOV       DI, C                 ;写一位
              SETB      SK
              NOP
              NOP
              CLR       SK
              INC       R6
              CJNE      R6, #08H, SHIN_LP
              SETB      DI
              RET
```

; 读出数据子函数
;R7_读出的数据保存单元, R6_计数单元
SHOUT:
```
              CLR       A                     ;清相关寄存器
              MOV       R6, A
```
SHOUT_LP:
```
              SETB      SK
              NOP
              NOP
              CLR       SK
              MOV       C, DO                 ;读一位
              RLC       A
              INC       R6
              CJNE      R6, #08H, SHOUT_LP
```

```
        MOV        R7, A                        ;读出的数据保存在 R7 中
        RET
;延时 1ms 子程序
DELAY1MS:
        MOV        R7, #2
 DL3:
        MOV        R6, #230
 DL4:
        DJNZ       R6, DL4
        DJNZ       R7, DL3
        RET


;**********************************************************
TABLE:    DB    0C0H, 0F9H, 0A4H, 0B0H, 99H, 92H, 82H, 0F8H, 80H
;TABLE1:   DB    7EH, 0BDH, 0DBH, 0E7H, 0DBH, 0BDH, 7EH, 0FFH
          END                              ;结束
```

9.2 I²C 总线（24C04 EEPROM 读写）

I²C 总线是由 PHILIPS 公司开发的一种简单、双向二线制同步串行总线。它只需要两根线即可在连接于总线上的器件之间传送信息。

9.2.1 I²C 总线的特点

（1）总线只有两根线，即串行时钟线（SCL）和串行数据线（SDA）。这在设计中大大减少了硬件接口。

（2）每个连接到总线上的器件都有一个用于识别的器件地址。器件地址由芯片内部硬件电路和外部地址引脚同时决定，避免了片选线的连接方法，并建立简单的主从关系。每个器件既可以作为发送器，又可以作为接收器。

（3）同步时钟允许器件以不同的波特率进行通信。

（4）同步时钟可以作为停止或重新启动串行口发送的握手信号。

（5）串行的数据传输位速率在标准模式下可达 100 kb/s，快速模式下可达 400 kb/s，高速模式下可达 3.4 Mb/s。

（6）连接到同一总线的集成电路数只受 400 pF 的最大总线电容的限制。

9.2.2 I²C 总线基本结构

I²C 总线基本结构如图 9.7 所示。

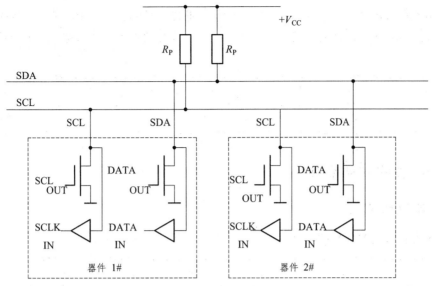

图 9.7　I^{2}C 总线基本结构图

9.2.3　I^{2}C 总线信息传送

当 I^{2}C 总线没有进行信息传送时，数据线（SDA）和时钟线（SCL）都为高电平。当主控制器向某个器件传送信息时，首先应向总线送开始信号，然后才能传送信息。当信息传送结束时应送结束信号。开始信号和结束信号规定如下：

开始信号：SCL 为高电平时，SDA 由高电平向低电平跳变，开始传送数据。

结束信号：SCL 为高电平时，SDA 由低电平向高电平跳变，结束传送数据。

开始信号和结束信号之间传送的是信息。信息的字节数没有限制，但每个字节必须为 8 位，且高位在前，低位在后。数据线 SDA 上每一位信息状态的改变只能发生在时钟线 SCL 为低电平期间，因为 SCL 为高电平期间 SDA 状态的改变已经被用来表示开始信号和结束信号。每个字节后面必须接收一个应答信号（ACK）。ACK 是从控制器在接收到 8 位数据后向主控制器发出的特定的低电平脉冲，用以表示已收到数据。主控制器接收到应答信号（ACK）后，可根据实际情况作出是否继续传递信号的判断。若未收到 ACK，则判断为从控制器出现故障。具体情况如图 9.8 所示。

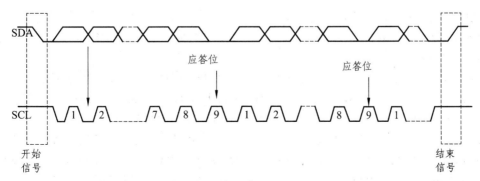

图 9.8　I^{2}C 信号

主控制器每次传送的信息的第一个字节必须是器件地址码，第二个字节为器件单元地址，用于实现选择所操作的器件的内部单元，从第三个字节开始为传送的数据。其中器件地址码格式如下：

D7	D6	D5	D4	D3	D2	D1	D0
器件类型码				片选			R/W

9.2.4　I²C 总线读写操作

1. 当前地址读

该操作将从所选器件当前地址读。读的字节数不指定。格式如下：

S	控制码（R/W=1）	A	数据1	A	数据2	A	P

其中，S 表示开始信号，A 表示应答信号，P 表示结束信号，下同。

2. 指定单元读

该操作将从所选器件指定地址读。读的字节数不指定。格式如下：

S	控制码（R/W=0）	A	器件单元地址	A	S	控制码（R/W=1）	A	数据1	A	数据2	A	P

3. 指定单元写

该操作将从所选器件指定地址写。写的字节数不指定。格式如下：

S	控制码（R/W=0）	A	器件单元地址	A	数据1	A	数据2	A	P

9.2.5　CAT24WC×× 系列概述

CAT24WC×× 系列芯片是美国 CATALYST 公司出品的，支持 I²C 总线数据传送协议的串行 CMOS EEPROM 芯片，可用电擦除，可编程自定义写周期。其自动擦除时间不超过 10 ms，典型时间为 5 ms。

CAT24WC×× 系列芯片包含 CAT24WC01/02/04/08/16/32/64/128/256 共 8 种芯片，容量分别为 1、2、4、8、16、32、64、128、256 KB。串行 EEPROM 一般具有两种写入方式，一种是字节写入方式，还有另一种是页写入方式。它允许在一个写周期内同时对 1 个字节到一页的若干字节的编程写入。一页的大小取决于芯片内页寄存器的大小。其中，CAT24WC01 具有 8 字节数据的页面写能力，CAT24WC02/04/08/16 具有 16 字节数据的页面写能力，CAT24WC32/64 具有 32 字节数据的页面写能力，CAT24WC128/256 具有 64 字节数据的页面写能力。

1. CAT24WC××的引脚

CAT24WC01/02/04/08/16/32/64、CAT24WC128、CAT24WC256 的管脚排列分别如图 9.9（a）~（c）所示。

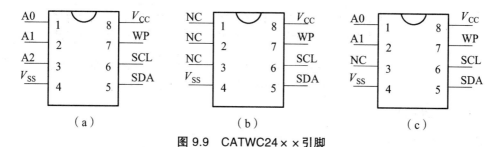

图 9.9　CATWC24××引脚

其中：

SCL：串行时钟线。这是一个输入管脚，用于形成器件所有数据发送或接收的时钟。

SDA：串行数据/地址线。它是一个双向传输线，用于传送地址和所有数据的发送或接收。它是一个漏极开路端，因此要求接一个上拉电阻到 V_{CC} 端（上拉电阻大小受速率影响，如速率为 100 kHz 时电阻为 10 kΩ，速率为 400 kHz 时电阻为 1 kΩ）。对于一般的数据传输，仅在 SCL 为低电平期间 SDA 才允许变化。SCL 为高电平期间，留给开始信号（START）和停止信号（STOP）。

A0、A1、A2：器件地址输入端。这些输入端用于多个器件级联时设置器件地址。当这些引脚悬空时默认值为 0（CAT24WC01 除外）。

WP：写保护。如果 WP 管脚连接到 V_{CC}，所有的内容都被写保护（只能读）。当 WP 管脚连接到 V_{SS} 或悬空，允许对器件进行正常的读/写操作。

V_{CC}：电源线。

V_{SS}：地线。

2. CAT24WC××的器件地址（表 9.1）

表 9.1　CAT24WCXX 器件地址表

型号	控制码	片选			读写	总线访问的器件
CAT24WC01	1010	A2	A1	A0	1/0	最多 8 个
CAT24WC02	1010	A2	A1	A0	1/0	最多 8 个
CAT24WC04	1010	A2	A1	a8	1/0	最多 4 个
CAT24WC08	1010	A2	a9	a8	1/0	最多 2 个
CAT24WC16	1010	a10	a9	a8	1/0	最多 1 个
CAT24WC32	1010	A2	A1	A0	1/0	最多 8 个
CAT24WC64	1010	A2	A1	A0	1/0	最多 8 个
CAT24WC128	1010	×	×	×	1/0	最多 1 个
CAT24WC256	1010	0	A1	A0	1/0	最多 4 个

3. CAT24WC××的写操作

1）字节写（图9.10）

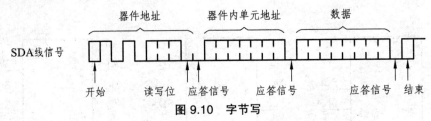

图 9.10 字节写

2）页写（图9.11）

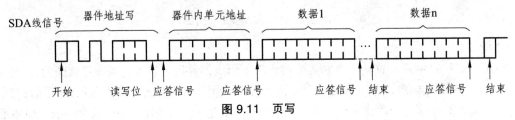

图 9.11 页写

3）应答查询

应答查询可以利用内部写周期禁止数据输入这一特性。一旦主器件发送停止位指示主器件操作结束，CAT24WC××启动内部写周期，应答查询立即启动，包括发送一个起始信号和进行写操作的从器件地址。

4）写保护

写保护操作特性可使用户避免由于不当操作而造成对存储区域内部数据的改写。当 WP 管脚接高电平时，整个寄存器区全部被保护起来而变为只可读取。

4. CAT24WC××的读操作

1）当前地址读（图9.12）

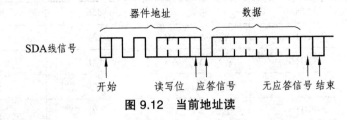

图 9.12 当前地址读

2）随机地址读（图9.13）

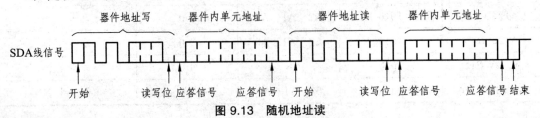

图 9.13 随机地址读

3）顺序地址读（图 9.14）

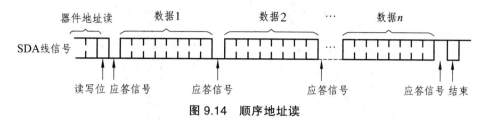

图 9.14　顺序地址读

5. 24C04 与单片机的接口

如图 9.15 所示，I^2C 总线连接两根线——SCL、SDA，分别接 P3.4、P3.5；地址线 A2、A1、A0 接地。

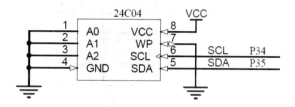

图 9.15　24C04 EEPROM 连接图

9.2.6　24C04 读写编程

1. 功能要求

先从地址 0x00 开始连续写入 8 个数据 0～7，然后从地址 0x00 开始读出所写入的 8 个数据，存到 8 个显示存储区中，再由 8 位数码管显示。写读操作成功后，8 位数码管从右至左依次显示 0～7。

2. 硬件电路

8 位数码管的段码和位码分别接 P0 和 P2。24C04 按图 9.15 连接。

3. 程序流程图（图 9.16～9.18）

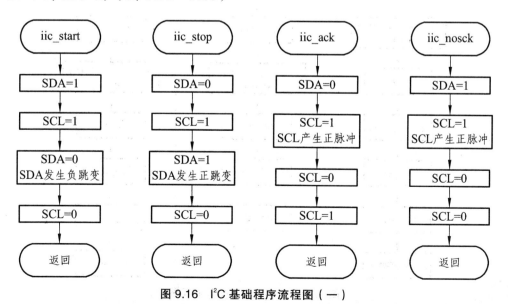

图 9.16　I^2C 基础程序流程图（一）

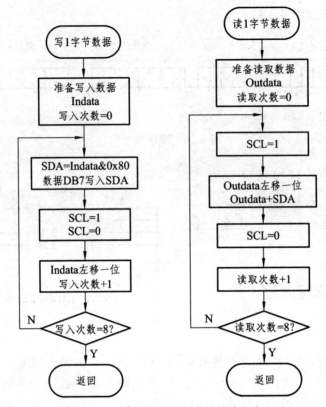

图 9.17 I²C 基础程序流程图（二）

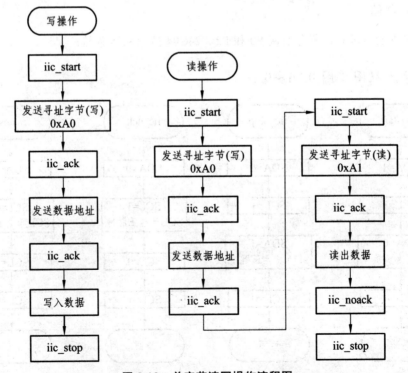

图 9.18 单字节读写操作流程图

4. 程序编制

1）C51 程序

```c
//将显示数据 0~7 先写入 24C04 芯片，再将其数据逐个读出送数码管显示。
#include <reg52.h>
#include <intrins.h>
#define OP_WRITE 0xa0            //器件地址以及写入操作
#define OP_READ   0xa1           //器件地址以及读取操作
unsigned char data display[] ={ 0xc0, 0xc0, 0xc0, 0xc0, 0xc0, 0xc0, 0xc0, 0xc0};
unsigned char code sendbuf[] ={0xc0, 0xF9, 0xA4, 0xB0, 0x99, 0x92, 0x82, 0xF8, 0x80, 0x90};
sbit SDA = P3 ^ 5;
sbit SCL = P3 ^ 4;
//延时子程序      （4.34 μs）
void delayNOP（void）
{  _nop_（）;
  _nop_（）;
  _nop_（）;
  _nop_（）;
}
//延时子程序
void delayms（unsigned int ms）
{   unsigned char k;
  while （ms--）
  { for （k = 0; k < 114; k++）
      ;
  }
}
//启动子程序
//在 SCL 高电平期间 SDA 发生负跳变
void iic_start（）
{   SDA = 1;
  SCL = 1;
  delayNOP（）;
  SDA = 0;
  delayNOP（）;
  SCL = 0;
}
//停止子函数
//在 SCL 高电平期间 SDA 发生正跳变
```

```
void iic_stop ( )
{ SDA = 0;
  SCL = 1;
  delayNOP ( ) ;
  SDA = 1;
  delayNOP ( ) ;
  SCL = 0;
}
//IIC 初始化子程序
void iic_init ( )
{
  SCL = 0;
  iic_stop ( ) ;
}
//发送应答位子函数
//在 SDA 低电平期间 SCL 发生一个正脉冲
void iic_ack ( )
{
  SDA = 0;
  SCL = 1;
  delayNOP ( ) ;
  SCL = 0;
  SDA = 1;
}
//发送非应答位子函数
//在 SDA 高电平期间 SCL 发生一个正脉冲
void iic_noack ( )
{
  SDA = 1;
  SCL = 1;
  delayNOP ( ) ;
  SCL = 0;
  SDA = 0;
}
//应答位检测子函数
/*bit iic_testack ( )
{
bit ack_bit;
```

```
    SDA = 1;                              //置 SDA 为输入方式
    SCL = 1;
    delayNOP（）;
    ack_bit = SDA;
    SCL = 0;
    delayNOP（）;

    return ack_bit;                      //返回 AT24C04 应答位
}
 */
//读一个字节子程序
//从 AT24C04 读数据到 MCU
/*
unsigned char readbyte（）
{
unsigned char i，read_data;

for（i = 0; i < 8; i++）
{
read_data <<= 1;
if（iic_testack（））
read_data++;
}
return（read_data）;
}
 */
//读一个字节子程序
//从 AT24C04 读数据到 MCU
unsigned char readbyte（）
{
    unsigned char i，read_data;
    SDA = 1;                              //置 SDA 为输入方式
    for  （i = 0; i < 8; i++）
    {
        SCL = 1;                          //使 SDA 数据有效
        read_data <<= 1;                  //调整接收位
        if （SDA）
        //读 SDA
            read_data++;
```

```
        SCL = 0;                              //继续接收数据
    }
    return （read_data）;
}
//发送一个字节子程序
//从 MCU 移出数据到 AT24C04
void writebyte（unsigned char write_data）
{
    unsigned char i;

    for （i = 0; i < 8; i++）
    //循环移入 8 个位
    {
        SDA = （bit）（write_data &0x80）;   //将发送位送入 SDA 数据线
        SCL = 1;
        delayNOP（）;
        SCL = 0;                          //SDA 数据线上数据变化
        write_data <<= 1;                 //调整发送位

    }
}
//在指定地址 addr 处写入 N 个数据
void write_nbyte（unsigned char addr， unsigned char n）
{
    unsigned char x;
    iic_start（）;
    writebyte（OP_WRITE）;                //写 0xa0
    iic_ack（）;
    writebyte（addr）;                    //写存储地址
    iic_ack（）;
    while （n--）
    {
        writebyte（sendbuf[x++]）;        //写数据
        iic_ack（）;
        delayms（1）;
    }
    iic_stop（）;                         //发送结束
}
//在指定地址 addr 处读出 N 个数据
void read_nbyte（unsigned char addr， unsigned char n）
```

```
{
    unsigned char x = 0;

    iic_start ( ) ;

    writebyte ( OP_WRITE ) ;        //写 0xa0
    iic_ack ( ) ;
    writebyte ( addr ) ;            //写读取地址
    iic_ack ( ) ;
    iic_start ( ) ;
    writebyte ( OP_READ ) ;         //写 0xa1
    iic_ack ( ) ;

    while  ( n-- )
    {
        display[x++] = readbyte ( ) ;    //读出数据写入相应显存单元
        iic_ack ( ) ;                    //发送应答位
        delayms ( 1 ) ;
    }
    iic_noack ( ) ;                 //发送非应答位
    iic_stop ( ) ;                  //发送结束
}
//主函数
void main ( void )
{
    unsigned char k，shift;

    iic_init ( ) ;

    write_nbyte ( 0，8 ) ;          //写入显示代码到 AT24C04
    delayms ( 100 ) ;              //延时 100 ms，等待芯片自动编程完毕
    read_nbyte ( 0，8 ) ;          //从 AT24C04 读出显示代码

    while  ( 1 )
    {
        shift = 0xfe;               //位码初始值
        P2 = 0xff;                  //关闭显示
        for  ( k = 0; k < 8; k++ )
        {
```

```
        P0 = display[k];              //段码输出
        P2 = shift;                   //位码输出
        shift = _crol_（shift，1）；    //修改位码
        delayms（1）；                 //延时 1 ms
    }
  }
}
```

2）汇编程序

```
;**********************************************************************

        SDA BIT P3.5              ;定义 24C04 数据线
        SCL BIT P3.4              ;定义 24C04 时钟线


        DISSTART    EQU    40H    ;显示单元首地址
        LED_DATA    EQU    P0     ;数码管数据口定义



;**********************************************************

        ORG      0000H
        AJMP     MAIN
        ORG      0050H
MAIN:
        MOV      SP，#60H
        MOV      P0，#0FFH
        ACALL    WRITE_DATA        ;写数据入 24C04
        MOV      R4，#04H           ;延时约 20 ms
        ACALL    DELAY_5MS          ;从 24C04 中读出数据
        ACALL    READ_DATA
LOOP:
        ACALL    PLAY              ;显示
        AJMP     LOOP
;写 N 字节数据子程序
;查表写数据入 24C02
WRITE_DATA:
        MOV      R0，#00H           ;数据写入首地址
        MOV      R1，#8             ;共写入 8 个字节的数据
        MOV      DPTR，#TAB_NU      ;表头首地址
WR_LOOP:
```

```
        CLR     A
        MOVC    A，@A+DPTR
        MOV     B，A
        ACALL   WRITE_BYTE      ;将查表结果写入 24C02
        INC     R0              ;地址+1
        INC     DPTR            ;数据指针+1
        DJNZ    R1，WR_LOOP     ;8 个数写入完毕?
        RET
;读 N 字节数据子程序
;从 24C02 读出数据
READ_DATA:
        MOV     R0，#00H        ;设定读取的初始地址
        MOV     R3，#8          ;设定读取个数
        MOV     R1，#DISSTART
RD_LOOP:
        ACALL   READ_BYTE       ;读 EEPROM
        ACALL   STOP
        MOV     @R1，A          ;存储读出的数据
        INC     R1
        INC     R0              ;地址+1
        MOV     R4，#04H        ;延时约 20 ms
        ACALL   DELAY_5MS
        DJNZ    R3，RD_LOOP
        RET
;写操作子程序
;输入参数:R0---要写入的地址，B---要写入的数据
WRITE_BYTE:
        ACALL   START

        MOV     A，#0A0H
        ACALL   SENDBYTE
        ACALL   WAITACK

        MOV     A，R0
        ACALL   SENDBYTE
        ACALL   WAITACK

        MOV     A，B
        ACALL   SENDBYTE
```

```
        ACALL       WAITACK
        ACALL       STOP

        MOV         R4, #1              ;每写入 1 个字节，延时若干毫秒
        ACALL       DELAY_5MS
        RET
;读操作子程序
;输入参数：R0---要读的字节地址
;输出参数:A---结果
READ_BYTE:
        ACALL       START
        MOV         A, #0A0H
        ACALL       SENDBYTE
        ACALL       WAITACK

        MOV         A, R0
        ACALL       SENDBYTE
        ACALL       WAITACK

        ACALL       START
        MOV         A, #0A1H
        ACALL       SENDBYTE
        ACALL       WAITACK
        ACALL       RCVBYTE
        RET
;从 IIC 总线上接收一个字节数据
;出口参数：A---接收数据存放在 A 中
RCVBYTE:
        MOV         R7, #08             ;一个字节共接收 8 位数据
        CLR         A
        SETB        SDA                 ;释放 SDA 数据线
R_BYTE:
        CLR         SCL
        ACALL       DELAY_5US
        SETB        SCL                 ;启动一个时钟周期，读总线
        ACALL       DELAY_5US
        MOV         C, SDA              ;将 SDA 状态读入 C
        RLC         A                   ;结果移入 A
        SETB        SDA                 ;释放 SDA 数据线
```

```
        DJNZ        R7, R_BYTE          ;判断 8 位数据是否接收完全?
        RET
;向 IIC 总线发送一个字节数据
;入口参数：A---待发送数据存放在 A 中
SENDBYTE:
        MOV         R7, #08
S_BYTE:
        RLC         A
        MOV         SDA, C
        SETB        SCL
        ACALL       DELAY_5US
        CLR SCL
        DJNZ        R7, S_BYTE          ;8 位发送完毕?
        RET
;等待应答信号
;等待从机返回一个响应信号
WAITACK:
        CLR         SCL
        SETB        SDA                 ;释放 SDA 信号线
        ACALL       DELAY_5US
        SETB        SCL
        ACALL       DELAY_5US
        MOV         C, SDA
        JC          WAITACK             ;SDA 为低电平, 返回了响应信号
        CLR         SDA
        CLR         SCL
        RET
;启动信号子程序
START:
        SETB        SDA
        SETB        SCL
        ACALL       DELAY_5US
        CLR         SDA
        ACALL       DELAY_5US
        CLR         SCL
        RET
;停止信号子程序
STOP:
        CLR         SDA
```

```
        NOP
        SETB        SCL
        ACALL       DELAY_5US
        SETB        SDA
        ACALL       DELAY_5US
        CLR         SCL
        CLR         SDA
        RET
;延时 5 μs 子程序
DELAY_5US:
        NOP
        NOP
        NOP
        NOP
        RET
;延时 5 ms 子程序
;输入参数：R4---R4*5 ms
DELAY_5MS:
        MOV     R6, #10
DE_LP:
        MOV     R5, #250
        DJNZ    R5, $
        DJNZ    R6, DE_LP
        DJNZ    R4, DELAY_5MS
        RET
; 显示子程序
PLAY:
        MOV     R0, #DISSTART       ;获得显示单元首地址
        MOV     R1, #0FEH           ;位码初始值
        MOV     R2, #08H            ;8 位数码管显示
DISP1:
        MOV     A, @R0              ;获得当前位的段码
        MOV     LED_DATA, A         ;输出段码
        MOV     P2, R1              ;输出位码
        MOV     A, R1               ;调整位码
        RL A
        MOV     R1, A               ;保存位码
        INC     R0                  ;取下一个显存单元地址
        ACALL   DELAY2MS            ;延时 2 ms
        DJNZ    R2, DISP1           ;8 位数码管是否显示完毕
```

```
        MOV     P2，#0FFH              ;关闭显示
        RET                           ;显示完成，返回
;延时子程序
DELAY2MS:
        MOV     R6，#10
DEL1:
        MOV     R7，#93
        DJNZ    R7，$
        DJNZ    R6，DEL1
        RET


;**********************************************************
TAB_NU:
    DB 0C0H，0F9H，0A4H，0B0H，099H，092H，082H，0F8H
    DB 080H，090H，0FFH，088H，083H，0C6H，0A1H，086H，08EH
        END                           ;结束
```

9.3　A/D、D/A 转换芯片 PCF8591

　　PCF8591 是具有 I²C 总线接口的 8 位 A/D 及 D/A 转换器。它有 4 路 A/D 转换输入，1 路 D/A 模拟输出。它既可以用于 A/D 转换也可以用于 D/A 转换。A/D 转换为逐次比较型。其与 CPU 的信息传输仅靠时钟线 SCL 和数据线 SDA 就可以实现。

9.3.1　PCF8591 芯片

1. PCF8591 芯片的特点

- 单电源供电；
- 正常工作电源电压范围为 2.5 ~ 6 V；
- 通过 I²C 总线完成数据的输入/输出；
- 器件地址由 3 个地址引脚决定；
- 采样频率由 I²C 总线传输速率决定；
- 4 路模拟量输入可编程为单端输入或差分输入；
- 可配置转换通道号自动增加功能；
- 模拟电压范围为 V_{SS} ~ V_{DD}；
- 具有片上跟踪保持功能；
- 8 位逐次逼近 A/D 转换；
- 带有 1 路模拟量输出的乘法 D/A 转换。

2. PCF8591 接口信号

PCF8591 具有 4 个模拟输入（AIN0 ~ AIN3），一个模拟输出（AOUT），一个串行 I^2C 总线接口。地址引脚 A0 ~ A2 可用于硬件地址编程，允许在同一条 I^2C 总线上接入 8 个 PCF8591 器件，而无须额外的硬件。

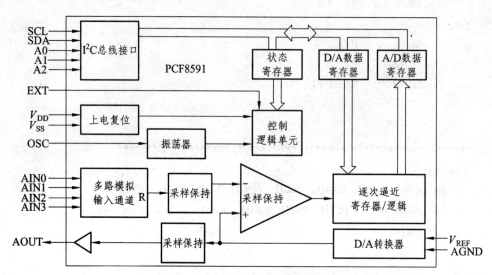

图 9.19　PCF8591 结构图

表 9.2　PCF8591 引脚功能表

符号	引脚号	描　述
AIN0	1	A/D 转换的模拟量输入通道
AIN1	2	
AIN2	3	
AIN3	4	
A0	5	地址引脚
A1	6	
A2	7	
V_{SS}	8	地
SDA	9	I^2C 总线数据输入/输出
SCL	10	I^2C 总线时钟输入
OSC	11	时钟输入/输出
EXT	12	外部/内部时钟切换
AGND	13	模拟地
VREF	14	参考电压输入
AOUT	15	D/A 转化模拟量输出
V_{DD}	16	电源

3. PCF8591 与单片机的连接（图 9.21）

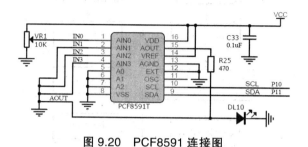

图 9.20　PCF8591 连接图

9.3.2　PCF8591 芯片 A/D、D/A 编程

1. 功能要求

4 个 A/D 输入通道：IN0 与电位器 VR1 连接，用于测量电位器的输出电压（输入电压要求≤5 V）。
D/A 输出：将 IN0 的 A/D 转换值送 D/A 输出，DL10 随 D/A 输出值的大小改变亮度。
LCD1602 同时显示四通道 A/D 转换值，并将 IN0 通道的 A/D 转换值送 D/A 输出。

2. 硬件电路

LCD1602 按前面章节所述方法连接，PCF8591 按图 9.20 连接。

3. 程序流程图（图 9.21～9.23）

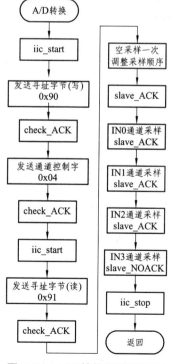

图 9.21　A/D 转换程序流程图

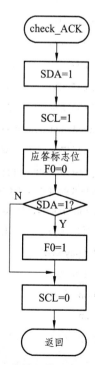

图 9.22　应答位检查程序流程图

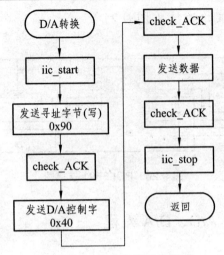

图 9.23　D/A 转换程序流程图

4. 程序编制

1) C51 程序

```c
#include <reg51.h>
#include <intrins.h>
#define PCF8591_WRITE   0x90
#define PCF8591_READ    0x91
sbit SDA = P1 ^ 1;                    // P1.1 口模拟数据口
sbit SCL = P1 ^ 0;                    // P1.0 口模拟时钟口
#define disdata   P0                  //显示数据码输出口
sbit LCD_RS = P2 ^ 0;
sbit LCD_RW = P2 ^ 1;
sbit LCD_EN = P2 ^ 2;
unsigned char code dis1[] = "0- .   V    1- .   V";
unsigned char code dis2[] = "2- .   V    3- .   V";
unsigned int data dis[4];
unsigned char data receivebuf[4];    //数据接收缓冲区
char code reserve[3]_at_ 0x3b;       //保留 0x3b 开始的 3 个字节
//μs 延时函数      （4.34 μs）
void delayNOP（）
{ _nop_（）;
  _nop_（）;
  _nop_（）;
  _nop_（）;
}
```

```c
//ms 延时函数
void delayms ( unsigned int ms )
{ unsigned char i;
  while  ( ms-- )
   {
     for  ( i = 0; i < 114; i++ )
        ;
   }
}
//检查 LCD 忙状态
//lcd_busy 为 1 时，忙，等待
//lcd-busy 为 0 时，闲，可写指令与数据
bit lcd_busy ( )
{
   bit result;
   LCD_RS = 0;
   LCD_RW = 1;
   LCD_EN = 1;
   delayNOP ( ) ;
   result = ( bit ) ( P0 &0x80 ) ;
   LCD_EN = 0;
   return  ( result ) ;
}
//写指令数据到 LCD
//RS=L，RW=L，E=高脉冲，D0～D7=指令码
void lcd_wcmd ( unsigned char cmd )
{
   while  ( lcd_busy ( ))
      ;
   LCD_RS = 0;
   LCD_RW = 0;
   LCD_EN = 1;
   P0 = cmd;
   delayNOP ( ) ;
   LCD_EN = 0;
}
//写显示数据到 LCD
//RS=H，RW=L，E=高脉冲，D0～D7=数据
void lcd_wdat ( unsigned char dat )
```

```
{ while （lcd_busy（））
    ;
  LCD_RS = 1;
  LCD_RW = 0;
  LCD_EN = 1;
  P0 = dat;
  delayNOP（）;
  LCD_EN = 0;
}
//LCD 初始化设定
void lcd_init（）
{
  delayms（15）;
  lcd_wcmd（0x38）;            //16*2 显示，5*7 点阵，8 位数据
  delayms（5）;
  lcd_wcmd（0x38）;
  delayms（5）;
  lcd_wcmd（0x38）;
  delayms（5）;

  lcd_wcmd（0x0c）;            //显示开，关光标
  delayms（5）;
  lcd_wcmd（0x06）;            //移动光标
  delayms（5）;
  lcd_wcmd（0x01）;            //清除 LCD 的显示内容
  delayms（5）;
}
//设定显示位置
void lcd_pos（unsigned char pos）
{
  lcd_wcmd（pos | 0x80）;      //数据指针=80+地址变量
}
//数据处理与显示
//将采集到的数据进行 16 进制转换为 ASCII 码
void show_value（unsigned char ad_data）
{
  dis[2] = ad_data / 51;      //AD 值转换为 3 位 BCD 码，最大为 5.00 V
  dis[2] = dis[2] + 0x30;     //转换为 ACSII 码
```

```
    dis[3] = ad_data % 51;          //余数暂存
    dis[3] = dis[3] *10;            //计算小数第一位
    dis[1] = dis[3] / 51;
    dis[1] = dis[1] + 0x30;         //转换为 ACSII 码
    dis[3] = dis[3] % 51;
    dis[3] = dis[3] *10;            //计算小数第二位
    dis[0] = dis[3] / 51;
    dis[0] = dis[0] + 0x30;         //转换为 ACSII 码
}
//函数名称：  iic_start（ ）
//函数功能：  启动 I²C 总线子程序
//时钟保持高，数据线从高到低一次跳变，I²C 通信开始
void iic_start（void）
{
    SDA = 1;
    SCL = 1;
    delayNOP（ ）;                   //延时 5 μs
    SDA = 0;
    delayNOP（ ）;
    SCL = 0;
}
//函数名称：iic_stop（ ）
//函数功能：停止 I²C 总线数据传送子程序
//时钟保持高，数据线从低到高一次跳变，I²C 通信停止
void iic_stop（void）
{
    SDA = 0;
    SCL = 1;
    delayNOP（ ）;
    SDA = 1;
    delayNOP（ ）;
    SCL = 0;
}
//函数名称：iicInit_（ ）
//函数功能：初始化 I²C 总线子程序
void iicInit（void）
{
    SCL = 0;
    iic_stop（ ）;
```

```
}
```

//函数名称：slave_ACK

//函数功能：从机发送应答位子程序

```
void slave_ACK（void）
{
    SDA = 0;
    SCL = 1;
    delayNOP（）;
    SCL = 0;
    SDA = 1;
}
```

//函数名称：slave_NOACK

//函数功能：从机发送非应答位子程序，迫使数据传输过程结束

```
void slave_NOACK（void）
{
    SDA = 1;
    SCL = 1;
    delayNOP（）;
    SDA = 0;
    SCL = 0;
    SDA = 0;
}
```

//函数名称：check_ACK

//函数功能：主机应答位检查子程序，迫使数据传输过程结束

```
void check_ACK（void）
{
    SDA = 1;                        //置成输入
    SCL = 1;
    F0 = 0;
    delayNOP（）;
    if （SDA == 1）
    //若 SDA=1 表明非应答
        F0 = 1;
    //置位非应答标志 F0
    SCL = 0;
}
```

//函数名称：IICSendByte

//入口参数：indata

//函数功能：发送 1 个字节

```
void IICSendByte（unsigned char indata）
{
    unsigned char n = 8;            //发送 1 字节数据，共 8 bit

    while （n--）
    {
        SDA = （bit）（indata &0x80）;
        SCL = 1;
        delayNOP（）;
        SCL = 0;

        indata = indata << 1;        //数据左移一位
    }
}
//函数名称： IICreceiveByte
//返回接收的数据   tdata
//函数功能： 接收 1 字节子程序
unsigned char IICreceiveByte（void）
{
    unsigned char n = 8;            //读取 1 字节数据，共 8 bit
    unsigned char tdata = 0;

    while （n--）
    {
        SDA = 1;
        SCL = 1;
        tdata = tdata << 1;          //左移 1 位
        if （SDA == 1）
            tdata = tdata | 0x01;
        //若接收到的位为 1，则数据的最后一位置 1
        else
            tdata = tdata &0xfe;
        //否则数据的最后一位置 0
        SCL = 0;
    }

    return（tdata）;
}
//函数名称：DAC_PCF8591
```

```
//入口参数：slave_add 从机地址
//函数功能：发送数据子程序
void DAC_PCF8591（unsigned char controlbyte，unsigned char w_data）
{
    iic_start（）;                          //启动 I²C
    delayNOP（）;

    IICSendByte（PCF8591_WRITE）;           //发送地址位
    check_ACK（）;                          //检查应答位

    IICSendByte（controlbyte &0x77）;       //Control byte
    check_ACK（）;                          //检查应答位

    IICSendByte（w_data）;                  //data byte
    check_ACK（）;                          //检查应答位

    iic_stop（）;                           //全部发完则停止
    delayNOP（）;
    delayNOP（）;
}
//函数名称：ADC_PCF8591
//函数功能：A/D 转换，结果存入 receivebuf
void ADC_PCF8591（unsigned char controlbyte）
{
    unsigned char i = 0;


    iic_start（）;
    IICSendByte（PCF8591_WRITE）;           //控制字 0x90
    check_ACK（）;

    IICSendByte（controlbyte）;             //通道控制字
    check_ACK（）;

    iic_start（）;                          //重新发送开始命令
    IICSendByte（PCF8591_READ）;            //控制字 0x91
    check_ACK（）;
```

```
    IICreceiveByte ( ) ;                    //空读一次
    slave_ACK ( ) ;                         //收到一个字节后发送一个应答位

    while ( i < 3 )
    //采集 0, 1, 2 通道
    {
        receivebuf[i++] = IICreceiveByte ( ) ;
        slave_ACK ( ) ;
    }
    receivebuf[3] = IICreceiveByte ( ) ;    //采集第 3 通道
    slave_NOACK ( ) ;                       //收到最后一个字节后发送一个非应答位
    iic_stop ( ) ;
}

//主函数
void main ( void )
{
    unsigned char i;
    delayms ( 10 ) ;                        //延时
    lcd_init ( ) ;                          //初始化 LCD

    lcd_pos ( 0 ) ;                         //设置显示位置为第一行
    for  ( i = 0; i < 16; i++ )
        lcd_wdat ( dis1[i] ) ;
    //显示字符

    lcd_pos ( 0x40 ) ;                      //设置显示位置为第二行
    for  ( i = 0; i < 16; i++ )
        lcd_wdat ( dis2[i] ) ;
    //显示字符

    while ( 1 )
    {
        iicInit ( ) ;                       //I²C 总线初始化
        ADC_PCF8591 ( 0x04 ) ;              //4 通道转换

        while ( F0 )
        //有错误，重新来
        {
```

```
    iicInit（）;                            //I²C 总线初始化
    ADC_PCF8591（0x04）;                    //4 通道转换
}

    show_value（receivebuf[0]）;            //显示通道 0
    lcd_pos（0x02）;
    lcd_wdat（dis[2]）;                      //整数位显示
    lcd_pos（0x04）;
    lcd_wdat（dis[1]）;                      //第一位小数显示
    lcd_wdat（dis[0]）;                      //第二位小数显示


    show_value（receivebuf[1]）;            //显示通道 1
    lcd_pos（0x0b）;
    lcd_wdat（dis[2]）;                      //整数位显示
    lcd_pos（0x0d）;
    lcd_wdat（dis[1]）;                      //第一位小数显示
    lcd_wdat（dis[0]）;                      //第二位小数显示

    show_value（receivebuf[2]）;            //显示通道 2
    lcd_pos（0x42）;
    lcd_wdat（dis[2]）;                      //整数位显示
    lcd_pos（0x44）;
    lcd_wdat（dis[1]）;                      //第一位小数显示
    lcd_wdat（dis[0]）;                      //第二位小数显示

    show_value（receivebuf[3]）;            //显示通道 3
    lcd_pos（0x4b）;
    lcd_wdat（dis[2]）;                      //整数位显示
    lcd_pos（0x4d）;
    lcd_wdat（dis[1]）;                      //第一位小数显示
    lcd_wdat（dis[0]）;                      //第二位小数显示

    iicInit（）;                            //I²C 总线初始化
    DAC_PCF8591（0x40，receivebuf[0]）;      //D/A 输出

    while（F0）
    //有错误，重新来
    {
```

```
        iicInit（）;                              //I2C 总线初始化
        DAC_PCF8591（0x40，receivebuf[0]）;        //D/A 输出
    }
  }
}
```

2）汇编程序

```
;****************************************************************

        BEEP        EQU     P3.7            ;蜂鸣器
        K1          EQU     P1.4            ;K1 键
        K2          EQU     P1.5            ;K2 键
        K3          EQU     P1.6            ;K3 键
        K4          EQU     P1.7            ;K4 键


        SCL         EQU     P1.0            ;PCF8591 时钟线
        SDA         EQU     P1.1            ;PCF8591 数据线


        LCD_RS      BIT     P2.0            ;LCD 数据/命令选择端
        LCD_RW      BIT     P2.1            ;LCD 读/写选择端
        LCD_EN      BIT     P2.2            ;LCD 使能信号
        BUSY        BIT     P0.7            ;忙检测线
        LCD_X       EQU     30H             ;LCD 地址变量


        BUSY_CHECK  BIT     20H.0           ;忙标志位
        DATAPORT        EQU     P0          ;LCD 数据端口


        AD_DATA     EQU     40H             ;A/D 转换值存储单元首地址（用 4 个单元）
        DISSTART    EQU     45H             ;显示单元首地址（用 3 个单元）
        AD_TEMP     EQU     49H             ;AD 转换值临时存放单元

;=========================================================
        ORG     0000H
        AJMP    MAIN
        ORG     0050H
MAIN:
        MOV     SP，#70H
        MOV     P0，#0FFH
        MOV     P2，#0FFH
```

```
        MOV     A, #00H
        MOV     AD_DATA, A              ;A/D 转换值存储单元清零
        MOV     AD_DATA+1, A
        MOV     AD_DATA+2, A
        MOV     AD_DATA+3, A

        ACALL   LCD_INIT                ;LCD 初始化
        MOV     B, #00H
        MOV     DPTR, #INFO1            ;指针指到信息 1
        ACALL   W_STRING1

        MOV     B, #00H
        MOV     DPTR, #INFO2            ;指针指到信息 2
        ACALL   W_STRING2
LOOP:
        MOV     R2, #04H                ;进行四路转换
        ACALL   PCF_AD                  ;开始 A/D 转换

        MOV     AD_TEMP, AD_DATA        ;显示通道 0 输入电压值
        ACALL   TUNBCD
        MOV     LCD_X, #02H             ;设置显示位置
        ACALL   LCD_CONV1

        MOV     AD_TEMP, AD_DATA+1      ;显示通道 1 输入电压值
        ACALL   TUNBCD
        MOV     LCD_X, #0BH             ;设置显示位置
        ACALL   LCD_CONV1

        MOV     AD_TEMP, AD_DATA+2      ;显示通道 2 输入电压值
        ACALL   TUNBCD
        MOV     LCD_X, #02H             ;设置显示位置
        ACALL   LCD_CONV2

        MOV     AD_TEMP, AD_DATA+3      ;显示通道 3 输入电压值
        ACALL   TUNBCD
        MOV     LCD_X, #0BH             ;设置显示位置
        ACALL   LCD_CONV2

        MOV     R1, AD_DATA             ;D/A 转换
```

```
        ACALL        PCF_DA

        AJMP         LOOP
;检查 LCD 忙状态
;busy 为 1 时，忙，等待。busy 为 0 时，闲，可写指令与数据
LCD_BUSY:
        MOV          DATAPORT，#0FFH
BUSY_1:
        CLR          LCD_RS
        SETB         LCD_RW
        CLR          LCD_EN
        NOP
        SETB         LCD_EN
        JB           BUSY，BUSY_1              ;检测忙
        CLR          LCD_EN
        RET
;LCD 写命令子程序
;LCD_RS=L，LCD_RW=L，D0～D7=指令码，E=高脉冲
WCOM:
        JNB          BUSY_CHECK，WCOM_1
        ACALL        LCD_BUSY
WCOM_1:
        MOV          DATAPORT，A               ;写入指令
        CLR          LCD_RS
        CLR          LCD_RW
        NOP
        SETB         LCD_EN
        NOP
        CLR          LCD_EN
        RET
;LCD 写数据子程序
;LCD_RS=H，LCD_RW=L，D0～D7=数据码，E=高脉冲
WDATA:
        ACALL        LCD_BUSY
        MOV          DATAPORT，A               ;写入数据
        SETB         LCD_RS
        CLR          LCD_RW
        NOP
        SETB         LCD_EN
```

```
        NOP
        CLR         LCD_EN
        RET
; 在 LCD 第一行指定显示位置
SET_X1:
        MOV         A, LCD_X
        ORL         A, #80H
        ACALL       WCOM
        RET
; 在 LCD 第二行指定显示位置
SET_X2:
        MOV         A, LCD_X
        ORL         A, #0C0H
        ACALL       WCOM
        RET
; 写字符串子程序 1
W_STRING1:
        MOV         A, #80H         ;设置 LCD 的第一行地址
        ORL         A, B
        ACALL       WCOM            ;写入命令
        ACALL       FILL_CHAR
        RET
; 写字符串子程序 2
W_STRING2:
        MOV         A, #0C0H        ;设置 LCD 的第二行地址
        ORL         A, B
        ACALL       WCOM            ;写入命令
        ACALL       FILL_CHAR
        RET
; 写入字符子程序
FILL_CHAR:
        CLR         A               ;填入字符
        MOVC        A, @A+DPTR      ;由字符区取出字符
        CJNE        A, #0, F_CHAR   ;判断是否为结束码
        RET
F_CHAR:
        ACALL       WDATA           ;写入数据
        INC         DPTR            ;指针加 1
        AJMP        FILL_CHAR       ;继续填入字符
```

```
        RET
; LCD 初始化子程序

LCD_INIT:
        ACALL       DELAY1              ;延时 15 ms, 等待 LCD 供电稳定
        ACALL       DELAY1
        ACALL       DELAY1

        CLR         BUSY_CHECK         ;不进行忙检测, 强制执行 3 次
        MOV         A, #38H            ;双列显示, 字形 5*7 点阵
        ACALL       WCOM
        ACALL       DELAY1
        MOV         A, #38H            ;双列显示, 字形 5*7 点阵
        ACALL       WCOM
        ACALL       DELAY1
        MOV         A, #38H            ;双列显示, 字形 5*7 点阵
        ACALL       WCOM
        ACALL       DELAY1

        SETB        BUSY_CHECK         ;进行忙检测
        MOV         A, #0CH            ;开显示, 不显示光标
        ACALL       WCOM
        ACALL       DELAY1
        MOV         A, #06H
        ACALL       WCOM
        ACALL       DELAY1
        MOV         A, #01H            ;清除 LCD 显示屏
        ACALL       WCOM
        ACALL       DELAY1
        RET
;*********************************************************
INFO1:  DB    "0_      V 1_      V", 0   ;LCD 第一行显示信息
INFO2:  DB    "2_      V 3_      V", 0   ;LCD 第二行显示信息
INFO3:  DB    "    PCF-8591    ", 0      ;LCD 第一行显示信息
INFO4:  DB    "AD-DA  CONVERTER", 0      ;LCD 第二行显示信息
;*********************************************************
;在第一行显示数字子程序

LCD_CONV1:
        ACALL       SET_X1
        MOV         A, DISSTART+2      ;加载数据
```

```
        ACALL       WDATA
        MOV         A, #'.'
        ACALL       WDATA               ;显示小数点
        MOV         A, DISSTART+1       ;加载数据
        ACALL       WDATA
        MOV         A, DISSTART         ;加载数据
        ACALL       WDATA
        RET
;在第二行显示数字子程序

LCD_CONV2:
        ACALL       SET_X2
        MOV         A, DISSTART+2       ;加载数据
        ACALL       WDATA
        MOV         A, #'.'
        ACALL       WDATA               ;显示小数点
        MOV         A, DISSTART+1       ;加载数据
        ACALL       WDATA
        MOV         A, DISSTART         ;加载数据
        ACALL       WDATA
        RET
;*********************************************************
;显示数据转为三位 BCD 码子程序
;显示数据转为三位 BCD 码存入 DISSTART+2、DISSTART+1、DISSTART（最大值 5.00 V）
;显示数据初址在 AD_TEMP 中
;255/51=5.00 V 运算


;*********************************************************=
TUNBCD:
        MOV         A, AD_TEMP
        MOV         B, #51
        DIV         AB
        MOV         DISSTART+2, A       ;整数个位数放入 DISSTART+2
        MOV         A, B                ;余数大于 1AH, F0 为 0, 乘法溢出, 结果加 5
        CLR         F0
        SUBB        A, #1AH             ;相减不够, C=1 表示余数小于 1AH（26）
        MOV         F0, C
        MOV         A, #10
        MUL         AB                  ;余数乘以 10, 相当于补 0, 继续除
        MOV         B, #51
```

```
        DIV      AB                              ;再除以 51
        JB       F0，T_BCD1
        ADD      A，#5
T_BCD1:
        MOV      DISSTART+1，A                   ;小数后第一位放入 DISSTART+1
        MOV      A，B
        CLR      F0
        SUBB     A，#1AH
        MOV      F0，C
        MOV      A，#10
        MUL      AB
        MOV      B，#51
        DIV      AB
        JB       F0，T_BCD2
        ADD      A，#5
T_BCD2:
        MOV      B，#30H
        ADD      A，B                            ;转换为 ASCII 码
        MOV      DISSTART，A                     ;小数后第二位放入 DISSTART

        MOV      A，DISSTART+1
        ADD      A，B                            ;转换为 ASCII 码
        MOV      DISSTART+1，A                   ;小数后第一位放入 DISSTART+1

        MOV      A，DISSTART+2
        ADD      A，B                            ;转换为 ASCII 码
        MOV      DISSTART+2，A                   ;整数个位数放入 DISSTART+2
        RET
;D/A 转换子程序
;R1 D/A 转换数据指针，初值为 50H
;R2 存放 D/A 转换数据个数
PCF_DA:
        NOP
        ACALL    START
        MOV      A，#90H                         ;写 PCF8591 A/D 寻址字
        ACALL    WR_BYTE
        ACALL    CACK

        MOV      A，#40H                         ;D/A 转换控制字
```

```
        ACALL     WR_BYTE
        ACALL     CACK

        MOV       A, R1
        ACALL     WR_BYTE              ;写数据
        ACALL     CACK
        ACALL     STOP
        RET
;A/D 转换子程序
;R1 A/D 转换数据指针，初值为 40H
;40H-43H 存放 4 路 A/D 转换值
;R2 存放 A/D 转换数据个数
PCF_AD:
        NOP
        ACALL     START
        MOV       A, #90H              ;写 PCF8591 A/D 寻址字
        ACALL     WR_BYTE
        ACALL     CACK
        JB        F0, PCF_AD           ;错误，重发

        MOV       A, #04H              ;A/D 控制字
        ACALL     WR_BYTE
        ACALL     CACK
        JB        F0, PCF_AD           ;错误，重发

PCF_AD1:
        ACALL     START
        MOV       A, #91H              ;读 PCF8591 A/D 寻址字
        ACALL     WR_BYTE
        ACALL     CACK
        JB        F0, PCF_AD1

        MOV       R1, #AD_DATA         ;数据存储区首地址

        ACALL     RD_BYTE              ;空读一次，调整读顺序
        ACALL     MACK
WRD1:
        ACALL     RD_BYTE
        MOV       @R1, A
        DJNZ      R2, WRD2
```

```
        ACALL       MNACK
        ACALL       STOP
        RET
WRD2:
        ACALL       MACK
        INC         R1
        AJMP        WRD1
```

;* IIC 总线驱动程序*

;总线启动子程序

;在 SCL 高电平期间 SDA 发生负跳变

```
START:
        NOP
        SETB        SDA
        NOP
        SETB        SCL            ;起始条件建立时间大于 4.7 μs
        ACALL       DELAYNOP
        CLR         SDA
        ACALL       DELAYNOP       ;起始条件锁定时间大于 4.7 μs
        CLR         SCL
        NOP
        RET
```

;停止子程序

;在 SCL 高电平期间 SDA 发生正跳变

```
STOP:
        CLR         SDA
        NOP
        SETB        SCL
        ACALL       DELAYNOP
        SETB        SDA
        ACALL       DELAYNOP
        CLR         SCL
        NOP
        CLR         SDA
        RET
```

;发送应答信号子程序

;在 SDA 低电平期间 SCL 发生一个正脉冲

```
MACK:
        CLR         SDA
```

```
            NOP
            SETB        SCL
            ACALL       DELAYNOP
            CLR         SCL
            NOP
            NOP
            SETB        SDA
            RET
;发送非应答信号子程序
;在 SDA 高电平期间 SCL 发生一个正脉冲
MNACK:
            SETB        SDA
            NOP
            SETB        SCL
            ACALL       DELAYNOP
            CLR         SCL
            NOP
            CLR         SDA
            RET
;应答位查询子程序
CACK:
            SETB        SDA              ;置 SDA 为输入方式
            NOP
            NOP
            SETB        SCL              ;使 SDA 上数据有效
            CLR         F0               ;预设 F0=0
            NOP
            NOP
            MOV         C, SDA           ;读 SDA 位
            JNC         GEND             ;C=0 正常应答，且 F0=0
            SETB        F0               ;无正常应答，F0=1
GEND:
            NOP
            CLR         SCL              ;子程序结束，使 SCL=0
            NOP
            RET
;发送一个字节子程序
;发送数据放入 ACC
WR_BYTE:
```

```
        MOV        R3，#08H          ;8 位数据长度
        CLR        SCL
        CLR        C
WR1:
        RLC        A                ;发送数据左移，使发送位入 C
        NOP
        MOV        SDA，C           ;发送 C
        NOP
        SETB       SCL
        ACALL      DELAYNOP
        CLR        SCL
        NOP
        CLR        SDA
        DJNZ       R3，WR1          ;8 位是否发送完？

        RET                         ;返回
;接收一个字节子程序
;接收数据存放在 A

RD_BYTE:
        MOV        R3，#08H          ;8 位数据长度
        CLR        C
RD1:
        SETB       SDA              ;置 SDA 为输入方式
        NOP
        SETB       SCL              ;时钟线为高，接收数据位
        NOP
        NOP
        MOV        C，SDA           ;将 SDA 状态读入 C
        RLC        A                ;结果移入 A
        NOP
        CLR        SCL              ;可继续接收数据位
        NOP
        DJNZ       R3，RD1          ;8 位是否读完？
        RET                         ;返回
; 蜂鸣器驱动子程序

BEEP_BL:
        MOV        R6，#180
BL2:
```

```
        ACALL    DEX1
        CPL      BEEP
        DJNZ     R6, BL2
        MOV      R5, #15
        ACALL    DELAY
        RET
DEX1:
        MOV      R7, #180
DE2:
        NOP
        DJNZ     R7, DE2
        RET
```

; （R5）*10 ms 延时子程序

```
DELAY:
        MOV      R6, #50
DEL1:
        MOV      R7, #93
DEL2:
        DJNZ     R7, DEL2
        DJNZ     R6, DEL1
        DJNZ     R5, DELAY
        RET
```

; 5 ms 延时子程序

```
DELAY1:
        MOV      R6, #25
DEL3:
        MOV      R7, #93
DEL4:
        DJNZ     R7, DEL4
        DJNZ     R6, DEL3
        RET
```

; 5 μs 延时子程序

```
DELAYNOP:
        NOP
        NOP
        NOP
        NOP
```

RET
END   ;结束

;**

9.4 并行 I/O 接口（8255A）

8255A 是单片机系统中广泛采用的可编程并行 I/O 接口扩展芯片。它有 3 个 8 位并行接口 PA、PB、PC，有三种工作方式。

本节将介绍一个很重要的单片机概念，即 P0、P2、P3（P3.6、P3.7）、ALE、RST、EA、PSEN 的系统扩展使用。这些引脚构成了片外地址总线、数据总线、控制总线三总线形式。地址总线宽度为 16 位，寻址范围为 64 KB，由 P0 口经地址锁存器提供低 8 位地址线（A7 ~ A0），由 P2 口提供高 8 位地址线（A15 ~ A8）。数据总线宽度为 8 位，由 P0 直接提供。控制总线由第二功能状态下的 P3.6（WR）、P3.7（RD）和 4 根独立的控制线 ALE、RST、EA、PSEN 组成。

9.4.1 8255A 并行接口

1. 8255A 接口结构和引脚

并行接口是以字节为单位与 I/O 设备或被控制对象传递数据。CPU 和接口之间的数据传送总是并行的，即可以同时传递 8 位、16 位或 32 位等。8255A 可编程外围接口芯片是 Intel 公司生产的通用并行 I/O 接口芯片，它具有 A、B、C 三个并行接口，用+5 V 单电源供电。它能在以下三种方式下工作：方式 0——基本输入/输出方式，方式 1——选通输入/输出方式，方式 2——双向选通工作方式。8255A 的内部结构如图 9.24 所示。

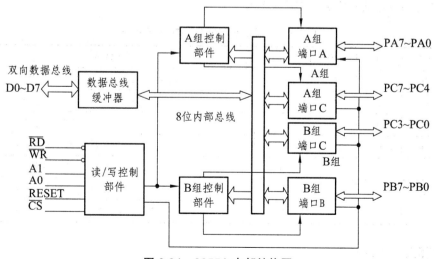

图 9.24　8255A 内部结构图

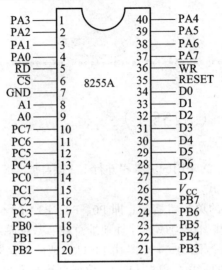

图 9.25 8255A 引脚

8255A 共有 40 根引脚，采用双列直插式封装，如图 7.25 所示。各引脚信号功能如下：

D7 ~ D0：三态双向数据线，与单片机的数据总线相连，用来传送数据信息。

$\overline{CS}$：片选信号线，低电平有效，用于选中 8255A 芯片。

$\overline{RD}$：读信号线，低电平有效，用于控制从 8255A 端口寄存器读出信息。

$\overline{WR}$：写信号线，低电平有效，用于控制向 8255A 端口寄存器写入信息。

PA7 ~ PA0：A 口的 8 根输入/输出信号线，用于与外部设备连接。

PB7 ~ PB0：B 口的 8 根输入/输出信号线，用于与外部设备连接。

PC7 ~ PC0：C 口的 8 根输入/输出信号线，用于与外部设备连接。

RESET：复位信号线。

V_{CC}：+5 V 电源线。

GND：地信号线。

读写地址与寄存器对应关系如表 9.3 所示。

表 9.3 读写地址与寄存器对应关系表

$\overline{CS}$	A1	A0	$\overline{RD}$	$\overline{WR}$	I/O 操作
0	0	0	0	1	读 A 口寄存器内容到数据总线
0	0	1	0	1	读 B 口寄存器内容到数据总线
0	1	0	0	1	读 C 口寄存器内容到数据总线
0	0	0	1	0	数据总线上内容写到 A 口寄存器
0	0	1	1	0	数据总线上内容写到 B 口寄存器
0	1	0	1	0	数据总线上内容写到 C 口寄存器
0	1	1	1	0	数据总线上内容写到控制口寄存器

2. 8255A 控制字

8255A 有两个控制字：工作方式控制字和 C 口按位置位/复位控制字，如图 9.26 所示。

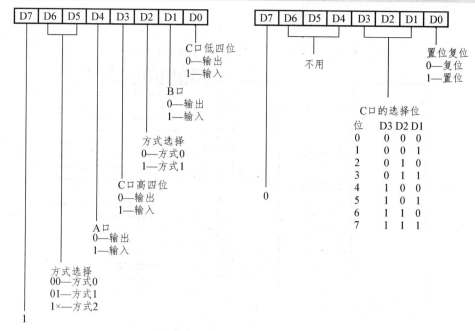

（a）工作方式控制字　　　　　　　（b）C 口按位置位/复位控制字

图 9.26　8255 控制字格式

1）工作方式控制字

D7：特征位。D7=1 表示为工作方式控制字。

D6、D5：用于设定 A 组的工作方式。

D4、D3：用于设定 A 口和 C 口的高 4 位是输入还是输出。

D2：用于设定 B 组的工作方式。

D1、D0：用于设定 B 口和 C 口的低 4 位是输入还是输出。

2）C 口按位置位/复位控制字

D7：特征位。D7=0 表示为 C 口按位置位/复位控制字。

D6、D5、D4：不用。

D3、D2、D1：用于选择 C 口当中的某一位。

D0：置位/复位设置，D0=0 时复位，D0=1 时置位。

3. 8255A 工作方式

1）方式 0

方式 0 是一种基本的输入/输出方式。在这种方式下，三个端口都可以由程序设置为输入或输出，没有固定的应答信号。方式 0 特点如下：

（1）具有两个 8 位端口（A、B）和两个 4 位端口（C 口的高 4 位和 C 口的低 4 位）。

（2）任何一个端口都可以设定为输入或者输出。

（3）每一个端口输出时是锁存的，输入是不锁存的。

8255A 以方式 0 输入/输出时没有专门的应答信号，通常用于无条件传送。图 9.27 所示是 8255A 工作于方式 0 的例子，其中 A 口输入，B 口输出。

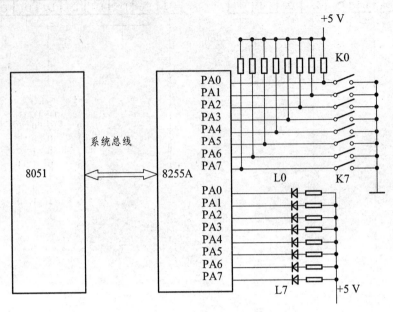

图 9.27　8255A 方式 0 连接图

2）方式 1

方式 1 是一种选通输入/输出方式。在这种工作方式下，端口 A 和 B 作为数据输入/输出口，端口 C 用作输入/输出的应答信号。A 口和 B 口既可用作输入，也可用作输出，输入和输出都具有锁存能力。

（1）方式 1 输入。

无论是 A 口输入还是 B 口输入，都用 C 口的 3 位作为应答信号，1 位作为中断允许控制位，如图 9.28 所示。

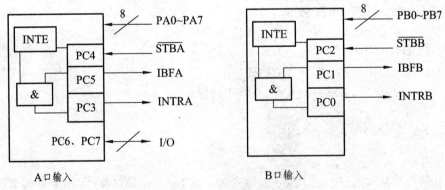

图 9.28　8255A 方式 1 输入

各应答信号含义如下：

$\overline{STB}$：外设送给 8255A 的"输入选通"信号，低电平有效。

IBF：8255A 送给外设的"输入缓冲器满"信号，高电平有效。

INTR：8255A 送给 CPU 的"中断请求"信号，高电平有效。

INTE：8255A 内部为控制中断而设置的"中断允许"信号。INTE 由软件通过对 PC4（A口）和 PC2（B 口）的置位/复位来允许或禁止。

（2）方式 1 输出。

无论是 A 口输出还是 B 口输出，也都用 C 口的 3 位作为应答信号，1 位作用中断允许控制位，如图 9.29 所示。

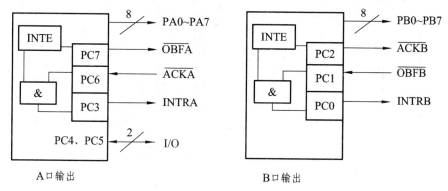

A 口输出　　　　　　　　　　　B 口输出

图 9.29　8255A 方式 1 输出

应答信号含义如下：

$\overline{OBF}$：8255A 送给外设的"输出缓冲器满"信号，低电平有效。

$\overline{ACK}$：外设送给 8255A 的"应答"信号，低电平有效。

INTR：8255A 送给 CPU 的"中断请求"信号，高电平有效。

INTE：8255A 内部为控制中断而设置的"中断允许"信号，含义与输入相同，只是对应 C口的位数不同。它是通过对 PC4（A 口）和 PC2（B 口）的置位/复位来允许或禁止。

3）方式 2

方式 2 是一种双向选通输入/输出方式，只适合于端口 A。这种方式能实现外设与 8255A的 A 口双向数据传送，并且输入和输出都是锁存的。它使用 C 口的 5 位作为应答信号，2 位作为中断允许控制位，如图 9.30 所示。

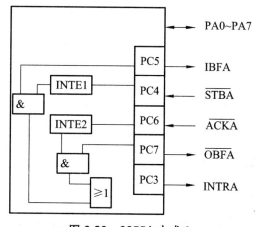

图 9.30　8255A 方式 2

4. 8255A 与 MCS-51 单片机的接口

1）硬件接口

8255A 与 MCS-51 单片机的连接包含数据线、地址线、控制线的连接。

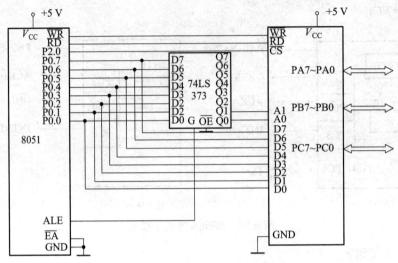

图 9.31　8255A 地址数据总线连接图

图 9.31 中，8255A 的数据线与 8051 单片机的数据总线相连，读、写信号线对应相连，地址线 A0、A1 与单片机的地址总线的 A0 和 A1 相连，片选信号 CS 与 8051 的 P2.0 相连。则 8255A 的 A 口、B 口、C 口和控制口的地址分别是：FEFCH、FEFDH、FEFEH、FEFFH。

2）软件编程

如果设定 8255A 的 A 口为方式 0 输入，B 口为方式 0 输出，则初始化程序如下：
C 语言程序段：

```
#include    <reg51.h>
#include    <absacc.h>        //定义绝对地址访问
......
XBYTE[0xFEFF]=0x90;
```

汇编程序段：

```
MOV     A, #90H
MOV     DPTR, #0FEFFH
MOVX    @DPTR, A
```

9.4.2　8255A 并行接口编程

1. 功能要求

使 8255A 的 A 口为输入，B 口为输出，完成拨动开关到数据灯的数据传输。要求只要开关拨动，数据灯的显示就发生相应改变。

2. 硬件电路

按图 9.27 和图 9.31 连接电路。

3. 程序流程图（图 9.32）

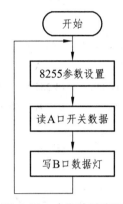

图 9.32　主程序流程图

4. 程序编制

1）C51 程序

```
#include   <reg51.h>
#include   <intrins.h>
#include   <absacc.h>                    //定义绝对地址访问
#define 8255_A       XBYTE[0XFEFC]
#define 8255_B       XBYTE[0XFEFD]
#define 8255_CTL     XBYTE[0XFEFF]
unsingned    char n;
void main（ ）
{//设置 8255 工作方式字：方式 0，A 口输入，B 口输出，写入控制寄存器
   8255_CTL=0x90;
   while（1）
   { n=8255_A;                           //读 A 口开关数据
     8255_B=n;                           //写 B 口数据灯状态
   }
}
```

2）汇编程序

```
;**************************************************
        ORG     0000H
        AJMP    MAIN
        ORG     0050H
```

```
    MAIN:
            MOV     SP，#60H
            MOV     A，#90H              //8255 控制字
            MOV     DPTR，0FEFFH         //8255 控制口地址
            MOVX    @DPTR，A             //将控制字写到控制口
    LOOP:
            MOV     DPTR，#0FEFCH        //8255 A 口地址
            MOVX    A，@DPTR             //读 A 口开关状态
            MOV     DPTR，#FEFDH         //8255 B 口地址
            MOV     @DPTR，A             //写 B 口数据灯状态
            AJMP    LOOP
            END                         ;结束
```

练习与思考

1. 自己收集资料，找一种能通过 SPI 接口传输数据的芯片，画硬件连接图，写出程序。
2. 自己收集资料，找一种能支持 I²C 总线传输的芯片，画出硬件连接图，写出程序。
3. 用 A/D 输入一个模拟量，然后以 D/A 方式输出。
4. 用 8255A 扩展流水灯电路，编程实现。
5. 用 8255A 扩展矩阵键盘电路，编程实现。
6. 自学 8155A 并行接口，进行数码管扩展，并编写程序。

第 10 章　MCS-51 单片机应用系统设计

前面各章节已经介绍了单片机的基本组成、功能、扩展电路，以及单片机的软、硬件资源的组织和使用。除此之外，一个实际的单片机应用系统设计还涉及很多复杂的内容与问题。本章将对单片机应用系统的软、硬件设计，开发和调试等方面加以介绍，以便读者能初步掌握单片机应用系统的设计。

10.1　单片机应用系统开发的基本过程

1. 系统需求与方案调研

系统需求与方案调研的目的是通过市场或用户了解用户对拟开发应用系统的设计目标和技术指标。通过查找资料、分析研究，解决以下问题：

（1）了解国内外同类系统的开发水平、器材、设备水平、供应状态。对接收委托研制项目，还应充分了解对方技术要求、环境状况、技术水平，以确定课题的技术难度。

（2）了解可移植的硬、软件技术。能移植的尽量移植，以防止大量低水平重复劳动。

（3）摸清硬、软件技术难度，明确技术主攻方向。

（4）综合考虑硬、软件分工与配合方案。单片机应用系统设计中，硬、软件工作具有密切的相关性。

2. 可行性分析

可行性分析的目的是对系统开发研制的必要性及可行性作出明确的判定结论。根据这一结论决定系统的开发研制工作是否进行下去。

可行性分析通常从以下几个方面进行论证：

（1）市场或用户的需求情况。

（2）经济效益和社会效益。

（3）技术支持与开发环境。

（4）现在的竞争力与未来的生命力。

3. 系统方案设计

系统功能设计包括系统总体目标功能的确定及系统硬、软件模块功能的划分与协调关系。

系统功能设计是根据系统硬件、软件功能的划分及其协调关系，确定系统硬件结构和软件结构。系统硬件结构设计的主要内容包括单片机系统扩展方案和外围设备的配置及其接口电路方案，最后要以逻辑框图形式描述出来。系统软件结构设计完成的主要任务是确定出系统软件功能模块的划分及各功能模块的程序实现的技术方法，最后以结构框图或流程图描述出来。

4. 系统详细设计与制作

系统详细设计与制作就是将前面的系统方案付诸实施，即将硬件框图转化成具体电路，并制作成电路板，同时将软件框图或流程图用程序加以实现。

5. 系统调试与修改

系统调试是检测所设计系统的正确性与可靠性的必要过程。单片机应用系统设计是一个相当复杂的劳动过程，在设计、制作中，难免存在一些局部性问题或错误。系统调试可发现存在的问题和错误，以便及时地进行修改。调试与修改的过程可能要反复多次，最终使系统试运行成功，并达到设计要求。

6. 生成正式系统或产品

系统硬件、软件调试通过后，就可以把调试完毕的软件固化在 EPROM 中，然后脱机（脱离开发系统）运行。如果脱机运行正常，再在真实环境或模拟真实环境下运行，经反复运行正常，开发过程即告结束。

10.2　单片机应用系统的硬件系统

单片机主要应用于工业控制。典型的单片机应用系统应包括单片机系统和被控对象，如图10.1 所示。单片机系统包括存储器扩展、显示器接口、键盘接口。被控对象与单片机之间包括测控输入通道和伺服控制输出通道，另外还包括相应的专用功能接口芯片。

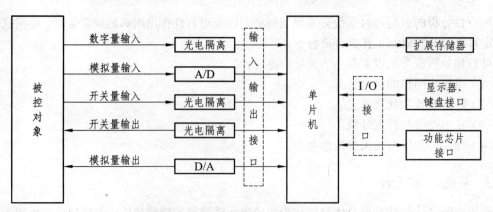

图 10.1　单片机应用系统硬件结构图

10.2.1　单片机硬件系统的设计原则

一个单片机应用系统的硬件电路设计包括三部分内容：一是单片机芯片的选择，二是单片机系统扩展，三是系统配置。

1. 单片机芯片的选择

单片机芯片的生产厂家和类型很多，其内部结构与功能部件各不相同，但它们的基本原理相同，指令互相兼容，选择时要根据当前情况进行。选择指标有主频、ROM 大小、RAM 大小、定时器个数、外部中断个数、串口个数和速率等。

2. 单片机系统扩展

在单片机内部的功能单元（如程序存储器、数据存储器、I/O 口、定时器/计数器、中断系统等）的容量不能满足应用系统的要求时，必须在片外进行扩展。这时应选择适当的芯片，设计相应的扩展连接电路。

3. 系统配置

系统配置是按照系统功能要求配置外围设备，如键盘、显示器、打印机、A/D 转换器、D/A 转换器等，并设计相应的接口电路。

系统扩展和配置设计遵循的原则：

（1）尽可能选择典型通用的电路，并符合单片机的常规用法。

（2）系统的扩展与外围设备配置的水平应充分满足应用系统当前的功能要求，并留有适当余地，便于以后进行功能的扩充。

（3）硬件结构应结合应用软件方案一并考虑。

（4）整个系统中相关的器件要尽可能做到性能匹配。

（5）可靠性及抗干扰设计是硬件设计中不可忽视的一部分。

（6）单片机外接电路较多时，必须考虑其驱动能力。

10.2.2　硬件设计

硬件设计主要围绕功能扩展和外围设备配置进行，包括以下几个部分：

（1）程序存储器：如片内程序存储器容量不够，则需外部扩展程序存储器，常选用 EPROM 和 EEPROM。EPROM 集成度高、价格便宜，EEPROM 编程容易。

（2）数据存储器：大多数单片机都提供了小容量的片内数据存储器。如需扩展外部数据存储器，则建议使用大容量的存储芯片，以减少存储芯片的扩展片数。

（3）I/O 接口：I/O 接口是单片机应用系统设计中最复杂也是最困难的部分之一。对于串行口、并行口、A/D、D/A、数据采集接口等要逐步积累经验，由浅入深地学习和使用。

（4）译码电路：要求译码电路尽可能简单。常用的门电路、译码器电路，还可以利用只读存储器与可编程门阵列来实现。

（5）总线驱动器：如果单片机的外部扩展器件较多，负载过重，就要考虑设计总线驱动电路，比如双向数据总线驱动器 74LS245、单向总线驱动器 74LS244。

（6）抗干扰电路：针对可能出现的各种干扰，应设计抗干扰电路。最简单的实现方法是在系统弱电部分的电源入口对地跨接 1 个大电容（100 μF 左右）与一个小电容（0.1 μF 左右），在系统内部芯片的电源端对地跨接一个小电容（0.01 μF ~ 0.1 μF）。线缆不要高低电平捆扎一起，要相应电平捆扎。线缆布局不要横平竖直，否则片间分散电容干扰太大。

10.2.3　单片机应用系统的软件设计

一个应用系统中的软件一般由系统监控程序和应用程序两部分构成。其中，应用程序是用来完成诸如测量、计算、显示、打印、输出控制等各种实质性功能的软件；系统监控程序是控制单片机系统按预定操作方式运行的程序，它负责组织调度各应用程序模块，完成系统自检、初始化、处理键盘命令、处理接口命令、处理条件触发和显示等功能。

软件设计时，应根据系统软件功能要求，将软件分成若干个相对独立的部分，并根据它们之间的联系和时间上的关系，设计出软件的总体结构，画出程序流程框图。画流程框图时还要对系统资源作具体的分配和说明。要根据系统特点和用户的了解情况选择编程语言，现在一般用汇编语言和 C 语言。汇编语言编写程序对硬件操作很方便，编写的程序代码短，以前单片机应用系统软件主要用汇编语言编写；C 语言功能丰富，表达能力强，使用灵活方便，应用面广，目标程序效率高，可移植性好，现在单片机应用系统开发很多都用 C 语言来进行开发和设计。

一个优秀的应用系统的软件应具有以下特点：

（1）软件结构清晰、简洁、流程合理。

（2）各功能程序实现模块化、系统化。这样，既便于调试、连接，又便于移植、修改和维护。

（3）程序存储区、数据存储区规划合理，既能节约存储容量，又能给程序设计与操作带来方便。

（4）运行状态实现标志化管理。各个功能程序运行状态、运行结果以及运行需求都设置状态标志以便查询，程序的转移、运行、控制都可通过状态标志来控制。

（5）经过调试修改后的程序应进行规范化，除去修改"痕迹"。规范化的程序便于交流、借鉴，也为今后的软件模块化、标准化打下基础。

（6）实现全面软件抗干扰设计。软件抗干扰是计算机应用系统提高可靠性的有力措施。

（7）为了提高运行的可靠性，在应用软件中设置自诊断程序，在系统运行前先运行自诊断程序，用以检查系统各特征参数是否正常。

10.2.4　单片机应用系统开发工具

一个单片机应用系统经过总体设计，完成硬件开发和软件设计，就可以进行硬件安装。硬件安装好后，把编制好的程序写入存储器中，调试好后系统就可以运行了。但用户设计的应用系统本身并不具备自开发的能力，不能够写入程序和调试程序，必须借助于单片机开发系统才能完成这些工作。单片机开发系统是能够模拟用户实际的单片机，并且能随时观察运行的中间过程和结果，从而能对现场进行模仿的仿真开发系统。通过它能很方便地对硬件电路进行诊断和调试，得到正确的结果。

目前国内使用的通用单片机的仿真开发系统很多，如复旦大学研制的 SICE 系列、启东计算机厂制造的 DVCC 系列、中国科大研制的 KDV 系列、南京伟福实业有限公司的伟福 E2000 以及西安唐都科教仪器公司的 TDS51 开发及教学实验系统。它们都具有对用户程序进行输入、编辑、汇编和调试的功能。此外，有些还具备在线仿真功能，能够直接将程序固化到 EEPROM 中。它们一般都支持汇编语言编程，有的可以通过开发软件，支持 C 语言编程。例如可通过 Keil C51 软件来编写 C 语言源程序，编译、连接生成目标文件、可执行文件，仿真、调试、生成代码并下载到应用系统中。

10.3　DS1302 实时时钟

实时时钟（Real_Time Clock，RTC）是集成电路，通常称为时钟芯片。RTC 最重要的功能是提供 2100 年之前的日历功能。该芯片通常有串行和并行两种结构。由于串行使用的资源相对较少，本节讲解串行时钟芯片 DS1302。

10.3.1　DS1302 的主要性能指标

（1）具有计算 2100 年之前的秒、分、时、日、星期、月、年的能力，还有闰年调整的能力。

（2）内部含有 31 字节静态 RAM，可提供用户访问。

（3）采用串行数据传送方式，使得管脚数量最少（简单 3 线接口）。

（4）工作电压范围宽：2.0 ~ 5.5 V。

（5）工作电流：工作电压为 2.0 V 时，小于 300 nA。

（6）时钟或 RAM 数据的读/写有两种传送方式：单字节传送和多字节传送方式。

（7）采用 8 脚 DIP 封装或 SOIC 封装。

（8）与 TTL 兼容，V_{CC}=5 V。

（9）可选工业级温度范围：– 40 ~ +85 ℃。

（10）具有涓流充电能力。

（11）采用主电源和备份电源双电源供应。

（12）备份电源可由电池或大容量电容实现。

10.3.2　引脚功能

DS1302 的引脚如图 10.2 所示。

X1、X2：32.768 kHz 晶振接入引脚。

GND：地。

$\overline{RST}$：复位引脚，低电平有效。

I/O：数据输入/输出引脚，具有三态功能。

SCLK：串行时钟输入引脚。

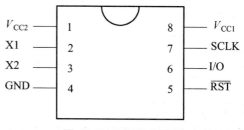

图 10.2　DS1302 引脚

V_{CC1}：工作电源引脚。

V_{CC2}：备用电源引脚。

10.3.3 DS1302 的寄存器及片内 RAM

DS1302 有 1 个控制寄存器，12 个日历、时钟寄存器，以及 31 个 RAM。

1. 控制寄存器

控制寄存器用于存放 DS1302 的控制命令字。DS1302 的 $\overline{RST}$ 引脚回到高电平后写入的第一个字即为控制命令。它用于对 DS1302 读写过程进行控制。它的格式如下：

D7	D6	D5	D4	D3	D2	D1	D0
1	RAM/CK	A4	A3	A2	A1	A0	RD/W

D7：固定为 1。

D6：RAM/CK 位，片内 RAM 或日历、时钟寄存器选择位。

D5 ~ D1：地址位，用于选择进行读写的日历、时钟寄存器或片内 RAM。对日历、时钟寄存器或片内 RAM 的选择如表 10.1 所示。

表 10.1 DS1302 寄存器、RAM 选择表

寄存器名称	D7	D6	D5	D4	D3	D2	D1	D0
	1	RAM/CK	A4	A3	A2	A1	A0	R/W
秒寄存器	1	0	0	0	0	0	0	0 或 1
分寄存器	1	0	0	0	0	0	1	0 或 1
小时寄存器	1	0	0	0	0	1	0	0 或 1
日寄存器	1	0	0	0	0	1	1	0 或 1
月寄存器	1	0	0	0	1	0	0	0 或 1
星期寄存器	1	0	0	0	1	0	1	0 或 1
年寄存器	1	0	0	0	1	1	0	0 或 1
写保护寄存器	1	0	0	0	1	1	1	0 或 1
慢充电寄存器	1	0	0	1	0	0	0	0 或 1
时钟突发模式	1	0	1	1	1	1	1	0 或 1
RAM0	1	1	0	0	0	0	0	0 或 1
...	1	1	...	...	...	...	...	0 或 1
RAM30	1	1	1	1	1	1	0	0 或 1
RAM 突发模式	1	1	1	1	1	1	1	0 或 1

2. 日历、时钟寄存器

DS1302 共有 12 个寄存器，其中有 7 个与日历、时钟相关，存放的数据为 BCD 码形式。日历、时钟寄存器的格式如表 10.2 所示。

表 10.2　DS1302 寄存器格式

寄存器名称	取值范围	D7	D6	D5	D4	D3	D2	D1	D0
秒寄存器	00～59	CH	秒的十位			秒的个位			
分寄存器	00～59	0	分的十位			分的个位			
小时寄存器	01～12 或 00～23	12/24	0	A/P	HR	小时的个位			
日寄存器	01～31	0	0	日的十位		日的个位			
月寄存器	01～12	0	0	0	1 或 0	月的个位			
星期寄存器	01～07	0	0	0	0	星期几			
年寄存器	01～99	年的十位				年的个位			
写保护寄存器		WP	0	0	0	0	0	0	0
慢充电寄存器		TCS	TCS	TCS	TCS	DS	DS	RS	RS
时钟突发寄存器									

说明：

（1）数据都以 BCD 码形式存放。

（2）小时寄存器的 D7 位为 12 小时制/24 小时制的选择位，为 1 时选 12 小时制，为 0 时选 24 小时制。当采用 12 小时制时，D5 位为 1 表示上午，D5 位为 0 表示下午，D4 为小时的十位。当采用 24 小时制时，D5、D4 位为小时的十位。

（3）秒寄存器中的 CH 位为时钟暂停位，为 1 时时钟暂停，为 0 时时钟开始启动。

（4）写保护寄存器中的 WP 为写保护位。当 WP=1 时，写保护；当 WP=0 时未写保护。当对日历、时钟寄存器或片内 RAM 进行写操作时，WP 应清零；当对日历、时钟寄存器或片内 RAM 进行读操作时，WP 一般置 1。

（5）慢充电寄存器的 TCS 位用于控制慢充电的选择，当它为 1010 时才能使慢充电工作。DS 为二极管选择位。DS 为 01，选择 1 个二极管；DS 为 10，选择 2 个二极管；DS 为 11 或 00，充电器被禁止，与 TCS 无关。RS 用于选择连接在 V_{CC2} 与 V_{CC1} 之间的电阻。RS 为 00，充电器被禁止，与 TCS 无关。电阻选择情况如表 10.3 所示。

表 10.3　电阻选择表

RS 位	电阻器	阻值
00	无	无
01	R1	2 kΩ
10	R2	4 kΩ
11	R3	8 kΩ

3. 片内 RAM

DS1302 片内有 31 个 RAM 单元，对片内 RAM 的操作有两种方式：单字节方式和多字节方式。当控制命令字为 C0H～FDH 时，为单字节读写方式，命令字中的 D5～D1 用于选择对应的 RAM 单元，其中奇数为读操作，偶数为写操作。当控制命令字为 FEH、FFH 时，为多字节操作。多字节操作可一次把所有的 RAM 单元内容进行读写。FEH 为写操作，FFH 为读操作。

4. DS1302 的输入/输出过程

DS1302 通过 $\overline{\text{RST}}$ 引脚驱动输入/输出过程。当 $\overline{\text{RST}}$ 置高电平时，启动输入/输出过程，在 SCLK 时钟的控制下，首先把控制命令字写入 DS1302 的控制寄存器，其次根据写入的控制命令字，依次读写内部寄存器或片内 RAM 单元的数据。对于日历、时钟寄存器，根据控制命令字，可以一次读写一个日历、时钟寄存器，也可以一次读写 8 个字节。对所有的日历、时钟寄存器，写的控制命令字为 0BEH，读的控制命令字为 0BFH。对于片内 RAM 单元，根据控制命令字，可一次读写一个字节，也可一次读写 31 个字节。当数据读写完后，$\overline{\text{RST}}$ 变为低电平，结束输入/输出过程。无论是命令字还是数据，一个字节传送时都是低位在前、高位在后，每一位的读写发生在时钟的上升沿。

10.3.4　DS1302 与单片机的接口

DS1302 与单片机的连接仅需要 3 条线：时钟线 SCLK、数据线 I/O 和复位线 $\overline{\text{RST}}$ 。时钟线 SCLK 与 P1.0 相连，数据线 I/O 与 P1.1 相连，复位线 $\overline{\text{RST}}$ 与 P1.2 相连，如图 10.3 所示。

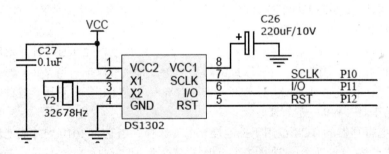

图 10.3　DS1302 与单片机的连接图

10.3.5　DS1302 实时时钟系统设计

1. 功能要求

用 LCD1602 显示从 DS1302 读出的年、月、日、星期、时、分、秒的实时值。同时按下 K1 和 K4 键将由程序预设的日期和时间数据写入 DS1302 芯片内。

2. 硬件电路

LCD1602、K1、K4 的连接如前所示。DS1302 与单片机按图 10.3 连接。

3. 程序流程图（图 10.4～10.6）

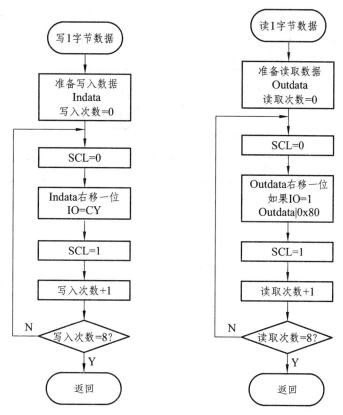

图 10.4　读写 1 字节程序流程图

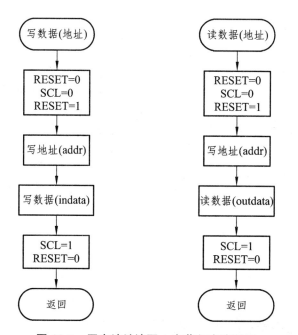

图 10.5　固定地址读写 1 字节程序流程图

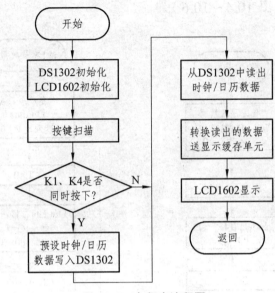

图 10.6　主程序流程图

4. 程序编制

```
#include <reg52.h>
#include <intrins.h>

//#define uchar unsigned char
//#define uint unsigned int

sbit LCD_RS = P2 ^ 0;
sbit LCD_RW = P2 ^ 1;
sbit LCD_EN = P2 ^ 2;

sbit K1 = P1 ^ 4;
sbit K2 = P1 ^ 5;
sbit K3 = P1 ^ 6;
sbit K4 = P1 ^ 7;

sbit reset = P1 ^ 2;                    //DS1302
sbit sclk = P1 ^ 0;
sbit io = P1 ^ 1;

sbit BEEP = P3 ^ 7;
unsigned char str1[] = "  -  -    Week:   ";
```

```c
unsigned char str2[] = "Time:    :    :    ";

unsigned char init[] ={ 0x00, 0x00, 0x00, 0x00, 0x00, 0x00, 0x00};

unsigned char init1[] ={ 0x00, 0x00, 0x20, 0x08, 0x08, 0x05, 0x08};
//秒，分，时，日，月，星期，年
//μs 延时子函数     （4.34 μs）
void delayNOP ( )
{ _nop_ ( );
  _nop_ ( );
  _nop_ ( );
  _nop_ ( );
}
//ms 延时子函数
void delayms ( unsigned int ms )
{ unsigned char y;
  while ( ms-- )
  {
    for ( y = 0; y < 114; y++ )
      ;
  }
}
//x*0.14 ms 延时子函数
void delayus ( unsigned char x )
{ unsigned char i;
  while ( x-- )
  {
    for ( i = 0; i < 14; i++ )
    {
      ;
    }
  }
}
//蜂鸣器驱动子函数
void beep ( )
{   unsigned char y;
  for ( y = 0; y < 180; y++ )
  { delayus ( 6 );
```

```
    BEEP = !BEEP;                    //BEEP 取反
  }
  BEEP = 1;                          //关闭蜂鸣器
  delayms（150）;
}
//检查 LCD 忙状态
//lcd_busy 为 1 时，忙，等待。lcd-busy 为 0 时，闲，可写指令与数据
unsigned char lcd_busy（）
{   bit result;
  LCD_RS = 0;
  LCD_RW = 1;
  LCD_EN = 1;
  delayNOP（）;
  result =（bit）（P0 &0x80）;
  LCD_EN = 0;
  return   （result）;
}
//写指令数据到 LCD
//RS=L，RW=L，E=高脉冲，D0～D7=指令码
void lcd_wcmd（unsigned char cmd）
{ while  （lcd_busy（））
    ;
  LCD_RS = 0;
  LCD_RW = 0;
  LCD_EN = 0;
  _nop_（）;
  _nop_（）;
  P0 = cmd;
  delayNOP（）;
  LCD_EN = 1;
  delayNOP（）;
  LCD_EN = 0;
}
//写显示数据到 LCD
//RS=H，RW=L，E=高脉冲，D0～D7=数据。
void lcd_wdat（unsigned char dat）
{   while  （lcd_busy（））
    ;
  LCD_RS = 1;
```

```
        LCD_RW = 0;
        LCD_EN = 0;
        P0 = dat;
        delayNOP（）;
        LCD_EN = 1;
        delayNOP（）;
        LCD_EN = 0;
    }
//LCD 初始化设定
void lcd_init（）
{   delayms（50）;                    //延时等待上电稳定
    lcd_wcmd（0x38）;                 //16*2 显示，5*7 点阵，8 位数据
    delayms（5）;
    lcd_wcmd（0x38）;
    delayms（5）;
    lcd_wcmd（0x38）;
    delayms（5）;

    lcd_wcmd（0x0c）;                 //显示开，关光标
    delayms（5）;
    lcd_wcmd（0x06）;                 //移动光标
    delayms（5）;
    lcd_wcmd（0x01）;                 //清除 LCD 的显示内容
    delayms（5）;
}
//写字符串函数
void write_str（unsigned char addr，unsigned char *p）
{
    unsigned char i = 0;
    lcd_wcmd（addr）;
    while   （p[i] != '\0'）
    {
        lcd_wdat（p[i]）;
        i++;
    }
}
//设定显示位置
//row 取值为 1 ~ 2，col 取值为 1 ~ 16
void write_position（unsigned char row，unsigned char col）
```

```
{
    unsigned char place;
    if (row == 1)
    {
        place = 0x80 + col - 1;
        lcd_wcmd (place);
    }

    if (row == 2)
    {
        place = 0xc0 + col - 1;
        lcd_wcmd (place);
    }
}
//DS1302 写字节子函数
void write_byte (unsigned char inbyte)
{
    unsigned char i;

    for (i = 0; i < 8; i++)
    {
        sclk = 0;
        delayNOP ();

        inbyte = inbyte >> 1;          //右移一位，最低位移入 CY
        io = CY;                       //写入 CY

        sclk = 1;
        delayNOP ();
    }
}
//DS1302 读字节子函数
unsigned char read_byte ()
{
    unsigned char i, temp = 0;
    io = 1;                            //设置为输入口
    for (i = 0; i < 8; i++)
    {
        sclk = 0;
```

```
        delayNOP ( ) ;

        temp = temp >> 1;              //右移一位，最高位补"0"
        if （ io == 1 )
        //读
           temp = temp | 0x80;
        //最高位补"1"

        sclk = 1;
        delayNOP ( ) ;
      }
    return   （ temp ）;
}
//往 ds1302 的某个地址写入数据
void write_ds1302 ( unsigned char cmd，unsigned char indata )
{
    reset = 0;
    delayNOP ( ) ;
    sclk = 0;                        //为低电平时
    delayNOP ( ) ;
    reset = 1;                       //才能置为高电平
    delayNOP ( ) ;

    write_byte ( cmd ) ;             //先写地址
    write_byte ( indata ) ;          //然后再写数据

    sclk = 1;
    reset = 0;
}
//读 ds1302 某地址的数据
unsigned char read_ds1302 ( unsigned char addr )
{
    unsigned char backdata;
    reset = 0;
    delayNOP ( ) ;
    sclk = 0;                        //为低电平时
    delayNOP ( ) ;
    reset = 1;                       //才能置为高电平
    delayNOP ( ) ;
```

```
    write_byte（addr）;              //先写地址
    backdata = read_byte（）;         //然后再读数据

    sclk = 1;
    reset = 0;
    return （backdata）;
}
//写入初始时间子函数
void set_ds1302（unsigned char addr，unsigned char *p，unsigned char n）
    //写入 n 个数据
{
    write_ds1302（0x8e，0x00）;        //写控制字，允许写操作
    for  （; n > 0; n--）
    {
        write_ds1302（addr，*p）;
        p++;
        addr = addr + 2;
    }
    write_ds1302（0x8e，0x80）;        //写保护，不允许写
}
//读取当前时间子函数
void read_nowtime（unsigned char addr，unsigned char *p，unsigned char n）
{
    for  （; n > 0; n--）
    {
        *p = read_ds1302（addr）;
        p++;
        addr = addr + 2;
    }
}
//DS1302 初始化
void init_ds1302（）
{
    reset = 0;
    sclk = 0;
    write_ds1302（0x8e，0x00）;        //写控制字，允许写操作
    write_ds1302（0x80，0x00）;        //时钟启动
    write_ds1302（0x90，0xa6）;        //一个二极管＋4 kΩ电阻充电
```

```
    write_ds1302（0x8e，0x80）;        //写控制字，禁止写操作
}
//显示当前时间
void Play_nowtime（）
{
    read_nowtime（0x81，init，7）;    //读出当前时间，读出 7 个字节

    write_position（2，7）;
    lcd_wdat（（（init[2] &0xf0）>> 4）+ 0x30）;        //时
    lcd_wdat（（init[2] &0x0f）+ 0x30）;

    write_position（2，10）;
    lcd_wdat（（（init[1] &0xf0）>> 4）+ 0x30）;        //分
    lcd_wdat（（init[1] &0x0f）+ 0x30）;

    write_position（2，13）;
    lcd_wdat（（（init[0] &0x70）>> 4）+ 0x30）;        //秒
    lcd_wdat（（init[0] &0x0f）+ 0x30）;

    write_position（1，1）;                       //年
    lcd_wdat（（（init[6] &0xf0）>> 4）+ 0x30）;
    lcd_wdat（（init[6] &0x0f）+ 0x30）;

    write_position（1，4）;
    lcd_wdat（（（init[4] &0xf0）>> 4）+ 0x30）;        //月
    lcd_wdat（（init[4] &0x0f）+ 0x30）;

    write_position（1，7）;
    lcd_wdat（（（init[3] &0xf0）>> 4）+ 0x30）;        //日
    lcd_wdat（（init[3] &0x0f）+ 0x30）;

    write_position（1，15）;
    lcd_wdat（（init[5] &0x0f）+ 0x30）;        //周
}


//主函数
void main（void）
{
    P0 = 0xff;                                   //端口初始化
```

```
        P1 = 0xff;
        P2 = 0xff;

        lcd_init ( );                                    //初始化 LCD
        write_str ( 0x80，str1 );                        //液晶显示字符串
        write_str ( 0xc0，str2 );                        //液晶显示字符串
        init_ds1302 ( );                                 //初始化 ds1302

        while （1）
        {
          if （(K1 | K4) == 0）
          //K1 和 K4 键同时按下?
          {
            delayms（20）;                                //延时 20 ms
            if （(K1 | K4) == 0）
            //K1 和 K4 键同时按下?
            {
              set_ds1302（0x80，init1，7）;               //写入初始值
              beep（）;
            }
          }
          delayms（100）; //100ms 更新一次数据
          Play_nowtime（）;
        }
    }
```

10.4　DS18B20 数字温度计

　　数字温度传感器是微电子技术、计算机技术和自动测试技术的结晶。它具有价格低、精度高、封装小、温度范围宽、使用方便等优点，被广泛应用于工业控制、电子温度计、医疗仪器、机房监测、生物制药、无菌室、洁净厂房、电信银行、图书馆、档案馆、文物馆、智能楼宇等各行各业需要温度监测的场所。

10.4.1　DS18B20 简介

　　DS18B20 数字温度传感器接线方便，有多种封装形式，如管道式、螺纹式、磁铁吸附式、不锈钢封装式。其型号多种多样，有 LTM8877、LTM8874 等。封装后的 DS18B20 可用于电缆

沟测温、高炉水循环测温、锅炉测温、机房测温、农业大棚测温、
洁净室测温、弹药库测温等各种非极限温度场合。DS18B20 具有
耐磨耐碰、体积小、使用方便、封装形式多样等优点，适用于各种
狭小空间设备数字测温和控制领域。其实物如图 10.7 所示。

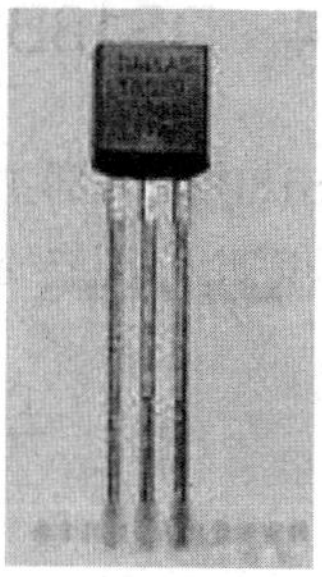

10.4.2　DS18B20 的主要特性

（1）适应电压范围宽：3.0 ~ 5.5 V，在寄生电源方式下可由数
据线供电。

图 10.7　DS18B20 实物图

（2）在使用中不需要任何外围元件。

（3）独特的单线接口方式：DS18B20 与微处理器连接时仅需要一条信号线即可实现微处理
器与 DS18B20 的双向通信。

（4）测温范围：− 55 ~ +125 ℃，在 − 10 ~ +85 ℃ 时精度为 ± 0.5 ℃。

（5）编程可实现分辨率为 9 ~ 12 位，对应的可分辨温度分别为 0.5 ℃、0.25 ℃、0.125 ℃
和 0.062 5 ℃，可实现高精度测温。

（6）分辨率为 9 位时最多在 93.75 ms 内把温度值转换为数字，分辨率为 12 位时最多在
750 ms 内把温度值转换为数字。

（7）支持多点组网功能，多个 DS18B20 可以并联在唯一的三线上，实现组网多点测温。

（8）用户可自行设定非易失性的报警上下限值。

（9）负压特性：电源极性接反时，温度计不会因发热而烧毁，但不能正常工作。

10.4.3　DS18B20 的外部结构

DS18B20 的外部结构如图 10.8 所示。

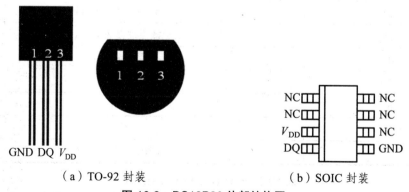

（a）TO-92 封装　　　　　　　　（b）SOIC 封装

图 10.8　DS18B20 外部结构图

DQ：数字信号输入/输出端。

GND：电源地。

V_{DD}：外接供电电源输入端（在寄生电源接线方式时接地）。

10.4.4 DS18B20 的内部结构

DS18B20 内部主要由 4 部分组成：64 位光刻 ROM、温度传感器、非易失性温度报警触发器 TH 和 TL、配置寄存器，如图 10.9 所示。

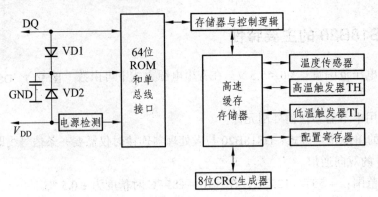

图 10.9 DS18B20 内部结构图

1. 光刻 ROM 存储器

64 位序列号的排列是：开始 8 位（28H）是产品类型标号，接着的 48 位是该 DS18B20 自身的序列号，最后 8 位是前面 56 位的循环冗余校验码。

2. 高速暂存存储器

表 10.4 高速暂存存储器表

字节序号	功 能
0	温度转换后的低字节
1	温度转换后的高字节
2	高温度触发器 TH
3	低温度触发器 TL
4	配置寄存器
5	保留
6	保留
7	保留
8	CRC 校验寄存器

表 10.5 转化后的 12 位数据符号位

	D7	D6	D5	D4	D3	D2	D1	D0
LS Byte	2^3	2^2	2^1	2^0	2^{-1}	2^{-2}	2^{-3}	2^{-4}
MS Byte	D7	D6	D5	D4	D3	D2	D1	D0
	S	S	S	S	S	2^6	2^5	2^4

S 为符号位。表 10.5 所列是 12 位转化后得到的 12 位数据，高字节的前面 5 位是符号位。如果测得的温度大于 0，这 5 位为 0，只要将测到的数值乘以 0.0625 即可得到实际温度；如果温度小于 0，这 5 位为 1，测得的数值取反加 1 再乘以 0.0625 即可得到实际温度。

DS18B20 部分温度数据如表 10.6 所示。

表 10.6　温度数据表

温度/°C	16 位二进制编码	十六进制表示
+ 125	0000 0111 1101 0000	07D0H
+ 85	0000 0101 0101 0000	0550H
+25.062 5	0000 0001 1001 0001	0191H
+10.125	0000 0000 1010 0010	00A2H
+0.5	0000 0000 0000 1000	0008H
0	0000 0000 0000 0000	0000H
− 0.5	1111 1111 1111 1000	FFF8H
− 10.125	1111 1111 0101 1110	FF5EH
− 25.0625	1111 1110 0110 1111	FE6FH
− 55	1111 1100 1001 0000	FC90H

3. 配置寄存器

配置寄存器用于确定温度值的数字转换分辨率。该字节各位的意义如下：

D7	D6	D5	D4	D3	D2	D1	D0
TM	R1	R0	1	1	1	1	1

温度值分辨率与转换时间的关系如表 10.7 所示。

表 10.7　分辨率与转换时间表

R1	R0	分辨率/位	温度最大转换时间/ms
0	0	9	93.75
0	1	10	187.5
1	0	11	275.00
1	1	12	750.00

10.4.5　DS18B20 的温度转换过程

主机控制 DS18B20 完成温度转换必须经过三个步骤：每一次读写之前都要对 DS18B20 进行复位，复位成功后发送一条 ROM 指令，最后发送 RAM 指令，这样才能对 DS18B20 进行预定的操作。ROM 指令如表 10.8 所示。

表 10.8　ROM 指令表

指　　令	约定代码	功　　能
读 ROM	33H	读 DS18B20 温度传感器 ROM 中的编码（即 64 位地址）
匹配 ROM	55H	发出此命令之后，接着发出 64 位 ROM 编码，访问单总线上与该编码相对应的 DS18B20，使之作出响应，为下一步对该 DS18B20 的读写作准备
搜索 ROM	0F0H	用于确定挂接在同一总线上 DS18B20 的个数和识别 64 位 ROM 地址。为操作各器件做好准备
跳过 ROM	0CCH	忽略 64 位 ROM 地址，直接向 DS1820 发温度变换命令。适用于单片工作
告警搜索命令	0ECH	执行后只有温度超过设定值上限或下限的片子才作出响应

RAM 指令如表 10.9 所示。

表 10.9　RAM 指令表

指　　令	约定代码	功　　能
温度变换	44H	启动 DS18B20 进行温度转换，12 位转换时最长为 750 ms（9 位为 93.75 ms）。结果存入内部 9 字节 RAM 中
读暂存器	0BEH	读内部 RAM 中 9 字节的内容
写暂存器	4EH	发出向内部 RAM 的 3、4 字节写上、下限温度数据命令，紧跟该命令之后，是传送两字节的数据
复制暂存器	48H	将 RAM 中第 3、4 字节的内容复制到 EEPROM 中
重调 EEPROM	0B8H	将 EEPROM 中的内容恢复到 RAM 中的第 3、4 字节
读供电方式	0B4H	读 DS18B20 的供电模式。寄生供电时 DS18B20 发送 "0"，外接电源供电时 DS18B20 发送 "1"

10.4.6　DS18B20 与单片机的接口

单片寄生电源供电方式连接如图 10.10 所示。

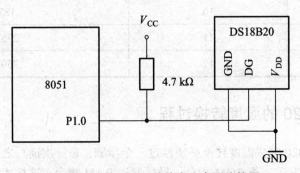

图 10.10　DS18B20 单片寄生电源连接图

改进的单片寄生电源供电连接如图 10.11 所示。

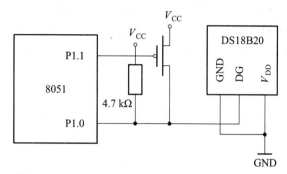

图 10.11 DS18B20 改进的单片寄生电源连接图

解决电流供应不足的问题，适合于多点测温应用，缺点是要多占用一根 I/O 口线进行强上拉切换。

单片外部电源供电方式连接如图 10.12 所示。

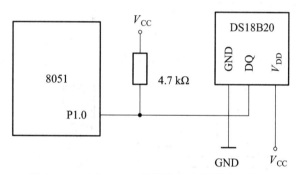

图 10.12 DS18B20 单片外部电源供电连接图

外部供电方式的多点测温电路如图 10.13 所示。

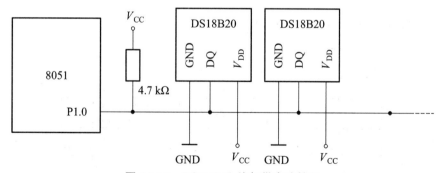

图 10.13 DS18B20 外部供电连接图

10.4.7 DS18B20 的使用注意事项

（1）较小的硬件开销需要相对复杂的软件进行补偿，由于 DS18B20 与微处理器间采用串行数据传送，因此，在对 DS18B20 进行读写编程时，必须严格地保证读写时序，否则将无法读取测温结果。对 DS18B20 操作最好采用汇编语言实现。

（2）在 DS1820 的有关资料中均未提及单总线上所挂 DS18B20 数量的问题，容易使人误认为可以挂任意多个 DS18B20，在实际应用中却并非如此。当单总线上所挂 DS18B20 超过 8 个时，就需要解决微处理器的总线驱动问题。这一点在进行多点测温系统设计时要加以注意。

（3）连接 DS18B20 的总线电缆是有长度限制的。普通信号电缆为 50 m，双绞线或带屏蔽电缆可达 150 m。

（4）在 DS18B20 测温程序设计中，向 DS18B20 发出温度转换命令后，程序总要等待 DS18B20 的返回信号。一旦某个 DS18B20 接触不好或断线，当程序读该 DS18B20 时，将没有返回信号，程序进入死循环。

10.4.8　用 DS18B20 构成数字温度计

1. 功能要求

用 DS18B20 检测温度，用 6 位数码管显示实际温度值和符号。当检测到 DS18B20 不存在或有问题时，蜂鸣器将报警，数码管黑屏。

2. 硬件电路

6 位数码管的连接如前所述。DS18B20 的连接如图 10.14 所示。

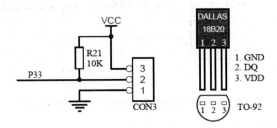

图 10.14　DS18B20 连接

3. 程序流程图（图 10.15 ~ 10.17）

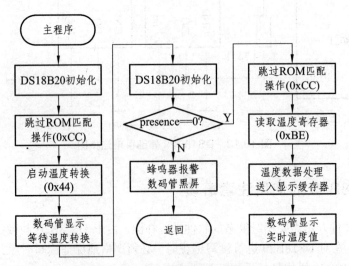

图 10.15　主程序流程图

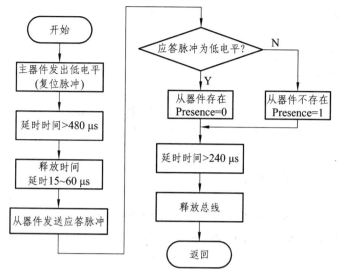

图 10.16　初始化程序流程图

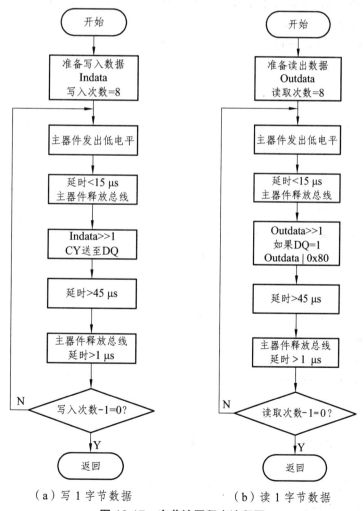

（a）写 1 字节数据　　　　　（b）读 1 字节数据

图 10.17　字节读写程序流程图

4. 程序编制

```c
#include <reg52.h>
#include <intrins.h>

sbit DQ = P3 ^ 3;                      //定义 DS18B20 端口 DQ
sbit BEEP = P3 ^ 7;                    //定义蜂鸣器控制端口
bit presence;
unsigned char code LEDData[] =
{
  0xC0, 0xF9, 0xA4, 0xB0, 0x99, 0x92, 0x82,
  0xF8, 0x80, 0x90, 0xff, 0xc6, 0x9c, 0xbf
};
unsigned char data temp_data[2];
unsigned char data display[7] ={ 0x0b, 0x0c, 0x0d, 0x0d, 0x0d, 0x0d, 0x0d};
//us 延时函数    （8*1.085）*num
void Delay（unsigned int num）         //延时函数
{   while （--num）
      ;
}
//延时子程序
void delayms（unsigned int ms）
{   unsigned char k;
    while （ms--）
    {
      for （k = 0; k < 114; k++）
        ;
    }
}
//蜂鸣器驱动子函数
void beep（）
{   unsigned char i;
    for （i = 0; i < 180; i++）
    {
      Delay（80）;
      BEEP = !BEEP;                    //BEEP 取反
    }
    BEEP = 1;                          //关闭蜂鸣器
    delayms（100）;
```

```
}
//DS18B20 初始化
//presence=0  OK  presence=1  ERROR
unsigned char Init_DS18B20（void）
{
    DQ = 0;                          //单片机发出低电平复位信号
    Delay（60）;                     //延时>480 μs
    DQ = 1;                          //释放数据线
    Delay（8）;                      //延时>64 μs，等待应答

    presence = DQ;                   //接收应答信号
    Delay（50）;                     //延时>400 μs，等待数据线出现高电平
    DQ = 1; //释放数据线

    return （presence）;             //返回 presence 信号
}
//读一个字节数据
unsigned char ReadOneChar（void）
{
    unsigned char i = 0;
    unsigned char dat = 0;

    DQ = 1;
    for （i = 0; i < 8; i++）
    //一个字节 8 个 bit
    {
        DQ = 0;                      //给低脉冲信号
        dat >>= 1;
        DQ = 1;                      //释放总线
        _nop_（）;
        _nop_（）;
        if （DQ）
        //读总线电平状态
            dat |= 0x80;
        //最高位置 1
        Delay（6）;                   //延时>45 μs
        DQ = 1;                      //释放总线，表示此次读操作完成
    }
```

```
    return （dat）;                    //返回所读得数据
}
//写一个字节数据
void WriteOneChar（unsigned char dat）
{
    unsigned char i = 0;
    for （i = 0; i < 8; i++）
    //一个字节含 8 bit
    {
        DQ = 0; //给低脉冲信号
        Delay（1）;                    //延时<15 μs
        dat >>= 1;                      //数据右移一位，最低位移入 CY
        DQ = CY;                        //写 1 bit 数据
        Delay（6）;                    //延时>45 μs
        DQ = 1;                         //释放总线，表示此次写操作完成

    }
}
//温度数据转换子程序
void Temperature_conver（）
{
    unsigned char minus = 0;

    //   display[0]=0x0b;              //显示 C
    //   display[1]=0x0c;              //显示°

    if （temp_data[1] > 127）
    //温度为负值
    {
        temp_data[0] = （~temp_data[0]）+ 1;    //取反加 1，将补码变成原码
        if （（~temp_data[0]）>= 0xff）
            temp_data[1] = （~temp_data[1]）+ 1;
        else
            temp_data[1] = ~temp_data[1];
        minus = 1;                              //温度为负值标志
    }

    display[6] = temp_data[0] &0x0f;            //取小数位数据
    display[2] = （display[6] *10）/ 16;        //保留一位小数
```

```
display[6] = ((temp_data[0] &0xf0) >> 4) | ((temp_data[1] &0x0f) << 4);
    //取整数
display[5] = display[6] / 100;              //百位
display[4] = (display[6] % 100) / 10;       //十位
display[3] = display[6] % 10;               //个位

if (!display[5])
//高位为 0，不显示
{
    display[5] = 0x0a;
    if (!display[4])
    //次高位为 0，不显示
        display[4] = 0x0a;
}

if (minus)
{
    display[5] = 0x0d;                      //显示负号
}
}
//数码管显示子函数
void ledplay ()
{
    unsigned char n, shift;

    shift = 0xfe;                           //位码初值

    for (n = 0; n < 6; n++)
    //6 位数码管显示
    {
        if (n == 3)
            P0 = (LEDData[display[n]]) &0x7f;
        //加小数点显示
        else
            P0 = LEDData[display[n]];
        //输出段码

        P2 = shift;                         //输出位码
        shift = (shift << 1) | 0x01;        //修改位码
```

```
            delayms（1）；
        }
    P2 = 0xff;                                        //关闭显示
    delayms（1）；
}
//主函数
void main（void）
{
    unsigned char m;

    P0 = 0xff;
    P2 = 0xff;

    while （1）
    {

        Init_DS18B20（ ）;
        if （presence == 0）
        {
            WriteOneChar（0xCC）;                      //跳过 ROM 匹配操作
            WriteOneChar（0x44）;                      //启动温度转换

            for （m = 0; m < 120; m++）
            //数码管初始化显示
                ledplay（ ）;
            //等待数据转换完成
        }

        Init_DS18B20（ ）;
        if （presence == 0）
        {
            WriteOneChar（0xCC）;                      //跳过 ROM 匹配操作
            WriteOneChar（0xBE）;                      //读取温度寄存器

            temp_data[0] = ReadOneChar（ ）;           //温度低 8 位
            temp_data[1] = ReadOneChar（ ）;           //温度高 8 位
            Temperature_conver（ ）;                   //数据转换
            for （m = 0; m < 120; m++）
                ledplay（ ）;
```

```
            //温度显示
    }
    else
    {
        beep ( ) ;                        //蜂鸣器报警
        P2 = 0xff;                        //关闭显示
    }
    }
}
```

练习与思考

1. 详细分析 DS1302 时钟的软、硬件系统。
2. 分析 DS1302 时钟的硬件系统，并画出完整电路图。
3. 分析 DS1302 时钟的软件系统，添加整点报时功能。
4. 详细分析 DS18B20 数字温度计的软、硬件系统。
5. 分析 DS18B20 温度计的硬件系统，并画出完整电路图。
6. 分析 DS18B20 温度计的软件系统，添加超温度报警功能。
7. 自己设计一个完整的单片机应用系统。

附录 1　MCS-51 单片机汇编指令对标志位的影响

指令	标志 CY	标志 OV	标志 AC
ADD	√	√	√
ADDC	√	√	√
SUBB	√	√	√
MUL	0	√	
DIV	0	√	
DA	√		
RRC	√		
RLC	√		
SETB　C	1		
CLR　C	0		
CPL　C	√		
ANL　C，bit	√		
ANL　C，/bit	√		
OR　C，bit	√		
OR　C，/bit	√		
MOV　C，bit	√		
CJNE	√		

注：√表示指令执行时对标志位有影响（置位或复位）。

附录2　MCS-51单片机指令系统简表

1. 数据传送类指令（29条）

附表2.1　数据传送类指令表

助记符		说　明		字节	振荡周期
MOV	A, direct	直接寻址字节内容送累加器	(A) ← (direct)	2	12
MOV	A, #data	立即数送累加器	(A) ←#data	2	12
MOV	A, Rn	寄存器内容送累加器	(A) ← (Rn)	1	12
MOV	A, @Ri	间接RAM送累加器	(A) ← ((Ri))	1	12
MOV	Rn, direct	直接寻址字节送寄存器	(Rn) ← (direct)	2	24
MOV	Rn, #data	立即数送寄存器	(Rn) ←#data	2	12
MOV	Rn, A	累加器送寄存器	(Rn) ← (A)	1	12
MOV	directl, direct2	直接寻址字节送直接寻址字节	(direct1) ← (direct2)	3	24
MOV	direct, #data	立即数送直接寻址字节	(direct) ←#data	3	24
MOV	direct, A	累加器送直接寻址字节	(direct) ←A	2	12
MOV	direct, Rn	寄存器送直接寻址字节	(direct) ← (Rn)	2	24
MOV	direct, @Ri	间接RAM送直接寻址字节	(direct) ← ((Ri))	2	24
MOV	@Ri, direct	直接寻址字节送片内RAM	((Ri)) ← (direct)	2	24
MOV	@Ri, #data	立即数送片内RAM	((Ri)) ←#data	2	12
MOV	@Ri, A	累加器送片内RAM	((Ri)) ←A	1	12
MOV	DPTR, #data16	16位立即数送数据指针	(DPTR) ←#data16	3	24
MOVX	A, @Ri	片外RAM送累加器（8位地址）	(A) ← ((Ri))	1	24
MOVX	@Ri, A	累加器送片外RAM（8位地址）	((Ri)) ←A	1	24
MOVX	A, @DPTR	片外RAM（16位地址）送累加器	(A) ← ((DPTR))	1	24
MOVX	@DPTR, A	累加器送片外RAM（16位地址）	((DPTR)) ←A	1	24
MOVC	@A+DPTR	变址寻址字节送累加器（相对DPTR）	(A) ← ((A) + (DPTR))	1	24
MOVC	@A+PC	变址寻址字节送累加器（相对PC）	(A) ← ((A) + (PC))	1	24
PUSH	direct	直接寻址字节压入栈顶	(SP) ← (SP) +1, ((SP)) ← (direct)	2	24
POP	direct	栈顶弹至直接寻址字节	(direct) ← ((SP)), (SP) ← (SP) -1	2	24
XCH	A, Rn	寄存器与累加器交换	(A) ⟷ (Rn)	1	12
XCH	A, @Ri	片内RAM与累加器交换	(A) ⟷ ((Ri))	1	12
XCH	A, direct	直接寻址字节与累加器交换	(A) ⟷ (direct)	2	12
XCHD	A, @Ri	片内RAM与累加器低4位交换	(A3-0) ⟷ ((R3-0))	1	12
SWAP	A	A半字节交换	(A3-0) ⟷ (A7-4)	1	12

2. 算术操作类指令（24 条）

附表 2.2　算术操作类指令表

助记符		说　明		字节	振荡周期
ADD	A，#data	立即数到累加器	（A）←（A）+data	2	12
ADD	A，direct	直接寻址送累加器	（A）←（A）+（direct）	2	12
ADD	A，Rn	寄存器内容送累加器	（A）←（A）+（Rn）	1	12
ADD	A，@Ri	间接寻址 RAM 到累加器	（A）←（A）+（（Ri））	1	12
ADDC	A，Rn	寄存器加到累加器（带进位）	（A）←（A）+（Rn）+（CY）	1	12
ADDC	A，direct	直接寻址加到累加器（带进位）	（A）←（A）+（direct）+（CY）	2	12
ADDC	A，@R	间接寻址 RAM 加到累加器（带进位）	（A）←（A）+（（Ri））+（CY）	1	12
ADDC	A，#data	立即数加到累加器（带进位）	（A）←（A）+data+（CY）	2	12
SUBB	A，#data	累加器内容减去立即数（带借位）	（A）←（A）-data-（CY）	2	12
SUBB	A，direct	累加器内容减去直接寻址（带借位）	（A）←（A）-（direct）-（CY）	2	12
SUBB	A，@Ri	累加器内容减去间接寻址（带借位）	（A）←（A）-（（Ri））-（CY）	1	12
SUBB	A，Rn	累加器内容减去寄存器内容（带借位）	（A）←（A）-（Rn）-（CY）	1	12
INC	direct	直接寻址加 1	（direct）←（direct）+1	2	12
INC	A	累加器加 1	（A）←（A）+1	1	12
INC	Rn	寄存器加 1	（Rn）←（Rn）+1	1	12
INC	DPTR	地址寄存器加 1	（DPTR）←（DPTR）+1	1	24
INC	@Ri	间接寻址 RAM 加 1	（（Ri））←（（Ri））+1	1	12
DEC	direct	直接寻址地址字节减 1	（direct）←（direct）-1	2	12
DEC	A	累加器减 1	（A）←（A）-1	1	12
DEC	Rn	寄存器减 1	（Rn）←（Rn）-1	1	12
DEC	@Ri	间接寻址 RAM 减 1	（（Ri））←（（Ri））-1	1	12
MUL	AB	累加器 A 和寄存器 B 相乘	（A7-0）（B15-8）←（A）*（B）	1	48
DIV	AB	累加器 A 除以寄存器 B	（A15-8）（B7-0）←（A）/（B）	1	48
DA	A	对 A 进行十进制调整	IF {[(A3-0)>9]∨[(AC)=1]} THEN (A3-0)←(A3-0)+6 AND IF {[(A7-4)>9]∨[(C)=1]} THEN (A7-4)←(A7-4)+6	1	12

3. 逻辑与移位类指令（24条）

附表2.3　逻辑与位移类指令表

助记符		说　明		字节	振荡周期
ANL	A, Rn	寄存器"与"到累加器	(A) ← (A) ∧ (Rn)	1	12
ANL	A, direct	直接寻址"与"到累加器	(A) ← (A) ∧ (direct)	2	12
ANL	A, @Ri	间接寻址 RAM "与"到累加器	(A) ← (A) ∧ ((Ri))	1	12
ANL	A, #data	立即数"与"到累加器	(A) ← (A) ∧ data	2	12
ANL	direct, A	累加器"与"到直接寻址	(direct) ← (direct) ∧ (A)	2	12
ANL	direct, #data	立即数"与"到直接寻址	(direct) ← (direct) ∧ data	3	24
ORL	A, Rn	寄存器"或"到累加器	(A) ← (A) ∨ (Rn)	1	12
ORL	A, direct	直接寻址"或"到累加器	(A) ← (A) ∨ (direct)	2	12
ORL	A, @Ri	间接寻址 RAM "或"到累加器	(A) ← (A) ∨ ((Ri))	1	12
ORL	A, #data	立即数"或"累加器	(A) ← (A) ∨ data	2	12
ORL	direct, A	累加器"或"到直接寻址	(direct) ← (direct) ∨ (A)	2	12
ORL	direct, #data	立即数"或"到直接寻址	(direct) ← (direct) ∨ #data	3	24
XRL	A, Rn	立即数"异或"到累加器	A ← (A) ⊕ (Rn)	1	12
XRL	A, direct	直接寻址"异或"到累加器	A ← (A) ⊕ (direct)	2	12
XRL	A, @Ri	间接寻址 RAM "异或"累加器	A ← (A) ⊕ ((Ri))	1	12
XRL	A, #data	立即数"异或"到累加器	A ← (A) ⊕ data	2	12
XRL	direct, A	累加器"异或"到直接寻址	(direct) ← (direct) ⊕ (A)	2	12
XRL	direct, #data	立即数"异或"到直接寻址	(direct) ← (direct) ⊕ #data	3	24
CLR	A	累加器清零	(A) ← 0	1	12
CPL	A	累加器求反	(A) ← ($\overline{A}$)	1	12
RL	A	累加器循左移	A 循环左移一位	1	12
RLC	A	经过进位位的累加器循环左移	A 带进位循环左移一位	1	12
RR	A	累加器右移	A 循环右移一位	1	12
RRC	A	经过进位位的累加器循环右移	A 带进位循环右移一位	1	12

4. 程序控制流类指令（17 条）

附表 2.4　程序控制流类指令表

助记符		说　　明		字节	振荡周期
LJMP	addr16	长转移	（PC）←addr16	3	24
AJMP	addrll	绝对转移	（PC10~0）←addr11	2	24
SJMP	rel	短转移（相对偏移）	（PC）←（PC）+rel	2	24
JMP	@A+DPTR	相对 DPTR 的间接转移	（PC）←（A）+（DPTR）	1	24
JZ	rel	累加器为零则转移	（PC）←（PC）+2，若（A）=0，则（PC）←（PC）+rel	2	24
JNZ	rel	累加器为非零则转移	（PC）←（PC）+2，若（A）≠0，则（PC）←（PC）+rel	2	24
CJNE	A，#data，rel	比较立即数和 A 不相等则转移	（PC）←（PC）+3，若（A）≠data 则（PC）←（PC）+rel	3	24
CJNE	A，direct，rel	比较直接寻址字节和 A 不相等则转移	（PC）←（PC）+3，若（A）≠（direct）则（PC）←（PC）+rel	3	24
CJNE	Rn，#data，rel	比较立即数和寄存器不相等则转移	（PC）←（PC）+3，若（Rn）≠data 则（PC）←（PC）+rel	3	24
CJNE	@Ri，#data，rel	比较立即数和间接寻址 RAM 不相等则转移	（PC）←（PC）+3，若（（Ri））≠data 则（PC）←（PC）+rel	3	24
DJNZ	Rn，rel	寄存器减1不为零则转移	（PC）←（PC）+2，Rn←（Rn）-1，若（Rn）≠0，则（PC）←（PC）+rel	2	24
DJNZ	direct，rel	直接寻址字减 1 不为零则转移	（PC）←（PC）+3，（direct）←（direct）-1，若（direct）≠0，则（PC）←（PC）+rel	3	24
ACALL	addr11	绝对调用子程序	（PC）←（PC）+2，（SP）←（SP）+1，（SP）←（PC）L，（SP）←（SP）+1，（SP）←（PC）H，（PC10~0）←addR11	2	24
LCALL	addr16	长调用子程序	（PC）←（PC）+3，（SP）←（SP）+1，（SP）←（PC）L，（SP）←（SP）+1，（SP）←（PC）H，（PC10~0）←addR16	3	24
RET		从子程序返回	（PC）H←（（SP）），（SP）←（SP）-1，（PC）L←（（SP）），（SP）←（SP）-1	1	24
RETI		从中断返回	（PC）H←（（SP）），（SP）←（SP）-1，（PC）L←（（SP）），（SP）←（SP）-1	1	24
NOP		空操作		1	12

5. 位操作类指令（17 条）

附表 2.5 位操作类指令表

助记符		说 明		字节	振荡周期
MOV	C，bit	直接地址位送入进位位	（CY）←（bit）	2	12
MOV	bit，C	进位位送入直接地址位	（bit）←（CY）	2	24
SETB	C	置进位位	（CY）←1	1	12
SETB	bit	置直接地址位	（bit）←1	2	12
CLR	C	清进位位	（CY）←0	1	12
CLR	bit	清直接地址位	（bit）←0	2	12
ANL	C，bit	进位位和直接地址位相"与"	（Cy）←（CY）∧（bit）	2	24
ANL	C，/bit	进位位和直接地址位的反码相"或"	（CY）←（CY）∧（$\overline{CY}$）	2	24
ORL	C，bit	进位位和直接地址位相"与"	（CY）←（CY）∨（bit）	2	24
ORL	C，/bit	进位位和直接地址位的反码相"或"	（CY）←（CY）∨（$\overline{CY}$）	2	24
CPL	C	进位位求反	（CY）←（$\overline{CY}$）	1	12
CPL	bit	直接地址位求反	（bit）←（$\overline{bit}$）	2	12
JC	rel	直接地址位为 1 则转移	（PC）←（PC）+2，若（CY）=1，则（PC）←（PC）+rel	2	24
JNC	rel	进位位为 1 则转移	（PC）←（PC）+2，若（CY）=0，则 PC←（PC）+rel	2	24
JB	bit，rel	进位位为 0 则转移	（PC）←（PC）+3，若（bit）=1，则（PC）←（PC）+rel	3	24
JNB	bit，rel	直接地址位为 0 则转移	（PC）←（PC）+3，若（bit）=0，则（PC）←（PC）+rel	3	24
JBC	bit，rel	直接地址位为 1 则转移，该位清 0	（PC）←（PC）+3，若（bit）=1，则 bit←0，（PC）←（PC）+rel	3	24

参考文献

[1]　谢维成，杨加国. 单片机原理与应用及 C51 程序设计[M]. 北京：清华大学出版社，2008.

[2]　刘坤，宋戈，赵红波.51 单片机 C 语言应用开发技术大全[M]. 北京：人民邮电出版社，2008.

[3]　赵文博，刘文涛. 单片机语言 C51 程序设计[M]. 北京：人民邮电出版社，2005.

[4]　陈锦玲. Protel 99SE 电路设计与制板快速入门[M]. 北京：人民邮电出版社，2008.

[5]　吴戈，李玉峰. 案例学单片机 C 语言开发[M]. 北京：人民邮电出版社，2008.

[6]　张伟，王力. 电路设计与制板　Protel 99SE 基础教程[M]. 北京：人民邮电出版社，2006.

[7]　张瑾，张伟，张立宝. Protel 99SE 入门与提高[M]. 北京：人民邮电出版社，2007.

[8]　侯玉宝，陈忠平，李成群. 基于 Proteus 的 51 系列单片机设计与仿真[M]. 北京：电子工业出版社，2008.

[9]　陈海宴. 51 单片机原理及应用——基于 Keil C 与 Proteus[M]. 北京：北京航空航天大学出版社，2013.

[10]　张齐，朱宁西. 单片机应用系统设计技术——基于 C51 的 Proteus 仿真[M]. 2 版. 北京：电子工业出版社，2009.

[11]　蔡振江. 单片机原理及应用[M]. 北京：电子工业出版社，2011.

[12]　陈光东，赵性初. 单片机微型计算机原理与接口技术[M]. 武汉：华中科技大学出版社，2005.

[13]　李广第，朱月秀. 单片机基础[M]. 北京：航空航天大学出版社，2007.

[14]　邹应全. 51 系列单片机原理与实验教程[M]. 西安：西安电子科技大学出版社，2008.

[15]　孔维功. C51 单片机编程与应用[M]. 北京：电子工业出版社，2011.

[16]　潘明，黄继业，潘松. 单片机原理与应用技术[M]. 北京：清华大学出版社，2011.

[17]　张毅刚，彭喜元. 单片机原理与应用设计[M]. 北京：电子工业出版社，2008.

[18]　周润景，张丽娜，刘映群. Proteus 入门实用教程[M]. 北京：机械工业出版社，2007.

[19]　马潮. AVR 单片机嵌入式系统原理与应用实践[M]. 北京：北京航空航天大学出版社，2012.